U0281277

集成电路系列丛书·集成电路封装测试

集成电路测试技术

武乾文　主编

电子工业出版社
Publishing House of Electronics Industry
北京·BEIJING

内 容 简 介

本书全面、系统地介绍了集成电路测试技术。全书共分 10 章，主要内容包括：集成电路测试概述、数字集成电路测试技术、模拟集成电路测试技术、数模混合集成电路测试技术、射频电路测试技术、SoC 及其他典型电路测试技术、集成电路设计与测试的链接技术、测试接口板设计技术、集成电路测试设备、智能测试。书后还附有详细的测试实验，可有效指导读者开展相关测试程序开发实验。

本书可供集成电路测试等相关领域的科研人员和工程技术人员阅读使用，也可以作为高等院校电子科学与技术、微电子工程等相关专业的教学用书。

图书在版编目（CIP）数据

集成电路测试技术 / 武乾文主编. —北京：电子工业出版社，2022.10

（集成电路系列丛书. 集成电路封装测试）

ISBN 978-7-121-44351-0

Ⅰ. ①集… Ⅱ. ①武… Ⅲ. ①集成电路－电路测试 Ⅳ. ①TN407

中国版本图书馆 CIP 数据核字（2022）第 176819 号

责任编辑：张剑　柴燕　　　　　　特约编辑：田学清
印　　刷：北京捷迅佳彩印刷有限公司
装　　订：北京捷迅佳彩印刷有限公司
出版发行：电子工业出版社
　　　　　北京市海淀区万寿路 173 信箱　　　　邮编：100036
开　　本：720×1000　　1/16　　印张：21.75　　字数：389 千字
版　　次：2022 年 10 月第 1 版
印　　次：2025 年 2 月第 5 次印刷
定　　价：128.00 元

凡所购买电子工业出版社图书有缺损问题，请向购买书店调换。若书店售缺，请与本社发行部联系，联系及邮购电话：(010) 88254888，88258888。

质量投诉请发邮件至 zlts@phei.com.cn，盗版侵权举报请发邮件至 dbqq@phei.com.cn。

本书咨询联系方式：zhang@phei.com.cn。

"集成电路系列丛书"主编序言

培根之土 润苗之泉 启智之钥 强国之基

王国维在其《蝶恋花》一词中写道:"最是人间留不住,朱颜辞镜花辞树",这似乎是人世间不可挽回的自然规律。然而,人们还是通过各种手段,借助于各种媒介,留住了人们对时光的记忆,表达了人们对未来的希冀。

图书,尤其是纸版图书,是数量最多、使用最悠久的记录思想和知识的载体。品《诗经》,我们体验了青春萌动;阅《史记》,我们听到了战马嘶鸣;读《论语》,我们学习了哲理思辨;赏《唐诗》,我们领悟了人文风情。

尽管人们现在可以把律动的声像寄驻在胶片、磁带和芯片之中,为人们的感官带来海量信息,但是图书中的文字和图像依然以它特有的魅力,擘画着发展的总纲,记录着胜负的苍黄,展现着感性的豪放,挥洒着理性的张扬,凝聚着色彩的神韵,回荡着音符的铿锵,驰骋着心灵的激越,闪烁着智慧的光芒。

《辞海》中把书籍、期刊、画册、图片等出版物的总称定义为"图书"。通过林林总总的"图书",我们知晓了电子管、晶体管、集成电路的发明,了解了集成电路科学技术、市场、应用的成长历程和发展规律。以这些知识为基础,自20世纪50年代起,我国集成电路技术和产业的开拓者踏上了筚路蓝缕的征途。进入21世纪以来,我国的集成电路产业进入了快速发展的轨道,在基础研究、设计、制造、封装、设备、材料等各个领域均有所建树,部分成果也在世界舞台上拥有一席之地。

为总结昨日经验，描绘今日景象，展望明日梦想，编撰"集成电路系列丛书"（以下简称"丛书"）的构想成为我国广大集成电路科学技术和产业工作者共同的夙愿。

2016年，"丛书"编委会成立，开始组织全国近500名作者为"丛书"的第一部著作《集成电路产业全书》（以下简称《全书》）撰稿。2018年9月12日，《全书》首发式在北京人民大会堂举行，《全书》正式进入读者的视野，受到教育界、科研界和产业界的热烈欢迎和一致好评。其后，《全书》英文版 *Handbook of Integrated Circuit Industry* 的编译工作启动，并决定由电子工业出版社和全球最大的科技图书出版机构之一——施普林格（Springer）合作出版发行。

受体量所限，《全书》对于集成电路的产品、生产、经济、市场等，采用了千余字"词条"描述方式，其优点是简洁易懂，便于查询和参考；其不足是因篇幅紧凑，不能对一个专业领域进行全方位和详尽的阐述。而"丛书"中的每一部专著则因不受体量影响，可针对某个专业领域进行深度与广度兼容的、图文并茂的论述。"丛书"与《全书》在满足不同读者需求方面，互补互通，相得益彰。

为更好地组织"丛书"的编撰工作，"丛书"编委会下设了12个分卷编委会，分别负责以下分卷：

☆ 集成电路系列丛书·集成电路发展史论和辩证法

☆ 集成电路系列丛书·集成电路产业经济学

☆ 集成电路系列丛书·集成电路产业管理

☆ 集成电路系列丛书·集成电路产业教育和人才培养

☆ 集成电路系列丛书·集成电路发展前沿与基础研究

☆ 集成电路系列丛书·集成电路产品、市场与投资

☆ 集成电路系列丛书·集成电路设计

☆ 集成电路系列丛书·集成电路制造

☆ 集成电路系列丛书·集成电路封装测试

☆ 集成电路系列丛书·集成电路产业专用装备

☆ 集成电路系列丛书·集成电路产业专用材料

☆ 集成电路系列丛书·化合物半导体的研究与应用

2021 年，在业界同仁的共同努力下，约有 10 部"丛书"专著陆续出版发行，献给中国共产党百年华诞。以此为开端，2021 年以后，每年都会有纳入"丛书"的专著面世，不断为建设我国集成电路产业的大厦添砖加瓦。到 2035 年，我们的愿景是，这些新版或再版的专著数量能够达到近百部，成为百花齐放、姹紫嫣红的"丛书"。

在集成电路正在改变人类生产方式和生活方式的今天，集成电路已成为世界大国竞争的重要筹码，在中华民族实现复兴伟业的征途上，集成电路正在肩负着新的、艰巨的历史使命。我们相信，无论是作为"集成电路科学与工程"一级学科的教材，还是作为科研和产业一线工作者的参考书，"丛书"都将成为满足培养人才急需和加速产业建设的"及时雨"和"雪中炭"。

科学技术与产业的发展永无止境。当 2049 年中国实现第二个百年奋斗目标时，后来人可能在 21 世纪 20 年代书写的"丛书"中发现这样或那样的不足，但是，仍会在"丛书"著作的严谨字句中，看到一群为中华民族自立自强做出奉献的前辈们的清晰足迹，感触到他们在质朴立言里涌动的满腔热血，聆听到他们的圆梦之心始终跳动不息的声音。

书籍是学习知识的良师，是传播思想的工具，是积淀文化的载体，是人类进步和文明的重要标志。愿"丛书"永远成为培育我国集成电路科学技术生根的沃土，成为润泽我国集成电路产业发展的甘泉，成为启迪我国集成电路人才智慧的金钥，成为实现我国集成电路产业强国之梦的基因。

编撰"丛书"是浩繁卷帙的工程，观古书中成为典籍者，成书时间跨度逾十年者有之，涉猎门类逾百种者亦不乏其例：

《史记》，西汉司马迁著，130 卷，526500 余字，历经 14 年告成；

《资治通鉴》，北宋司马光著，294 卷，历时 19 年竣稿；

《四库全书》，36300 册，约 8 亿字，清 360 位学者共同编纂，3826 人抄写，耗时 13 年编就；

《梦溪笔谈》，北宋沈括著，30 卷，17 目，凡 609 条，涉及天文、数学、物理、化学、生物等各个门类学科，被评价为"中国科学史上的里程碑"；

《天工开物》，明宋应星著，世界上第一部关于农业和手工业生产的综合性著作，3 卷 18 篇，123 幅插图，被誉为"中国 17 世纪的工艺百科全书"。

这些典籍中无不蕴含着"学贵心悟"的学术精神和"人贵执着"的治学态度。这正是我们这一代人在编撰"丛书"过程中应当永续继承和发扬光大的优秀传统。希望"丛书"全体编委以前人著书之风范为准绳，持之以恒地把"丛书"的编撰工作做到尽善尽美，为丰富我国集成电路的知识宝库不断奉献自己的力量；让学习、求真、探索、创新的"丛书"之风一代一代地传承下去。

王阳元

2021 年 7 月 1 日于北京燕园

前　言

　　本书是"集成电路系列丛书·集成电路封装测试"中的一册。本系列丛书的编写出版是在我国著名微电子技术专家、中国科学院院士王阳元教授的指导下，在业内权威人士毕克允先生和王新潮先生的精心组织下开展的。随着集成电路规模的扩大，功能复杂度的升高，集成电路测试技术也面临着来自超大规模系统级芯片可测试性设计、测试策略和实现方法等各方面的挑战。集成电路测试业目前已成为集成电路产业链中一个不可或缺的独立行业。而今国内有关集成电路测试技术的专业教材或参考书不多，本书的出版将在一定程度上填补这方面的空白。本书由长期从事集成电路测试行业的工程师和高校教师编写，他们结合多年从事集成电路测试的实践经验，从集成电路测试概述、数字集成电路测试技术、模拟集成电路测试技术等方面为读者进行讲解。

　　本书全面、系统地介绍了集成电路测试技术。首先，以数字集成电路、模拟集成电路及数模混合集成电路的测试技术为开篇，系统阐述了集成电路测试的重要组成步骤；其次，对射频电路测试、SoC测试、SiP测试、MEMS测试等技术进行深入分析，并对集成电路设计与测试的链接技术以及测试接口板设计技术等进行了详细讨论；最后，对测试大数据、云测试等新技术发展趋势进行了展望。

　　本书由中科芯集成电路股份有限公司武乾文主编，中国电子科技集团公司第五十八研究所的解维坤、无锡学院的王青负责本书的主要汇总编写工作。中国电子科技集团第五十八研究所的张凯虹、章慧彬、郭晓宇、苏洋、朱江、王征宇、程法勇、魏军、孔锐、张磊、韩先虎、季伟伟、陈龙、林晓会、陈宇轩，无锡中微腾芯电子有限公司的李建超、马锡春、张鹏辉，无锡中微亿芯有限公司的范继聪、丛红艳，上海华岭集成电路技术股份有限公司的祁建华、王玉龙、王华、邵嘉阳，电子科技大学的杨万渝，中国科学院半导体研究所的张明亮，无锡学院的裴晓芳、巫君杰等同志参与了本书的编写工作。主要分工如下：第1章由解维坤编写，第2章由陈龙、王征宇、林晓会、陈宇轩编写，第3章由张鹏辉、程法勇、张磊、韩先虎、魏军编写，第4章由郭晓宇、朱江、季伟伟编写，第5章由苏洋、马锡春编写，第6章由王青、裴晓芳、巫君杰、张明亮编写，第7章由解维坤、范继聪、丛红艳编写，第8章由孔锐、张凯虹编写，第9章由杨万渝、李建超编写，第 10 章由祁建华、王玉龙、王华、邵嘉阳编写，最后的附录实验部分由杨万渝编写；武乾文和章慧彬两位总师负责整书的内容策划和审稿；全书的后期统稿和修改主要由解维坤和王青负责。

清华大学集成电路学院的何虎、胜达克半导体科技(上海)有限公司的魏津、上海东软载波微电子有限公司的王震宇三位业内专家在本书编写过程中提出了宝贵意见，电子工业出版社的张剑、长电科技的沈阳、新潮集团的周健、无锡中微腾芯电子有限公司的陆坚等领导对本书的出版给予了大力支持，在此一并表示感谢。

本书适合集成电路测试等相关领域的科研人员和工程技术人员阅读使用，也可以作为高等学校电子科学与技术、微电子工程等相关专业的教学用书。

编　者

☆☆☆ **作者简介** ☆☆☆

武乾文，中国电子科技集团公司第五十八研究所副总工程师，电子科技大学、南京信息工程大学兼职教授，硕士研究生导师，无锡市学术带头人，DSP、CPU 集成电路测试专家。曾获国家科技进步二等奖、国防科技进步二等奖、江苏省科技进步一等奖等奖项，发表论文二十余篇。作为微电子预研项目负责人，突破了多项高端集成电路测试技术壁垒，建立了国内品种较全、水平较高的测试程序库。作为科技部仪器重大专项子课题负责人，研制成功了 1024 通道、1Gbit/s 大规模集成电路测试系统，打破了国外垄断。与多所高校共建了集成电路测试联合实验室，解决了集成电路人才紧缺的难题。

目　　录

第1章

集成电路测试概述

1.1 引言

1.1.1 集成电路测试的定义

集成电路（Integrated Circuit，IC）测试是指对集成电路或模块进行检测，通过对集成电路的输出响应和预期输出进行比较，以确定或评估集成电路元器件功能和性能的过程。集成电路测试是验证设计、监控生产、保证质量、分析失效及指导应用的重要手段。

集成电路测试贯穿于集成电路设计、制造、封装和应用全过程之中[1]，相关示意图如图 1-1 所示。一款集成电路在流片之前，一定要经过原型验证测试；在流片回来后封装之前要进行晶圆测试（中测），剔除不合格品，避免封装管壳的浪费；封装好的产品要通过成品测试，成品测试是集成电路产品的最终测试[2]。只有通过测试的电路才能作为成品发货。测试人员需要针对集成电路不同的应用目的和不同的使用条件进行全面或特定的测试（如筛选测试、二次筛选测试、分析测试等）。

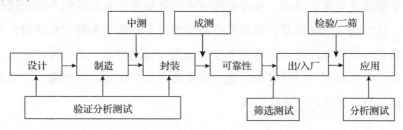

图 1-1　集成电路测试贯穿集成电路产业链示意图

1.1.2 集成电路测试的基本原理

图 1-2 所示的是集成电路测试的基本原理，通过对被测集成电路输入激励信号，检测输出响应，并根据预期输出完成各项功能的评估。

输入激励 X 　　被测器件 $F(X)$ 　　输出响应 Y

图 1-2　集成电路测试原理图

如果对已知功能的被测器件（Device Under Test，DUT）进行测试，理论输出响应 Y_0 是根据测试中对装置输入的原始激励信号 X 和已知的被测设备功能 $F(x)$ 来确定的，测试设备的实际输出响应为 Y。若 Y 与 Y_0 相同，则器件功能正常；若 Y 与 Y_0 不同，则器件有故障。测试的基本任务是：生成测试输入激励，将测试输入激励施加给被测器件，检测并分析输出响应的正确性[3]。

1.1.3 集成电路测试的意义与作用

1. 集成电路测试的意义

不论是用作集成电路产品的设计功能实现、性能参数验证和分析，还是用作产品质量管理，集成电路测试都属于芯片设计制造的重要环节。测试的主要目的是检测电路是否符合设计要求并寻找偏差、故障来源。问题有可能是测试本身引入的，也可能来自产品的设计、制造工序等。研究测试技术就是在允许的质量和经济条件下制订恰当的测试计划，即以较低成本达到尽可能高的故障检测率。

集成电路应用范围不断扩大，现已广泛应用于整机系统中[4]。集成电路的品质直接影响系统的稳定性。芯片制造商必须检测并剔除有缺陷的产品，这是在制造过程中要解决的重要难题。良好的测试流程能够使得有缺陷的产品在销售前就被剔除，这对提高产品质量、构筑生产与销售的良性关系和树立良好的公司形象都非常重要。集成电路测试的意义不仅仅是检测缺陷产品，更重要的是找出设计制造方面存在的问题并进行解决，进一步提高产品合格率、生产量，并通过产品测试数据分析、优化产品设计方案。

2. 集成电路测试的作用

集成电路测试是保证良品率的重要环节，同时也是成本控制的主要手段，其在集成电路生产过程中起着十分重要的作用。集成电路产品投入市场前，需对电路进行全方位的测试，这不仅可以判断芯片参数和性能是否符合设计规范要求，还可以从测试结果的详细数据中对芯片的结构、功能和各种电气性能指标进行全面反映。因此，对集成电路进行测试可有效提高芯片的成品率及生产效率[5]。

集成电路测试的作用主要表现在以下几点。

（1）检测：确认被测器件（DUT）是否有故障。

（2）诊断：识别 DUT 的特定故障。

（3）描述器件特性：确认并校正设计或测试中的错误。

（4）失效模式分析（Failure Mode Analysis，FMA）：识别导致 DUT 缺陷的制造过程中的错误。

集成电路测试技术随着集成电路的发展而不断进步和完善，对整体集成电路产业的进步和应用推广起到了重要的推动作用。随着集成电路产业的快速壮大，各类新的设计、新的工艺不断出现。各种超大规模集成电路，尤其是系统芯片（System on Chip，SoC）[6]和系统级封装（System in Package，SiP）的出现，使得芯片迅速投入量产过程的难度增加[7]，因此验证测试变得更加必要。集成电路测试作为电路功能验证和产品质量检测的关键环节，其重要性和带来的经济效益不言而喻。

1.2 集成电路测试的主要环节

集成电路测试的主要环节包括：测试方案制定、测试接口板（Device Interface Board，DIB）设计、开发测试程序、分析测试数据和归档资料[8]。集成电路测试主要环节如图 1-3 所示。

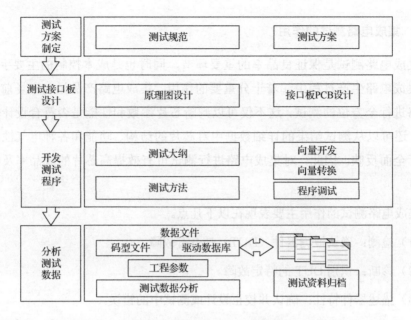

图 1-3　集成电路测试主要环节

1.2.1　测试方案制定

测试方案需要根据器件测试规范来制定[9]。测试规范包括以下内容：

（1）功能、参数——测试条件、参数特性、功能特性、实现算法、输入/输出信号的特性、时钟频率等[10]；

（2）器件类型——处理器、存储器、可编程逻辑器件、模拟电路、数模混合电路等；

（3）封装特性——封装形式、引脚定义；

（4）工艺类别——可编程门电路、专用集成电路（Application Specific Integrated Circuit，ASIC）、标准单元等[11]；

（5）环境特性——工作温度范围、电压范围、湿度等；

（6）可靠性——质量等级（商业级、工业级、军品级）、静电释放（Electrostatic Discharge，ESD）、抗辐照能力等。

在测试规范的基础上，可以制定测试方案。测试方案需要包括：测试系统的选择、测试夹具的选择、DUT 板设计方案、测试功能、参数项目清单和测试计划等。在选择测试系统时需要综合考虑多种因素，如数据吞吐量、时钟频率、定时精度、测试向量深度[12]、测试系统各种板卡的性能指标、测试系统需求及预计费用等。

1.2.2　测试接口板设计

测试接口板用于连接测试平台硬件资源与待测电路，测试平台通过测试接口板实现对电路的电特性测试。接口板上包括测试夹具/探针、接插件和一些测试所需的外围器件。测试接口板如图 1-4 所示，其中左右两图分别是成品测试与晶圆测试接口板。

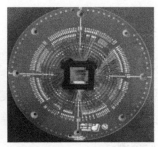

图 1-4　测试接口板

1.2.3　开发测试程序

在测试系统上开发的测试程序包括器件引脚（Pin Map）、直流参数（DC Spec）、交流参数（AC Spec）、测试图形（Pattern Set）、测试事件（Test Instance）、测试流程表（Flow Table）等模块设置，其中测试事件包含各种连接性测试、功能测试、直流和交流参数测试。集成电路测试程序开发流程如图 1-5 所示[13]。

图 1-5　集成电路测试程序开发流程

1.2.4　分析测试数据

分析测试数据是指通过对测试数据进行统计、绘图、创建表格、方程拟合和特征计算等方法挖掘数据中隐藏的信息，揭示测试数据的内在规律，既可以及时发现测试过程中的异常，为改善测试方案提供依据，又可以发现电路本身潜在的问题，为改善工艺或设计提供依据。

测试数据分析的基本类型包括：探索性数据分析、模型选定分析、推断分析[14]。

常用的测试数据分析方法有：均值分析、方差分析、直方图分析、过程能力指数（Process Capability Index，CPK）分析、BinMap 分析、饼图分析、正态分布分析等可视化分析[15]。

1.3 集成电路测试的分类、行业现状及发展趋势

1.3.1 集成电路测试的分类

1. 按测试目的分类

参照需要达到的测试目的对集成电路测试进行分类[16]，可以分为：验证测试、制造测试、老化测试、入厂测试等。

1）验证测试

在新设计完成后要进行验证测试，测试合格再开始批量化生产，这是为了保证设计的正确性，并且保证设计能够满足规范要求。在此阶段进行功能测试和交直流参数综合测试，检查芯片的内部结构[17]。验证测试完成后通常会得出一个完整的验证测试信息，如芯片的工艺特征描述、电气特征（DC 参数、AC 参数、电容、漏电、温度等测试条件）、时序关系图等[18]。逻辑设计和物理设计中的设计错误也可以在此阶段被诊断出和修正。

2）制造测试

芯片设计方案顺利通过验证测试后就可以进入制造阶段，使用前面工序开发的测试工序进行制造测试。这样做是为了判断被测芯片能否通过测试，因此面向对象为每个芯片，此阶段需重点考虑测试成本，提高测试效率。相对于验证测试，制造测试并不全面，测试向量数量不用太多，但需要足够高的建模覆盖率才能满足质量要求。

3）老化测试

老化测试是为了确保芯片老化后的可靠性而进行的测试。由于各款产品之间存在差异，一些通过制造测试的芯片在投入实际使用时，可能会在一定时间后失效，不能保证长时间正常运行工作。老化测试分为静态老化测试和动态老化测试。静态老化测试是指在芯片供电时，提高芯片工作温度，测试芯片寿命[19]。而在此基础上给芯片施加激励的测试就是动态老化测试。

4）入厂测试

为了避免在一个整机系统中使用有缺陷的器件导致系统故障，系统制造商需要在使用之前对购入的器件进行入厂测试[20]。测试内容与需求相关，可能比生产测试更全面，也可能只在特定系统上进行板级测试，或者对器件进行随机抽样，然后对样本进行入厂测试。

2. 按测试内容分类

按照测试所涉及内容，集成电路测试可分为[21]：参数测试、功能测试、结构测试等。

1）参数测试

参数测试分为直流（DC）参数和交流（AC）参数两种测试[22]。DC 参数的测试内容包括开路/短路、输出驱动电流、漏极电流、电源电流、转换电平测试等[23]。AC 参数的测试内容包括传输延迟、建立/保持时间、功能速度、存取时间、刷新/等待时间、上升/下降时间测试等[24]。

2）功能测试

功能测试是指在特定的输入向量下验证对应的输出响应，用来验证设计者所需要的正确功能是否在芯片上实现。功能测试能够在一定程度上覆盖模型化故障（如固 0 和固 1 故障）。

3）结构测试

结构测试是指观察大规模数字系统原始输出端口的内部信号状态[25]。此类测试与电路的特定结构有关，如门类型、互连、网表，但并不关注电路的功能[26]。在引脚信号变化的情况下，结构测试算法根据电路的内部结构来计算内部节点的状态变化和输出引脚值的变化[27]。常用的结构测试方法包括扫描测试、边界扫描测试和内建自测试。

3. 按照器件开发和制造阶段分类

按照器件开发阶段分类，测试主要分为：特征分析、产品测试、可靠性测试、来料检查等。

（1）特征分析：确保设计无误以保证器件的性能指标。

（2）产品测试：保证完成产品功能测试的情况下缩短测试时间[28]。

（3）可靠性测试：保证产品在规定使用时间内正常工作。

（4）来料检查：确保系统生产过程中使用的所有设备正常工作且能满足规格要求。

按照器件制造阶段分类，测试可分为：晶圆测试、成品测试、质量控制测试等。

1）晶圆测试（Chip Probing）

晶圆测试又称中测，就是对代工之后的晶圆进行测试，其目的是在切割和封装前剔除坏的裸片，以降低封装和芯片成品的测试成本。同时，可以统计器件的合格率及不合格器件在晶圆上的准确位置。此测试直接反映晶圆制造的合格率[29]。

2）成品测试（Final Test）

在集成电路的划片、键合、封装和老化期间，都可能损伤部分电路[30]。因此封装及老化后，需对成品电路按照测试规范全面地进行电路性能测试，筛除次品，根据电路性能参数对良品进行分类，并统计所有级别的良品数量和性能参数，这项工作称为成品测试（又称终测）。品质管理部可利用此数据进行产品质量管理，生产管理部则可用此数据来控制生产流程。

3）质量控制测试

为了保证生产质量，对待出厂的产品要进行抽样检验，以保证产品的合格率。

1.3.2 集成电路测试行业现状及发展趋势

1. 行业现状

在目前的封装测试市场中，中国和美国占据了绝大部分市场份额，其中中国台湾的企业连续多年占据全球近半的市场份额，排名第一；而经过资本并购整合，中国大陆的企业也已进入全球封装测试行业第一梯队，其中长电科技、华天科技、通富微电进入全球前十名[31]。

目前，日月光、安靠、长电科技、力成、华天科技、通富微电、京元电子、南茂等是封测市场中的龙头企业。例如，美国安靠公司一家就约占全球封测市场份额的 15%。

集成电路测试对于保证芯片的性能和稳定性非常重要，它贯穿芯片制造的整个过程。测试的独立化不仅可以提高测试的专业性，还能使技术人员及时分析反馈芯片设计、制造过程中存在的问题，降低生产成本，提高生产效率，减少资源浪费。

近年来，以华为海思（Fabless）、中芯国际（Foundry）为代表的集成电路设计与制造企业逐渐崛起，它们对国内的测试产业有了更多的需求，同时也促进了国内专业测试的迅速发展。

目前，国内企业投资建设了大量晶圆厂并扩大了集成电路制造生产线。2017—2020 年，国内新增晶圆厂数量（12 个）占全球总量的 41.94%，全球产能份额逐渐增加。2015 年，国内晶圆厂产能仅占世界总产能的 10%，但预计在 2025 年将达到 22%，复合增速大于 10%。

从整个产业链集成电路测试的服务对象来看，专业测试的需求来自上游 IC 设计和制造企业。目前，国内 IC 专业测试尚处于发展初期，随着上游设计制造环节的兴起，数十家中小型测试公司发展迅速。2012—2020 年，国内封测行业销售额从 1 035.7 亿元增长到 2 509.5 亿元，年复合增长率在 10%以上，随着国产设备的普及，国内 IC 测试市场规模进一步扩大，前景广阔，但与其他成熟企业相比仍有较大差距。

目前，国内主要有两类 IC 专业测试企业。一类是具有国有企业背景的集成电路测试公司和研究机构的测试中心，如华岭股份有限公司、华润微电子等。另一类是以中微腾芯、东莞利扬、威伏半导体、上海伟测等企业为代表的市场化专业测试企业（见表 1-1），这些企业具有较强的市场开发能力，近年来发展迅速，直接服务于国内 IC 设计企业。

表1-1 中国大陆市场化专业测试企业

序 号	企业名称	领 域	序 号	企业名称	领 域
1	上海华岭A	CP/FT	6	华润赛美科	CP
2	苏州京隆	CP/FT	7	无锡圆方	CP/FT
3	中微腾芯	CP/FT	8	北京确安	CP/FT
4	东莞利扬	CP/FT	9	无锡捷进	CP
5	镇江艾科	CP/FT	10	上海伟测	CP/FT

2. 发展趋势

随着IC行业分工的不断细化，芯片测试专业化成为必然的发展趋势[32]。集成电路的制造工艺越来越复杂，制造过程中的参数控制和缺陷检测等要求将越来越严苛，测试专业化的要求也会越来越高；另外，芯片设计逐渐向多样化、个性化发展，这导致对应的测试方案也呈现多样化，提高了对测试专业人才的要求。另外，上游IC设计和晶圆厂产能扩张带来的增量市场也迫切需要专业测试公司提高测试效率。因此测试专业化，不但可以减轻中小企业的负担并且能有效地提高效率。由于测试设备前期的投入巨大，专业的测试公司在规模和专业性上优势明显，测试产品多样化也能加快测试方案的迭代速度，因此出于成本考虑，除无工厂芯片供应商（Fabless）企业，原有的集成器件制造（Integrated Device Manufacture，IDM）、晶圆制造及封装工厂都有将测试部分交给第三方测试企业的倾向。

1.4 集成电路测试面临的挑战

1.4.1 行业发展挑战

目前，国内专业检测能力不足，大部分的测试厂商都服务于中低端市场，没有自主制定测试方案和开发测试程序的能力。而能够通过产能扩张建立技术优势的企业则可以利用规模和技术壁垒在竞争对手中脱颖而出，占据优势地位。

首先，作为Fabless模式下生产外包的一个环节，芯片测试的能力依赖设备，更依赖资本的投入。像传统的制造业一样，它也会经历提高产能和工艺优化的过程，随着整体规模的壮大，企业前期积累的经验与工艺优势将会显现。

其次，规模也决定了下游客户结构。大型设计制造商只会与具有一定规模的测试商合作，所以有限的企业规模很难承接大额订单，导致此类企业也很难优化客户结构。因此，拥有优势技术和规模的企业，将形成良性循环（技术领先—客户开发—融资和生产扩张—产能提升—流程优化—技术领先扩张），最终成为行业领导者。

1.4.2　测试技术挑战

集成电路规模和功能的复杂程度都在不断提高，集成电路测试系统也变得更加开放化、模块化、标准化。集成电路测试技术面临的主要挑战来自超大规模系统级芯片的可测试性设计、测试策略和实现方法。

（1）随着集成电路规模的不断扩大，测试向量数目剧增，因此需要更加有效的测试性设计。选择合适的硬件电路和快速测试算法可以以较少的硬件开销得到更全面的故障覆盖率[33]。

（2）芯片内晶体管的特征尺寸每年约减少 10.5%，而伴随着电路设计创新和制造工艺提升，芯片内晶体管密度呈几何倍数增长[34]。例如，先进的 3nm 设计工艺使得单位面积的芯片上可以配置更多晶体管，但这也引入了新的电子和物理效应，出现新的失效模式，串扰、电迁移和信号完整性的问题也变得更加突出[35]。

（3）芯片工作速率不断提高，数字信号在高速通道上表现出复杂的模拟特性，甚至引入了噪声干扰，这对测试系统提出了更高的设计要求。

（4）需要复杂的数字信号处理系统来实现模数混合芯片的自动测试。基于数字信号处理器，利用数字仪器和任意波形发生器替代纯模拟设备，完成模拟信号的参数测试[36]。

（5）伴随着集成电路工艺的发展和设计方法的改进，中央处理器、数字信号处理器、存储器等模块可以在单芯片上完成设计，即系统芯片（SoC）。SoC 采用知识产权（Intellectual Property，IP）核设计，测试端口少，IP 核提供商为了保护知识产权往往不愿透露 IP 核的具体实现细节。内部 IP 核测试需要建立复杂的数学模型，这使得测试变得困难。

（6）3D（Three Dimensional）堆叠系统级封装芯片测试。3D 堆叠系统级封装芯片将各种裸芯片电路通过 TSV、平面内 RDL 及 BUMP 等工艺封装而组成微组件和微系统,各芯片间的连接线极其复杂,故障发生率增加,如超薄衬底的引入会增加芯片产生开路故障的概率[37]。3D 堆叠系统级封装同时使测试难度增加。不同芯片都需要进行晶圆级测试,同时还需要有芯片间的互联测试方法。对该类芯片要从裸芯片、微组件、微系统三个层级进行全面的测试。受芯片封装工艺的限制,芯片封装引出的引脚数量有限,难以通过引脚施加足够的测试激励,因此我们需要探索可测性设计方法的测试实现。

第 2 章

数字集成电路测试技术

2.1 数字集成电路测试技术概述

数字集成电路基于布尔代数（又称开关代数或逻辑代数）理论，采用二进制数字逻辑处理数字信号。在数字集成电路中，有各种各样的门电路和存储元件，电路的输入和输出需要满足特定的逻辑关系，最基本的逻辑关系是"与""或""非"。它们大量应用于计算机、通信、自动控制和仪器仪表等数字系统中。

对数字集成电路的分类有很多，按电路中包含的门电路或元器件数量，可以将其分成小规模集成电路（Small Scale Integration，SSI）、中规模集成电路（Medium Scale Integration，MSI）、大规模集成电路（Large Scale Integration，LSI）、超大规模集成电路（Very Large Scale Integration，VLSI）、特大规模集成电路（Ultra Large Scale Integration，ULSI）和巨大规模集成电路（Giga Scale Integration，GSI）。

按电路结构来分，可分成 TTL（Transistor-Transistor Logic）电路和 MOS（Metal-Oxide-Semiconductor）电路两大系列。TTL 器件又称为双极器件，因为其导电利用的是电子和空穴两种载流子。MOS 器件中只有一种导电的载流子，通过电子导电的称为 NMOS 电路，通过空穴导电的称为 PMOS 电路；如果电路是由 NMOS 和 PMOS 组成的，则称为 CMOS 电路[38]。数字单片集成电路产品的系列如表 2-1 所示。

表 2-1　数字单片集成电路产品的系列

系　　列	子　系　列	名　　　称	国家标准型号
TTL	TTL	标准 TTL 系列	CT54/74
	HTTL	高速 TTL 系列	CT54/74H
	LTTL	低功耗 TTL 系列	CT54/74L
	STTL	肖特基 TTL 系列	CT54S/74S
	LSTTL	低功耗肖特基 TTL 系列	CT54LS/74LS
	ALSTTL	先进低功耗肖特基 TTL 系列	CT54ALS/74ALS
	ASTTL	先进肖特基 TTL 系列	CT54AS/74AS
	FTTL	快速 TTL 系列	CT54F/74F
MOS	PMOS	P 沟道场效应管系列	—
	NMOS	N 沟道场效应管系列	—
	CMOS	互补场效应管系列	CC4…(CC14…)
	HCMOS	高速 CMOS 系列	CC54HC/74HC
	HCT	与 TTL 电平兼容的 HCMOS 系列	CC54HCT/74HCT
	AC	先进的 CMOS 系列	—
	ACT	与 TTL 电平兼容的 AC 系列	—

数字集成电路按照逻辑功能可分为两类：组合逻辑电路和时序逻辑电路。

组合逻辑电路的特点是输出结果仅与输入值有关，与输入叠加前一状态无关。并且因为电路中没有记忆元件，所以没有存储功能，如编码器、解码器、数字比较器、全加器、数据选择器、多路复用器、奇偶校验器等[39]。

而时序逻辑电路则不同，它的输出结果受输入量及输入量叠加之前的电路状态共同影响，它包含记忆元件，因此可以存储输出状态（"0"状态或"1"状态），如计数器、寄存器、移位寄存器等。

数字集成电路测试技术通常包括功能、时序、电流和电压的验证，以确保被测电路能满足器件的特征和设计要求[40]。

本章将介绍通用数字电路与 ASIC 测试技术、通用数字电路常见可测试性设计技术、存储器测试技术、数字信号处理器测试技术、微处理器测试技术、可编程器件测试技术等常见数字单片集成电路的测试技术。

2.2　通用数字电路与 ASIC 测试技术

随着人们对电子产品的需求和依赖性与日俱增，数字集成电路的需求迅速增加，并且其可靠性要求也越来越高。对数字集成电路的测试就是为了验证数字系统是否能正常工作。通用数字集成电路测试流程图如图 2-1 所示。

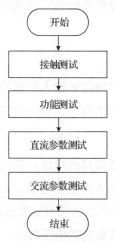

图 2-1　通用数字集成电路测试流程图

1. 接触测试（开/短路测试）

接触测试也称为开/短路（Open/Short，O/S）测试，用以确认在器件测试时所有信号引脚都与测试系统相应的通道在电性能上完成了连接，并且没有信号引脚与其他信号引脚、电源或地发生短路。接触试验可以快速检测出被测芯片是否存在电性物理缺陷，以尽早发现并剔除，因此是测试的第一步。测试期间，电源加 0V，向每个被测设备的引脚施加一定电流（典型值为±100μA），然后测出相应电压。若测量电压值的绝对值高于某特定电压范围（如-1.5～-0.2V 或 0.2～1.5V）绝对值上限，则可认为引脚和测试仪之间的触点断开，代表开路；若测量电压值的绝对值低于某特定电压范围绝对值下限，则认为引脚和测试仪之间短路。

2. 功能测试

功能测试是为了测试电路能否达到预期的设计效果，其基本过程如下：

（1）先在输入端施加不同的激励信号，称为测试向量[41]；

15

（2）将测试图形依据电路规定的频率应用于被测设备上[42]；

（3）将测试的结果和设计的预期效果进行对比，从而判断电路功能能否达到设计要求[43]。

3. 直流参数测试

直流参数测试是指在欧姆定律基础上，对电路参数进行稳态测试[44]，它包括以下几个方面。

1）漏电流测试

漏电流就是指当模拟或数字器件的输入引脚为高阻态时，向其施加电压，会有少量的电流流入或流出引脚[45]的现象。漏电流测试可以检测出集成电路本身的物理缺陷或客户应用端的不正常工作状态。

测试方法：在待测引脚上施加直流电压，然后测量此引脚上的电流，并将检测到的小电流与合格值比较，判断其是否达标。典型的漏电流测试一般需要进行两次[46]：一次是施加的输入电压在正电源电压附近，即输入高电平时的漏电流 I_{IH}；另一次是施加的输入电压在地或负电源电压附近，即输入低电平时的漏电流 I_{IL}。漏电流测试方法如图 2-2 所示。输出漏电流（I_{OZ}）的测试方法与输入漏电流类似，但必须先采用测试模式或其他控制机理使输出引脚置于高阻态（H_{OZ}），然后再进行测试。

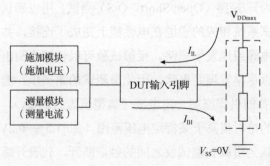

图 2-2　漏电流测试方法

2）输出高/低电平（V_{OH}/V_{OL}）测试

输出高/低电平测试的目的是测量规定电压下输出电流的能力，以及输出逻辑为高/低电平时输出引脚的电阻。

测试方法：施加电源最小电压值，设置钳位电压，输出引脚设置为高/低电平，使用参数测量单元（Parametric Measurement Unit，PMU）灌入或拉出规定的负载电流 I_{OH}/I_{OL}，其他输出端开路，延迟为 1～5ms，测量结果电压。

3）输入高/低电压测试

数字电路输入的阈值电压有两个，即输入高电压 V_{IH} 和输入低电压 V_{IL}[47]。

测试方法：测试系统对 DUT 施加高低电平，然后运行 DUT，通过测试其功能是否正常完成对 V_{IH}、V_{IL} 的测试，也可以采用二元搜索或等步搜索方法来测试。

4）电源电流测试

电源电流测试是集成电路测试的一项重要内容，用以判断是否满足用户后端应用的功耗限制条件（这对设计低功耗系统的用户来说尤为重要），也可以尽早筛除有缺陷的器件。大多数自动测试设备（Automatic Test Equipment，ATE）都可以测量从每个电压源流入 DUT 的电流[48]。

测试方法：电源电流测试有两种类型，即静态电流测试和动态电流测试。

（1）静态电流是指器件从漏极到地的泄漏电流[49]。静态电流测试还包括测试流入 V_{DD} 引脚的总电流 I_{DD}[50]，它是指在 DUT 进入低功率状态时，首先通过运行某个预先准备好的测试向量序列将 DUT 预处理到已知状态，然后进行测试。静态电流测试如图 2-3 所示。

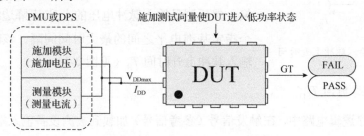

图 2-3　静态电流测试

（2）设备处于活跃状态时，从漏极到地的电流就称为动态电流。动态电流测试也是测量流入 V_{DD} 引脚的总电流 I_{DD}，通常是在器件处于最高工作频率下运行一段连续的测试向量后[51]，对 PMU 或器件电源（Device Power Supply，DPS）实施测试。使用准确的向量序列完成设备的预处理，并在测试前将设备置于最高功率状态，这是实施动态电流测试的必备条件。动态电流测试如图 2-4 所示，可直接将电源设定为期望的电压，然后采用测试系统的电流检测功能测量输出端电流。

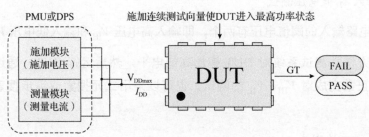

图 2-4　动态电流测试

4. 交流参数测试

对交流参数进行测试，是为了保证器件的状态能在规定时间内产生正常转换。需要在器件发生状态转换时测量其时序关系，上升时间、传输延迟时间、建立和保持时间等都是常测的交流参数。

1）输入脉冲上升时间 T_R

在待测的触发输入端口施加脉冲电压，其他输入端口为规定电平，输出端子与负载相连。调整输入脉冲电压的上升/下降时间，使得输出逻辑电平在指定的临界值上发生状态转换。然后测量输入脉冲电压的上升/下降边缘中的两个指定基准电平之间的最大时间间隔，该时间就是输入脉冲上升时间 T_R（见图 2-5）。

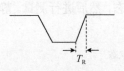

图 2-5　输入脉冲上升时间

2）建立时间 T_{SD}

在时序逻辑电路中，在触发信号（参考信号）加载到被测设备输入端口之前，需将数据输入信号加载到输入端口，这两种信号加载的最小时间间隔定义为建立时间 T_{SD}。测量时，数据输入端口和触发信号输入端口上都加载脉冲电压，而其他输入端口则为正常电平，待测输出端口与负载相连，而其他输出端口为开路。调整加载到数据输入端口的脉冲电压超前于触发信号输入端口的脉冲电压的时间，

18

使得输出逻辑电平在指定的临界值上发生状态转换[52]。这时超前的时间即建立时间 T_{SD}（见图 2-6）。

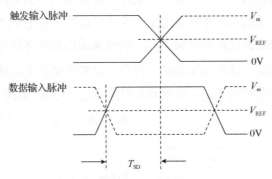

图 2-6　建立时间 T_{SD}

3）保持时间 T_H

在触发信号端口加载脉冲电压之后，数据输入端口上的脉冲电压需维持一段时间不发生变化，以便电路能捕捉到此数据信号，这段时间即保持时间。除了触发信号和数据的输入端需加载脉冲电压，其他的输入端口都加载正常电平信号，待测输出端口与负载相连，而其他输出端口为开路。为了使输出逻辑电平在指定的临界值上发生状态转换，需要调节加载到数据输入端口的脉冲电压滞后于触发信号输入端口的脉冲电压的时间，这一滞后时间便称为保持时间 T_H（见图 2-7）。

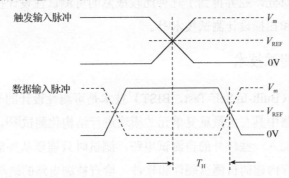

图 2-7　保持时间 T_H

4）传输延迟时间（T_{PLH} 和 T_{PHL}）

输入端的状态（边缘）转换带来的相应输出端的状态（边缘）转换之间的延迟时间称为传输延迟时间（T_{PLH} 和 T_{PHL}）。这个时间从输入端口的某一特定电压开

19

始，到输出端口的某一特定电压结束，它反映了数字集成电路对信号的响应速度。

在输入端口加载指定的电平和脉冲电压时，输出端口的脉冲信号从低电平到高电平的边缘与相应输入脉冲电压边缘上的两个指定参考电平之间的时间[53]，即由低电平到高电平的传输延迟时间 T_{PLH}；而输出端口的脉冲信号由高电平到低电平的边缘与对应的输入脉冲电压边缘上两个指定参考电平之间的时间，即由高电平到低电平传输延迟时间 T_{PHL}。传输延迟时间 T_{PLH} 和 T_{PHL} 如图 2-8 所示。

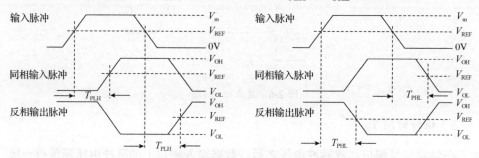

图 2-8　传输延迟时间 T_{PLH} 和 T_{PHL}

2.3　通用数字电路常见可测试性设计技术

经过多年的研究，业界得到了几种比较成熟的可测试性设计技术，主要包括内建自测试技术和扫描设计测试技术[54]。

2.3.1　内建自测试技术

内建自测试（Built-In Self-Test，BIST）技术是可测性设计的一种实现技术，主要针对数字电路中具有大量重复单元的模块进行结构化测试[55]。内建自测试会在芯片的设计中加入一些额外的自测试电路，测试时只需要从外部施加必要的控制信号，通过运行内建的自测试硬件和软件，检查被测电路的缺陷或故障。

内建自测试由四部分组成：测试控制器（BIST Controller）、测试向量生成器（Test Pattern Generator，TPG）、被测电路（Circuit Under Test，CUT）和输出结果分析模块（Output Response Analyzer，ORA）。BIST 原理结构图如图 2-9 所示。在测试期间，外部信号想要进入 BIST 模式，可以通过与测试控制器通信的方式来启动控制器。启动测试向量生成器生成一系列预先设计的测试向量并应用于被测电路[56]。将响应分析仪捕获的信号与预期结果比较，比较后分析被测电路是否存在故障[57]。

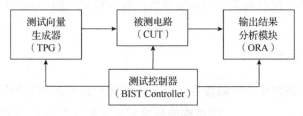

图 2-9　BIST 原理结构图

BIST 最重要的部分是测试向量生成器（TPG）。测试系统的覆盖率和测试质量由 TPG 生成的测试向量的质量直接决定[58]；TPG 是一个除时钟信号外，没有其他输入的有限自动状态机。典型的 TPG 是一个线性反馈移位寄存器（Linear Feedback Shift Register，LFSR）或一个细胞自动机（Cellular Automata，CA）[59]。

BIST 的输出结果分析模块（ORA）先进行压缩，再对测试结果进行比较和分析，而不是直接比较测试响应信号，因为逐位比较和分析这些测试响应信号会消耗大量额外的片上存储单元。但是，压缩可能导致混叠，这意味着对于相同的输入，两个不同的电路输出在压缩后可能是相同的。

较低的故障覆盖率是 BIST 最严重的缺点。因为受限于芯片面积，其可以用于测试的资源很少，导致能够存取的测试向量集或能够自动生成测试向量的工具类型有限，线性反馈移位寄存器（LFSR）就是其中一种能够存取测试向量集的电路。此外，预期响应也需要存储在芯片中，这也会占用大量存储空间，而且也增加了芯片设计的复杂性[60]。

BIST 可以简化测试的步骤，所以不需要贵重的测试仪器和设备，能够节约成本，并且它外部测试接口少，可以节省芯片引脚，因此普遍应用于各类嵌入式存储器的测试中。

由于 BIST 是集成在芯片中的，优秀的 BIST 系统可以减少测试逻辑在芯片面积中的占比，降低测试电路（尤其是在线测试电路）带来的附加功耗。因此设计一个好的 BIST 系统是一个复杂的系统设计工作。

2.3.2 扫描设计测试技术

针对芯片内部的故障和缺陷的测试可以采用扫描设计测试方法[61]。通常，内建自测试的测试向量是由芯片内部生成的，而扫描设计的测试向量则是由外部输入的。

1. 全扫描设计

组合逻辑电路网络和带触发器（FF）的时序电路反馈网络的结合是常见的时序电路的建模方式（见图 2-10）。不能随意控制和观测输入和输出状态是时序电路测试中的一个重大问题[26]。高昂的设计成本与较低的故障覆盖率是许多时序电路测试中让人无法接受的问题。

图 2-10　时序电路一般模型

为了降低测试设计成本，同时获得较高的故障覆盖率，可以采用可测试性设计的扫描方法[62]。在扫描设计中将普通触发器替换为扫描触发器，并将扫描触发器连接成扫描链（类似于移位寄存器），扫描链可以仅通过少量的固定芯片引脚实现测试数据输入和观测输出。为了减少测试中使用的引脚数量，可以在扫描输入端口通过串行移位将所需数据输入扫描链对应的单元；还可以通过扫描输出端口进行串行观察测试输出（这些扫描触发器可以输入也可以输出，因此称为伪输入和伪输出）。

相对普通触发器，扫描触发器在输入端增加了一个多路选择器 MUX，可施加使能信号[63]（Scan Enable，SE）使扫描触发器工作在正常模式或测试模式[64]（也称为扫描模式）。普通触发器和扫描触发器结构图如图 2-11 所示。其中 SI 表示扫描输入，SE 表示使能信号，SO 表示扫描输出。

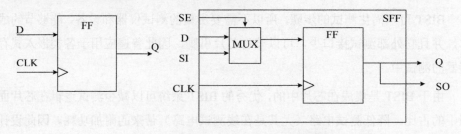

图 2-11　普通触发器和扫描触发器结构图

图 2-12（a）所示为插入可测性逻辑前的时序电路。针对图 2-12（a）所示的时序逻辑电路，将图中的所有触发器替换成扫描触发器，将所有的扫描触发器串在一起，并且通过扫描使能信号 SE 进行统一控制[65]，选择输出扫描向量或观测结果，这样就完成了扫描测试。图 2-12（b）所示为插入可测性逻辑后的时序电路。

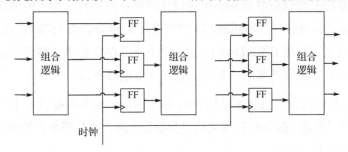

（a）插入可测性逻辑前的时序电路

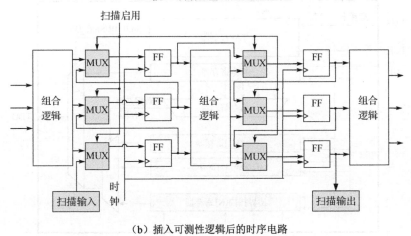

（b）插入可测性逻辑后的时序电路

图 2-12　时序电路

考虑到扫描设计本身的硬件成本，实际的电路和芯片设计不会用扫描触发器替代所有触发器[66]，此时的设计称为"部分扫描"设计（所有的都替代称为"完全扫描"）。对于部分扫描设计，有两个问题需要解决：一是为了最大限度地提高芯片的可测试性（即可控性和可观测性），如何决定扫描哪个触发器；二是为了确保电路的执行结果与未测试电路时的结果相同，非扫描触发器必须设计为保持状态不变，如何在扫描电路时保证非扫描触发器的状态。

2. 边界扫描设计

工业界和学术界提出了一种边界扫描设计，用来在电路板级测试中测试电路的逻辑和连接[67]。此设计主要是扫描芯片引脚与核心逻辑之间的连接。

因为边界扫描测试需要连接不同的设计者设计的芯片，为了能够使用统一的测试接口，必须标准化这些测试接口。电气电子工程师学会（IEEE）在 1994 年制定了边界扫描测试标准 IEEE 1149.1，其也被称为 JTAG 标准。该标准是一项国际通用的芯片边界扫描和访问端口规范，旨在支持板级测试。

JTAG 边界扫描设计的基本结构如图 2-13 所示，边界扫描设计主要包括 TAP 控制器、旁路寄存器、指令寄存器及边界扫描链（由边界扫描单元构成）等。JTAG 定义了以下测试访问接口。

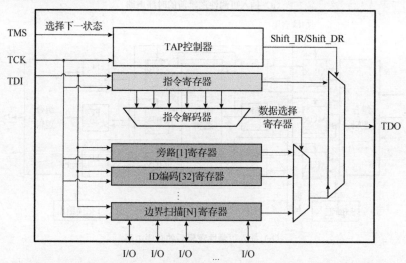

图 2-13　JTAG 边界扫描设计的基本结构

（1）TCK（Test Clock）：测试时钟输入。

（2）TDI（Test Data In）：测试数据输入，数据通过 TDI 输入 JTAG 口。

（3）TDO（Test Data Out）：测试数据输出，数据通过 TDO 从 JTAG 口输出。

（4）TMS（Test-Mode Select）：测试模式选择（TMS 用于在特定测试模式下设置 JTAG 端口）。

（5）TRST（Test Reset）：可选引脚测试复位，TRST 为输入引脚，低电平有效。

JTAG 内部有一个状态机，称为 TAP 控制器。该状态机通过 TCK 和 TMS 信号改变状态，从而实现指令和数据的输入。JTAG TAP 控制器的结构如图 2-14 所示。

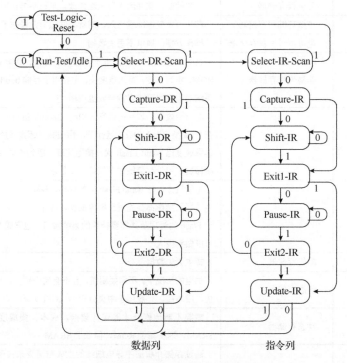

图 2-14　JTAG TAP 控制器的结构

2.4　存储器测试技术

现代信息技术中用来保存二进制数据的记忆设备称为存储器（Memory）。例如，内存条、SD、TF 卡等是具有实物形式的存储设备；而集成电路中内嵌的存储电路没有实物形式，如 RAM（Random Access Memory）、FIFO（First Input First Output）等。

根据存储介质可将存储器分为半导体存储器和磁表面存储器，本书主要讲半导体存储器[68]；按读写功能分，存储器可分成只读和读写存储器两类；而按照信息可保存性分，存储器又可分成非永久记忆和永久记忆存储器。常见的半导体存储器如表 2-2 所示。

表 2-2 常见的半导体存储器

名　　称	全　　称	特　　点
ROM	只读存储器	掉电不丢失数据
PROM	可编程存储器	一次性的，软件灌入后无法修改，早已不再使用
EPROM	可擦可编程存储器	芯片可重复擦除或写入，需紫外线照射，操作不便
EEPROM	电可擦可编程存储器	操作方便，掉电不丢失数据
Flash	非易失性存储器	具有和 ROM 一样掉电不会丢失的特性，因此也称为 Flash ROM，擦写方便，写入速度快，主要用于存储 bootloader 及操作系统或程序代码或直接当硬盘使用[69]
Nor Flash	—	高传输效率、芯片内执行（XIP，Execute In Place），可以直接在（Nor 型）Flash 闪存内运行[70]，不用再把代码读到系统 RAM 中，读取速度比 Nand Flash 快，擦除速度一般为 5s，工艺复杂，价格昂贵，用于存储操作系统等重要信息
Nand Flash	—	不能直接运行 Nand Flash 上的代码，擦除速度一般为 4ms，大多数写入操作都要先进行擦除操作，应用 Nand Flash 的难度在于 Flash 的管理及其需要特殊的系统接口，但它成本低廉，容量可以做到很大[71]
RAM	随机存储器	掉电丢失数据
SRAM	静态存储器	加电的情况下，不需要刷新，且不会遗失数据，读写速度非常快，成本高，一般用于中央处理器（CPU）的一、二级缓冲[72]
DRAM	动态存储器	需要不断地刷新才能保持数据，成本、集成度、功耗优于 SRAM，速度高于 ROM，但低于 SRAM
RRAM	阻变式存储器	通过存储介质层中导电细丝的生成与消失来实现存储单元的阻态切换，利用存储单元高低阻态存储"0""1"信息，是具有高擦写寿命、高读写速度等特点的非易失性存储器[73]
MRAM	磁性随机存储器	通过电流控制存储单元金属层的磁极翻转，实现存储单元高低阻态的切换，进而实现信息存储，是理论上具有无限擦写寿命的非易失性存储器
SDRAM	同步动态存储器	简化设计，提供高速的数据传输
PSRAM	假静态随机存储器	PSRAM 具有一个单晶体管的 DRAM 存储器，它具有类似 SRAM 存储器的稳定接口，但体积更为轻巧[74]，容量没有 SDRAM 高，但比 SRAM 的容量高很多，速度较快，价格只比相同容量的 SDRAM 稍贵，但比 SRAM 便宜，而且比 SDRAM 的功耗低很多
DDR SDRAM	双倍速率同步动态随机存储器	可以在一个时钟读/写两次数据，这就使得数据传输速度加倍了

2.4.1　存储器的故障模式和故障模型

存储器故障可以分为两种，即永久性故障和暂时性故障。

永久性故障是由失效机理引起的，可采用故障模型进行模型化表述[75]。以下为各种失效机理。

（1）坏的电连接（漏掉或增加）。

（2）元件损坏（IC 掩蔽缺陷或硅-金属或金属-封装连接有问题）。

（3）烧断的芯片连线。

（4）芯片和封装之间腐蚀的连接。

（5）芯片逻辑错误。

暂时性故障是指只在部分时间内存在，且其出现是随机的。该故障不能采用故障模型进行表述，常通过每个系统存储器中包含的信息冗余纠错编码来处理。暂态故障又分为由环境因素引起的瞬态故障和非环境因素引起的间歇性故障两种。

瞬态故障由以下几种原因造成[76]：

（1）宇宙射线；

（2）α 粒子（电离的氦原子）；

（3）空气污染（导线暂时短路和开路）；

（4）潮湿（引起导线暂时短路）；

（5）温度（引起暂时逻辑混乱）；

（6）压力（引起导线暂时短路和开路）；

（7）振动（引起导线暂时开路）；

（8）电源起伏（低电压导致暂时逻辑错误）；

（9）电磁干扰（导线之间信号耦合）；

（10）静电放电（存储器单元状态改变）；

（11）接地回路（逻辑值存在错误）。

间歇故障由以下几种原因造成：

（1）不牢固的连接；

（2）元件老化（由于逻辑门延迟变化导致相关信号到达时间变化）；

（3）临界时序路径发生冒险和竞争（由于不合理的设计）；

（4）电阻、电容和电感变化（时序故障）；

（5）不规则物理连线（窄的导线引起高电阻连接）；

（6）电噪声（存储器单元状态改变）。

存储器的故障类型主要有：固定故障、转换故障、耦合故障、桥接故障、译码故障、数据保存故障、关联故障等。可以用永久性故障模型来建立间歇性故障模型，不断重复间歇性故障的测试向量，直到检测到故障为止。

（1）固定故障（Stuck-At Fault，SAF）：是指存储器的单元的逻辑值固定为 0 或固定为 1 的故障，单元总是处于故障状态，并且故障逻辑值不改变。

（2）转换故障（Transform Fault，TF）：是固定故障的一种特殊情况，即当写数据时，单元失效使得 0→1（上升）转变或 1→0（下降）转变发生。

（3）耦合故障（Coupling Fault，CF）：是指存储位 j 的转变引起存储位 i 不期望的变化[77]。

（4）桥接故障（Bridging Fault，BF）：是指两个或两个以上单元或单元与连线之间的短路故障[78]。

（5）译码故障。

（6）数据保存故障。

2.4.2 存储器测试方法

RAM 是最常用的存储器，因此本书以 RAM 为例介绍存储器的测试方法。

1. RAM 测试原理

RAM 是一个组合门双稳态网络。RAM 测试利用组合网络测试原理，采用容性双耦合故障模型。在存储芯片中，许多故障是由漏电、器件缺陷、寄生反馈和相邻存储单元之间的串扰引起的，由于 RAM 的动态特性对存储图形有强烈的敏感性，所以必须采用时序电路完成图形敏感测试。

根据存储器的特征，采用算法生成测试图形来进行 RAM 芯片测试[79]。用少量的数据测试源程序，通过算法图形发生器（Algorithmic Pattern Generator，ALPG）生成大量的数据测试向量，算法生成的同时也可同步进行测试，可以大量节省存储的空间。假设 RAM 芯片有 N 个地址，那么可以选址的存储单元数目也为 N（N 是 2 的指数幂）。因为每个存储单元都有"0"或"1"两种可能的状态，所以整个存储器有可能得到 2^N 种图案状态。就算是对一个仅有 64 个存储单元的 RAM 测试其所有可能的组合状态，假设每一种状态都只进行一次读/写操作，在测试速率为 100MHz 的高速测试系统中，完成这个过程所需的时间也是一个天文数字。由此可见，想要测试一个 RAM 的所有组合状态是一件不可能的事情，所以只能选择其中一些有代表性的状态进行检测。

2. RAM 测试图形

1）地址和数据

RAM 主要有地址和数据两类引脚。图形发生器是生成地址和数据的硬件，由行地址生成器、列地址生成器和数据生成器构成[80]。主流的 ALPG 采用独立产生行地址和列地址序列的方案，而数据生成器则只提供与地址相关的、但独立于地址序列的测试图形数据。这确保地址生成器避免了额外的时间开销，并拥有生成复杂地址序列的能力及最大灵活性。

2）背景图形和前景图形

在测试开始前，在被测 RAM 中写入的图形称为背景图形。全"1"图形、全"0"图形、条码（行条码、列条码）图形、对角线图形、检测板（奇偶校验）图形等都是常见的背景图形。测试图形是前景图形，它在测试启动后快速覆盖背景图形，整个测试过程都独立于背景图形。

3）主检单元 T 和干扰单元 D

在某存储单元（下文以"T 单元"代指）功能的正确性测试中，除检测其在正常读取时的正确性，还必须测试其抗干扰的能力。在 T 单元周围不同方向上利用不同的图形数据进行不断重复读/写干扰，此时 T 单元能够保持初始图形数据，并且能够保持正确读/写数据的能力,这就是抗干扰能力。图 2-15 所示为常见的背景图形及算法。

```
0 0 0 0        1 1 1 1        1 0 0 0
0 0 0 0        1 1 1 1        0 1 0 0
0 0 0 0        1 1 1 1        0 0 1 0
0 0 0 0        1 1 1 1        0 0 0 1
```

（a）全"0",$D_{ij}=0$　　（b）全"1",$D_{ij}=1$　（c）对角线,$D_{ij}=(R_i \oplus C_j \cdot 1)$

```
0 0 0 0        0 1 0 1        0 1 0 1
1 1 1 1        0 1 0 1        1 0 1 0
0 0 0 0        0 1 0 1        0 1 0 1
1 1 1 1        0 1 0 1        1 0 1 0
```

（d）行条码,$D_{ij}=C_j \cdot 1$　　（e）列条码,$D_{ij}=R_i \cdot 1$　（f）检验版,$D_{ij}=(R_i \cdot 1) \oplus (C_j \cdot 1)$

图 2-15　常见的背景图形及算法

T 单元为主检单元,其他的单元则被称为干扰单元(下文以"D 单元"代指)。在存储单元功能正确性测试时,若选择了大多数 N 型图形,T 单元和 D 单元并没有区别,因为它们只是按顺序选择的。图 2-16 所示的 RAM 测试过程给出了 T 单元和 D 单元的一般形式。基于 D 单元对 T 单元进行连续干扰,这种测试称为图形灵敏度测试。其中,"N^2 型测试"是指 D 单元在全部地址范围内发生变化;"$N^{3/2}$ 型测试"是指 D 单元仅在相应的行和列或对角线的范围内变化。

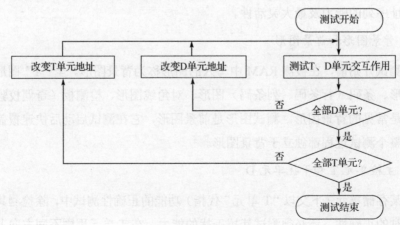

图 2-16　RAM 测试流程

假设 RAM 存储单元数为 N。图形敏感测试时，若有 m 个（一般 $m=N$）待测 T 单元，每个 T 单元需要 n 个 D 单元对其施加干扰，则总的测试图形序列长度（即测试复杂度）为 $m \times n$。若 $n=N$，则为"N^2 型测试"（$m \times n = N^2$）；若 $n=N^{1/2}$，则为"$N^{3/2}$ 型测试"（$m \times n = N^{3/2}$）。

4）地址序列

RAM 地址序列的生成能力不受测试要求的限制，但需要满足一些其他的序列要求，如从简单背景图形到复杂的跳写恢复图形和各种干扰测试的地址序列要求，也就是不但要满足 T 单元的测试序列要求，还要考虑到 T 单元和其余 D 单元之间相关测试序列的要求等[81]。

常用的一些地址序列包括：

（1）齐步与/齐步或，顺序选址序列（N/N^2 型）；

（2）补码齐步，第一个、最后一个，第二个、最后一个，…地址序列（N 型）；

（3）读改写，读/写齐步选址序列（N 型）；

（4）乒乓或跳步，全部读/写的变化（N^2 型）；

（5）跳步写恢复，全部写/读的变化（N^2 型）；

（6）随机选址（N 型）；

（7）走步列（$N^{3/2}$ 型）；

（8）跳步列（$N^{3/2}$ 型）。

5）典型测试图形

在长期的实践中，形成了一些有针对性的测试方法，分别用于检测相邻行和列间的短路、解码器故障、单元干扰故障、单元故障、动态 RAM 保持时间故障和读出放大器恢复缓慢，并逐步开发出一些"标准化"的测试图形。RAM 典型测试图形如表 2-3 所示。

表 2-3　RAM 典型测试图形

图 形 名		复杂度	图 形 名		复杂度
Scan	扫描	N	Masest	多重选址	N
Marching	齐步	N	Complement Marching	补码齐步	N

续表

图 形 名		复杂度	图 形 名		复杂度
Waltzing	华尔兹	N	Butterfly	蝴蝶	$N^{3/2}$
Eulerian	欧拉	N	Sliding Diagonal	移动对角线	$N^{3/2}$
Galloping Row Column	跳步行、列	$N^{3/2}$	Galloping	跳步	N^2
Galloping Diagonal	跳步对角线	$N^{3/2}$	Walking	走步	N^2
Walking Row Column	走步行、列	$N^{3/2}$	Galloping Write Recovery	跳步写恢复	N^2
Walking Diagonal	走步对角线	$N^{3/2}$	Ping Pong	乒乓	N^2
Orthogonal Walking	正交走步	$N^{3/2}$	—	—	—

2.5 数字信号处理器测试技术

对数字信号进行处理的微处理器又被称作数字信号处理器（Digital Signal Processor，DSP）[82]。它主要应用于实时、快速地实现各种数字信号处理算法，如有限脉冲响应（Finite Impulse Response，FIR）滤波器、快速傅里叶变换（Fast Fourier Transform，FFT）算法等，数字信号处理器在通信、语音、视频、雷达等领域有着广泛应用。

2.5.1 功能模块的测试算法

1. 基本模块的反复调用

在测试过程中，需要反复使用一些对芯片的基本操作指令。如在测试外部存储器接口（External Memory Interface，EMIF）的异步操作时，CPU 的读数据、写数据、取指令等基本操作要被反复使用，而每一个操作最少需要 5 行以上的测试向量开销。可以通过反复调用基本测试指令模块来减少编程工作量，仅在每次调用时视情况不同而采用不同的相关参数。

在 ATE 中通常有两种方式对基本模块进行调用：一种是直接复制编译好的基本测试指令程序段到指定的位置，然后修改参数；另一种是反复修改处于测试程序同一位置的同一个基本模块中的可变参数，然后编译测试，尽可能穷尽所有的情况以增加覆盖率。例如，在有很多与地址有关的指令和操作中，地址是一个可变的参数。而在工程实践中涉及地址空间的操作中，空间的首、末、中间地址都是必须测试的。因此，在保持模块的框架和位置不动的情况下，反复写入不同的地址，编译执行，查看程序的执行情况，增加对 DSP 不同地址测试的覆盖[83]。

2. 属性的遍历测试

在复杂的芯片中有许多具有不同功能的模块，同一模块的不同功能之间是相互独立的。每个模块的不同功能称为属性。对芯片各个模块的功能进行测试就是对芯片进行逻辑功能测试[84]。虽然每个模块总是先接收其上层模块的驱动数据，然后在模块内部对数据进行处理，最后将处理结果发送到模块的下层模块，但是对每个不同模块的反复测试组成了一个能够覆盖芯片所有逻辑功能的完整测试程序。这种测试方法也叫属性的遍历测试。

3. 属性的交叉组合测试

在遍历每个模块测试的基础上，对两个或多个模块进行的联合测试就是交叉测试。假设模块 A 具有 m 个不同属性，而模块 B 具有 n 个不同属性。其中模块 A 的 $m_1(m_1 \leqslant m)$ 个属性可以驱动模块 B，使其完成 $n_1(n_1 \leqslant n)$ 种不同的属性。如果想要对模块 A 和模块 B 进行连接测试，那么需要进行 $m_1 \times n_1$ 次测试。例如，在 DSP5509A 中，CPU 可以驱动 EMIF，直接存储器访问（DMA）控制器也可以驱动 EMIF。当 EMIF 受 DMA 控制器控制时，DMA 控制器有 6 个不同的通道可以驱动 EMIF 工作在异步模式，此时 EMIF 数据线宽度有 2 种选择、片选空间有 4 种选择，要完整地测试 DMA 控制器和 EMIF 的连接性，就要进行 6×2×4=48 次测试。这就是属性的交叉组合测试。依据测试算法对应的不同测试方面，图 2-17 给出了 DSP 测试算法流程图。

图 2-17　DSP 测试算法流程图

2.5.2　指令测试方法

指令序列的测试重点考虑两个问题：一是能逐步测试 DSP 的各种功能，二是尽可能缩短测试图形。依据这两条原则，对指令测试的说明和方法如下。

只考虑可访问的 DSP 内部寄存器时，测试系统是外部的，它是输入设备或控制点；数据在 DSP 内部处理后，必须传输到外部进行检测，总线是外部的，它是输出或观察点。

每一条传输指令都有传输源和传输目的地。传输源是输入，以 DSP 内部寄存器为传输目的地的传输指令是"写指令"；DSP 内部寄存器作为传输源，以传输目的地是外部的传输指令称为"读指令"。测试序列是从输入到输出的有向数据流路径，其至少包含一条写指令和一条读指令。在一个测试序列中，通常只安排一条未经测试的指令，则该测试序列就应该以这条未经测试的指令来命名。

在满足测试要求的前提下，使用时钟周期相对较小的写指令组成的测试序列可以缩短测试图形。在排定测试序列顺序时，尽可能将时钟周期数相同、操作码相邻的指令测试序列排列在一起，生成测试图形；另外，应该尽量让之前通过检测的指令服务于之后待检测的指令，以便于进一步的故障分析。刚开始，没有任何指令通过检测，为避免使用未通过测试的指令来检验其他指令，可以先建立一个最小的指令集，使用少量写指令和读指令来形成一个可以互相检验的序列，此序列中如果一条指令的功能不正确，则会被同序列的其他指令检测出来。待此序列通过检测后，可以和其他要测试的指令组成一个新的测试序列。由于测试不可能遍历所有的操作数组合，所以先尽量检测一些要求严苛的操作数，以节省测试时间，保证测试的严密性。

2.5.3 测试内容

（1）启动及配置测试：启动可分为四种方式，第一种是外部主机启动，这种方法比较便捷和高效；第二种是外部存储器启动，每次只能传输 8 位的指令数据；第三种是链路口启动，它的操作很复杂，因为必须遵循链路口的收发协议；第四种是非常灵活的无启动方式，它利用外部中断进行操作，用适当的代码就可以初始化任意容量的存储器。

（2）核功能测试：依据核的组成部分，可以先将核功能测试划分为几个步骤，依次进行。首先按需对 DSP 进行配置，对组件的基本功能进行测试；其次采用遍历指令的方式着重对组件中涉及的每条指令进行测试，这样就可以保证通过测试的 DSP 功能模块的正确性。测试时首先定义指令所涉及的寄存器和内存，然后执行指令，最后将指令的测试结果和可能产生影响的计算结果输入内部或外部存储器。可以直接在内部或外部存储器中验证测试结果的正确性[17]。

（3）存储器测试：利用 DSP 的外部引脚可以访问处理器内部存储器的所有地址。因此，内部存储器测试与其他存储器测试方法是一致的。

（4）IO 功能测试：DSP 提供了很多输入或输出接口功能，如直接存储器存取（Direct Memory Access，DMA）控制、SDRAM 接口、定时器和中断、边界扫描链路口（JTAG）等。DSP 配置完成后，根据每个 IO 引脚的具体功能，测试每个 IO 引脚对 DSP 内部运行的影响。

2.5.4　测试向量生成方法

DSP 芯片的设备数据中明确规定了设备引脚及其类型，各引脚的电平范围，以及设备正常工作时引脚之间的延时关系。测试工作的难点之一就是其中没有确定的测试向量。

将 DSP 汇编指令改成二进制测试向量：DSP 测试时，自动测试系统获得一组测试向量，这组测试向量是通过仿真软件实现且由 0 和 1 构成的二进制代码，用 DSP 专用仿真软件将所需的测试指令转换成二进制代码，它们可以存储在外部存储器或外部主机中。当需要获取 DSP 数据引脚上的信息时，复制此代码即可。而其他控制引脚的电压信息可以在设备手册中获取。最后综合所有信号引脚的高低电平信息得到测试向量。

测试向量通常由被测设备的激励和响应两部分组成。测试 DSP 时，输入的激励首先要对 DSP 进行基本配置，然后将被测指令写入 DSP 并执行。

DSP 工作时内部寄存器和存储器会发生变化，但输出引脚中并没有与 DSP 对应的引脚，不能直接观察到 DSP 内部的变化，所以在测试中，将寄存器和存储器中储存的信息传递到外部存储器，并确认数据。利用自动测试系统对 DSP 进行测试时，自动测试系统（外部存储器），将模拟所有 DSP 外围设备。当自动测试系统读入了 DSP 的数据后，就可以比较数据引脚和地址引脚上的电平信息。

2.6　微处理器测试技术

微处理器（Microprocessor）是具有中央处理器（Central Processing Unit，CPU）功能的大规模集成电路器件，主要包括程序计数器（又称指令指标器）、算术逻辑单元（Arithmetic Logical Unit，ALU）、累加器和通用寄存器组、时序和控制逻辑部件、数据与地址锁存器/缓冲器、内部总线等[85]。

2.6.1 微处理器测试内容

微处理器包含丰富的指令集，不同的微处理器有不同的测试规格。图 2-18 所示为微处理器测试模型，该模型利用测试向量模拟微处理器的仿真通信接口，以便控制微处理器工作，而自动测试设备为被测元件提供模式控制和时钟信号[86]。

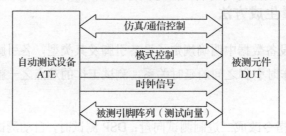

图 2-18　微处理器测试模型

微处理器测试主要包括功能测试和参数测试。

功能测试可以对成品或半成品进行测试，也可以对生产过程中的一个工序进行测试，目的是判断被测对象是否达到了设计目标。功能测试通过检测大量关键功能路径和结构来确保没有硬件错误。这就要求对被测单元连续施加大量的模拟/数字激励，在完全控制执行过程的同时监测对应的模拟/数字响应。微处理器功能测试主要可分为 3 个方面，分别是指令集测试、片上存储器测试和其他特定功能测试。其中，指令集测试又分为数据传输指令、调用传输指令、逻辑运算指令、算术运算指令、控制指令等[87]。片上存储器测试是指读/写片上 RAM 和寄存器，判断其功能是否符合设计要求；而其他特定功能测试包括脉宽调制（Pulse Width Modulation，PWM）功能测试、中断功能测试、高速 I/O（Input/Output）功能测试、模/数转换器（Analog-to-Digital Converter，ADC）功能测试、数/模转换器（Digital-to-Analog Converter，DAC）功能测试等。

参数测试也称为性能测试，顾名思义就是对产品的参数进行测试，判断其是否满足产品的设计要求。参数测试有直流（DC）参数测试和交流（AC）参数测试。DC 参数测试包括电源电流、输入电平、输出驱动、I/O 端口漏电等参数的测试；交流参数测试则包括输入地址至读出延迟、输入时钟至输出时钟延迟、数据输入延迟、脉冲宽度等参数的测试。

2.6.2　微处理器测试方法

对于微处理器来说，常用的 ATE 测试系统有 J750、UltraFlex、V93000、AdaptStar。微处理器类芯片没有固定的输入/输出，用户烧录进去的代码将决定其功能。微处理器芯片拥有大量组件，如存储器、ADC/DAC、定时器、PWM、中断控制、LDO、串口等，因此微处理器芯片是一个"包含各种芯片"的集合体。用户可通过对芯片进行编程来控制其组件（如 ADC）以达到预期的效果。而测试时则需要通过不同的编程配置来验证存储器芯片、ADC 芯片、DAC 芯片、LDO 芯片。在研发阶段进行测试时，多采用搭建简易板级电路的测试方式，使用不同测量设备并人工记录数据。但在量产阶段则采用了更加高效的 ATE 测试。ATE 集成了大量的硬件组件，主要包括时钟测量单元（Time Measurement Unit，TMU）和参数测量单元（Parametric Measurement Unit，PMU）等，TMU 组件可以代替示波器、PMU 组件可以代替万用表；ATE 兼容一种高级语言，可以通过编程实现自动化控制；可以轻易地发送任何想要的激励（测试向量）。常见的获取测试向量的方法有手写、随机数生成和由设计方提供。

1）手写向量

逐条翻译指令、逐行编写测试代码的方法称为手写向量法[88]。CPU 类集成电路结构系统十分复杂，为了达到一个比较高的测试覆盖率，一般测试代码至少需要上万行，因此手写向量法的工作量巨大。

2）随机数生成

通过编程随机生成不同的测试输入向量，并由测试器监控和记录输出结果，这就是随机数生成方法。该方法可以将输入向量与输出结果对应整合到一起，并将其转换为所需要的格式作为测试代码。但是 CPU 有很多双向端口，输入和输出的状态很难准确定义。同时，由于被测设备非常复杂，因此很难获得完整的随机测试代码。这不像逻辑门电路的测试，通过遍历法或分析故障覆盖率后给出一些规则的输入，可以检测所有的输入（或故障覆盖率较高的输入）。

3）由设计方提供

由设计方提供测试向量码既保证了代码的可靠性，又可以缩短编码时间。但事实上，由于如知识产权保护等原因使得我们很难从设计方获取测试代码，能得到的仅是一系列不明含义的"0""1"集合。但这个集合中的元素的含义、完成哪些功能的测试等无从得知。因此无法对微处理器中某一功能模块进行针对性的测试[89]。尤其对 A/D 转换器和高速 I/O 接口等模块进行测试时，一般需要一个特定的指令集来将其配置成一种特定的状态才能测试。

2.7 可编程器件测试技术

2.7.1 常用可编程器件概述

可编程逻辑器件（Programmable Logic Device，PLD）是一种由用户编程来实现某种逻辑功能的逻辑器件，主要由可编程的与阵列、或阵列、门阵列等组成。

可编程器件从最初的可编程逻辑阵列（Programmable Logic Array，PLA）、可编程阵列逻辑（Programmable Array Logic，PAL）、通用阵列逻辑（Generic Array Logic，GAL）等低密度可编程器件，逐渐发展为复杂的可编程逻辑（Complex Programmable Logic Array，CPLD）、现场可编程逻辑（Field Programmable Gate Array，FPGA）和可编程系统芯片（System On Programmable Chip，SOPC）等高密度可编程器件[90]。

图 2-19 所示为简单 PLD 的基本结构框图，与（AND）阵列和或（OR）阵列是电路的主要部分，用于实现组合逻辑功能[91]。利用缓冲器组成输入电路，可以使输入信号获得充分的驱动能力，并得到与原输入互补的输入信号。输出电路可以提供不同的输出模式，如直接输出（组合模式）和寄存器输出（时序模式）。另外，在输出端口处通常存在一个三态门，控制数据直接输出或反馈到输入端。

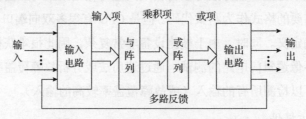

图 2-19 简单 PLD 的基本结构框图

PROM、PLA、PAL、GAL 等都称为简单 PLD，四种简单 PLD 电路的结构特点如表 2-4 所示。

表 2-4　四种简单 PLD 电路的结构特点

类　型	阵　列		输 出 方 式
	与	或	
PROM	固定	可编程	TS（三态），OC（可熔极性）
PLA	可编程	可编程	TS，OC
PAL	可编程	固定	TS，I/O，寄存器反馈
GAL	可编程	固定	用户定义

图 2-20 所示为不同的阵列结构图，分别显示了 PROM、PLA 和 PAL（GAL）的阵列结构。与阵列位于左边，采用"线与"的形式；或阵列位于右边。交叉点处，"●"代表固定连接，"×"代表可编程连接。可编程连接的编程方法主要采用熔丝、反熔丝、EPROM、E²PROM（E²CMOS）、SRAM 和 Flash 等不同工艺技术。通过互补缓冲器输入 Input 信号；通过与阵列交点处的连接实现函数的乘积项；而得到的多个乘积项则需利用或阵列的连接完成选择的或函数运算。PAL 和 GAL 有类似的基本门阵列结构（可编程的与阵列和固定的或阵列），成本低且容易通过编程实现。

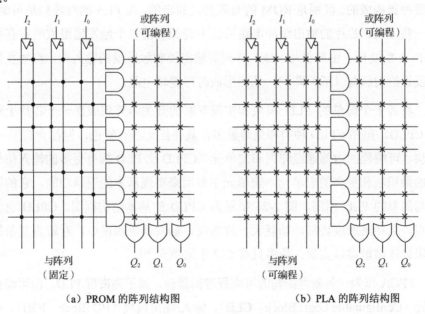

（a）PROM 的阵列结构图　　　　　　（b）PLA 的阵列结构图

图 2-20　不同的阵列结构图

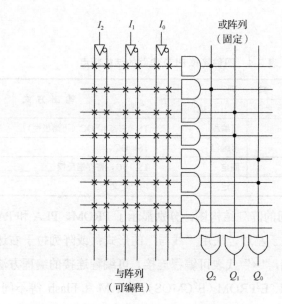

(c) PAL（GAL）的阵列结构图

图 2-20 不同的阵列结构图（续）

PLA 在电路结构上与 ROM 类似，都是由一个与阵列、一个或阵列和一个输出缓冲器构成的。区别是 ROM 的与阵列是固定的，而 PLA 的与阵列是可编程的。在一些 PLA 芯片的输出缓冲电路后级中会加入由多个触发器组成的寄存器来增强 PLA 的功能。由前级与（或）阵列的输出控制触发器的输入端，将触发器的状态反馈给前级与（或）阵列，从而形成时序逻辑电路。

将若干个简单的 PLD 模块和实现互联的开关矩阵集成在一个芯片上就形成了 CPLD。虽然 CPLD 种类和型号繁多，具体结构各有特色，但都含有输入/输出模块、可编程的内部连线阵列和宏单元。CPLD 比 PLD 拥有更多的输入信号、更多的乘积项和更多的宏单元，宏单元主要用来实现基本的逻辑功能，它的基本结构与简单的 PLD 相同。图 2-21 所示为 CPLD 的基本结构框图。CPLD 也有一些缺点，包括集成度较低、功耗大、成本高；触发器资源很少，对较为复杂的时序逻辑设计需求难以实现；最多只有 512 个宏单元[92]。

FPGA 作为一种新型结构的可编程逻辑器件，属于高密度 PLD，由可编程逻辑单元（Configurable Logic Block，CLB）、输入/输出模块（I/O Block，IOB）、可编程连线资源（Programable Interconnect，PI）等组成。图 2-22 所示为 FPGA 的基本结构框图。用户可以通过编程将这些模块连接成具有特定功能的数字系统。FPGA 内部资源非常丰富，一颗芯片可以有几万至几千万门，在处理一些复杂且特殊的数字系统时使用 FPGA 非常灵活便捷。但 FPGA 也存在缺点，因为 FPGA 中用户的编程数据存储在一个静态随机存储器中，这就导致了 FPGA 断电后数据会丢失，每次开始工作时都要重新加载编程数据，并且需要额外配备一个保存编程数据的可擦可编程只读存储器（Erasable Programmable Read-Only Memory，EPROM）。

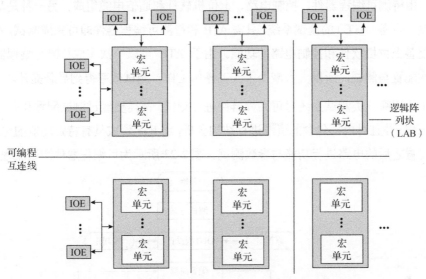

图 2-21　CPLD 的基本结构框图

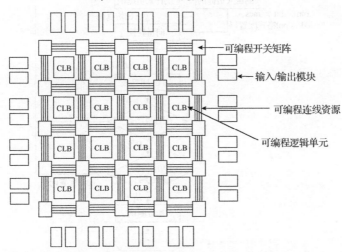

图 2-22　FPGA 的基本结构框图

2.7.2 可编程器件测试方法

较大的电路规模，复杂的内部结构和较多的引脚数目，使得在可编程器件中实现高覆盖率的自动化测试是非常困难的。同时还需要大量的时间用于设计测试方案，这也导致其测试成本非常高。

目前常见的可编程器件测试系统大致可分为两类：一种是基于自主研制的测试系统，由待测可编程器件、控制电路、上位机软件和通信电缆组成；另一种是基于自动测试设备（ATE）的测试系统，只需 ATE 和待测可编程器件即可完成测试，ATE通常配备上位机软件和控制电路的功能。由于 ATE 可以一次完成待测可编程器件的多次配置与测试，所以大大减少了人工操作工作，测试效率得到显著提升。

不论用哪一类测试系统对可编程器件进行测试，都需要经过测试配置和向量实施的过程，并且对内部包含的资源进行结构分析，将其配置成具有特定功能的电路，再对配置之后的电路进行功能与参数测试。图 2-23 所示为可编程器件测试流程图。

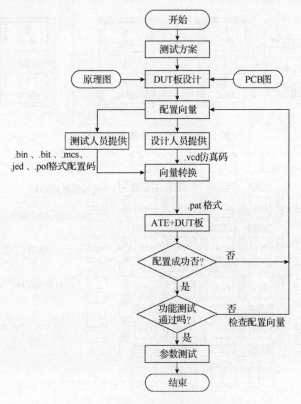

图 2-23　可编程器件测试流程图

下面以 FPGA 在系统快速配置为例，介绍可编程器件的测试方法。不同系列的 FPGA 配置模式不尽相同，但主要配置模式包含主并行模式、从并行模式、边界扫描模式、主机模式、从机模式五种。模式选择引脚为 M0、M1、M2，通过设置这三个引脚的电平高低，可选择主串模式、从串模式、主并模式、从并模式和边界扫描模式。FPGA 配置模式表如表 2-5 所示。在 FPGA 测试过程中，大部分的时间成本花费在配置上，配置码的数量使得配置时间在几毫秒至几十秒不等。一般 ATE 选择从并模式来配置 FPGA，以提高配置速度，最大限度地缩短配置时间。图 2-24 所示为 FPGA 从并配置模式原理图。

表 2-5 FPGA 配置模式表

配 置 模 式	M2	M1	M0	CCLK 方向	数 据 宽 度
主串模式	0	0	0	out	1
从串模式	1	1	1	in	1
主并模式	0	1	1	out	8/16/32
从并模式	1	1	0	in	8/16/32
边界扫描模式	1	0	1	N/A	1

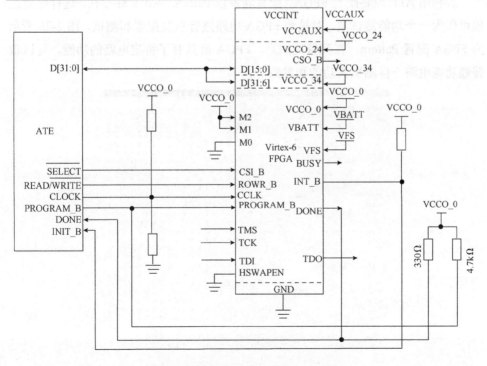

图 2-24 FPGA 从并配置模式原理图

FPGA 配置过程主要有四个步骤，即清除配置存储器、初始化、配置和启动。以 Virtex 系列 FPGA 为例，图 2-25 所示为 FPGA 配置时序图。系统上电后，PROG_B 引脚接收到一个低电平信号，然后 FPGA 开始清除配置存储器，并拉低 FPGA 内部的 INIT_B 引脚和 DONE 引脚。清除完成后 INIT_B 将变为高电平，如果 CS_B 为低电平，则可以开始传输配置数据来配置 FPGA，配置完成后，引脚 DONE 从低电平变为高电平。

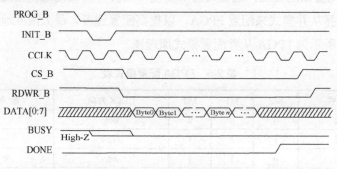

图 2-25　FPGA 配置时序图

若利用 ATE 设备配置 FPGA，配置向量以 Pattern 格式文件存在，这样配置过程可作为一个功能测试项，对被测 FPGA 电路进行重复配置和测试，图 2-26 所示为 FPGA 配置 Pattern。在配置完成后，FPGA 就具有了特定电路的功能，可以像普通功能电路一样测试其功能和参数等。

config_CLB.PAT (config_CLB_module - VM)

TSet	Command	Label	Vector	CCLK	PWRDWN_B	M0	M1	M2	PROG_B	L01P_4	DONE	L01P_5	L01N_5	L02N_4	L02P_4	L03N_4	L03P_4	L03N_5	L03P_5	L02N_5	L02P_5
TSB1			0	1	X	0	1	1	1	X	X	0	0	1	1	1	1	1	1	1	1
TSB1	repeat 5000		1	1	X	0	1	1	1	X	X	0	0	1	1	1	1	1	1	1	1
TSB1			2	1	X	0	1	1	1	X	X	0	0	1	1	1	1	1	1	1	1
TSB1			3	1	X	0	1	1	0	X	X	0	0	1	1	1	1	1	1	1	1
TSB1	repeat 530		4	1	X	0	1	1	0	X	X	0	0	1	1	1	1	1	1	1	1
TSB1			5	1	X	0	1	1	0	X	X	0	0	1	1	1	1	1	1	1	1
TSB1			6	1	X	0	1	1	1	X	X	0	0	1	1	1	1	1	1	1	1
TSB1	repeat 8000		7	1	X	0	1	1	1	X	X	0	0	1	1	1	1	1	1	1	1
TSB1			8	1	X	0	1	1	1	H	X	0	0	1	0	1	0	1	0	1	0
TSB1			9	1	X	0	1	1	1	H	X	0	0	1	0	0	1	1	0	0	1
TSB1			10	1	X	0	1	1	1	H	X	0	0	0	1	0	1	0	1	0	1
TSB1			11	1	X	0	1	1	1	H	X	0	0	0	1	1	0	0	1	1	0
TSB1			12	1	X	0	1	1	1	H	X	0	0	0	0	1	1	0	0	0	0
TSB1	repeat 500		215865	1	X	0	1	1	1	X	X	0	0	0	0	0	0	0	0	0	0
TSB1			215866	1	X	0	1	1	1	H	X	0	0	0	0	0	0	0	0	0	0
TSB1			215867	1	X	0	1	1	1	H	H	0	0	0	0	0	0	0	0	0	0
TSB1			215868	1	X	0	1	1	1	H	H	0	0	0	0	0	0	0	0	0	0
TSB1			215869	1	X	0	1	1	1	H	H	0	0	0	0	0	0	0	0	0	0
TSB1			215870	1	X	0	1	1	1	H	H	0	0	0	0	0	0	0	0	0	0
TSB1			215871	1	X	0	1	1	1	H	H	0	0	0	0	0	0	0	0	0	0
TSB1			215872	1	X	0	1	1	1	H	H	0	0	0	0	0	0	0	0	0	0
TSB1			215873	1	X	0	1	1	1	H	H	0	0	0	0	0	0	0	0	0	0
TSB1	halt		215874	1	X	0	1	1	1	H	H	0	0	0	0	0	0	0	0	0	0

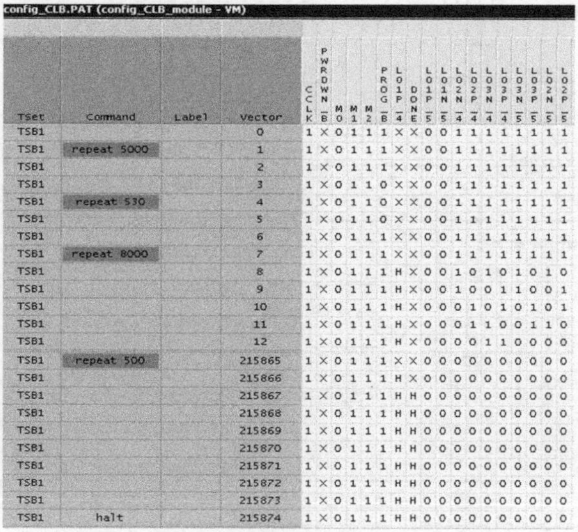

图 2-26　FPGA 配置 Pattern

第3章

模拟集成电路测试技术

3.1 模拟集成电路测试技术概述

数字电路中的信号是两个离散的"0""1"信号，而模拟电路中的信号则是连续的——在任何两个信号电平之间都有无限个值。模拟电路对小信号非常敏感，μV级的电压和nA级的电流在模拟电路中是很常见的。因此相对于数字电路，模拟电路需要更精密的测试器具及装置，甚至需要根据客户的要求，采用特殊的测试仪器或机架。

模拟电路中需要测试的一些常见的参数或特性包括信噪比、增益、输入偏移量的电压和电流、谐波失真、线性度、供电、动态响应、响应时间、窜扰、频率响应、建立时间、过冲、精度和噪声等。

3.2 通用模拟电路测试技术

通用模拟电路测试的常见参数有输入阻抗、输出阻抗、DC 偏移量、直流增益、DC 电源抑制比、共模抑制比和阈值电压等。

1. 输入阻抗测试方法

输入阻抗 Z_{IN} 由电阻和电抗组成，而电抗包括容抗和感抗[93]。在直流条件下，由于电路的容抗和感抗均为零，此时输入阻抗也可称为输入电阻。

可以根据欧姆定律来测量输入阻抗，向电路施加电压 V（或电流 I），测量输

出的电流 I 值（或电压 V 值），然后根据下式计算电路阻抗：

$$Z = \frac{V}{I} \qquad (3\text{-}1)$$

理想的伏安特性曲线如图 3-1（a）所示，其为一条过原点的直线。但实际中大多数电路由于其输入端受到恒流源偏置的影响，或者输入端口连接着电压源而不是地，导致其伏安特性曲线是不经过原点的直线[94]，如图 3-1（b）所示，此时需要考虑用偏移量对式（3-1）进行修正。

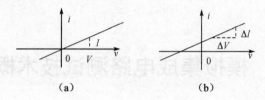

图 3-1　伏安特性曲线

阻抗就是曲线的斜率。若测量到电压和电流的变化量 ΔV 和 ΔI，根据下式也可以求出输入阻抗：

$$Z = \frac{\Delta V}{\Delta I} \qquad (3\text{-}2)$$

输入阻抗的测试电路如图 3-2 所示，可以通过在输入端施加电压来测电流的方式（或通过施加电流来测电压的方式）获得输入阻抗的值。但是，在施加电压或电流时，应考虑到 R_{IN} 的值的实际大小，否则测量可能不准确或损伤器件。例如，如果 R_{IN} 的值太小，施加的电压过大就会导致 R_{IN} 上流过一个很大的电流，烧毁器件。

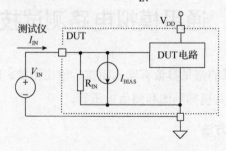

图 3-2　输入阻抗的测试电路

2. 输出阻抗测试方法

一般情况下，器件的输出阻抗 Z_{OUT} 都比较小，远低于输入阻抗，通常采用加电流测电压的方法测量。但若输出阻抗很高，也可以采用加电压测电流的方法。图 3-3 所示为输出阻抗的测试原理图。

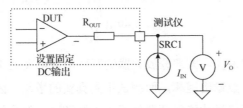

图 3-3　输出阻抗的测试原理图

3. DC 偏移量测试方法

通常 DC 偏移量测试需要测试输入偏移量和输出偏移量。当输出电压受到其他干扰偏离了预期值，须在电路输入端叠加一个电压，用以将输出电压拉回预期值，这个输入电压就是输入偏移。一般情况下，输入偏移量定义为使输出为 0 时所需加的输入量，所以也可以用输入为 0 时的输出电压值除以电路的增益 G 来计算：

$$V_{OS} = \frac{V_O}{G} \tag{3-3}$$

　　输出偏移量是当输入设定为某一固定的参考值（通常为模拟地，也就是 0V）时理想直流输出和实际输出之间的差值。图 3-4 所示为直流输出偏移，即输入参考值为 0V 时的输出偏移。只要输出没有噪声或直流电平上没有耦合交流信号成分，输出偏移就很容易测试。如果信号噪声很大，就必须消除噪声后再测试。消除噪声的方法有两种：一种是采用低通滤波器过滤直流信号，用直流电压表测量滤波器输出；另一种是多次测量输出偏移，然后计算平均值，因为噪声是随机的，读取的数据量够大时，计算平均值时就可以将噪声抵消。

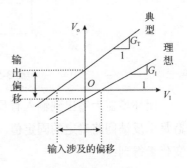

图 3-4　直流输出偏移

4. 直流增益测试方法

直流增益包括开环增益和闭环增益两部分。

开环增益是指没有反馈路径时从电路的输出到输入的增益[95]。它的测试原理比较简单，在输入端加载一个微小电压信号 V_{IN}，测量此时的输出电压 V_{OUT}，则增益 G_{open} 可根据下式计算（通常用 dB 来表示）：

$$G_{\text{open}} = 20\lg \frac{V_{\text{OUT}}}{V_{\text{IN}}} \tag{3-4}$$

一般开环增益都很大，大部分放大器的开环增益可突破 10 000。在输入端施加一个电压很容易导致输出饱和，而测试不到真实的增益。因此需要在输入端施加一个非常小的电压信号才能保证器件不进入饱和区，但是越小的电压越难保证其准确度，因此可以借用一个运算放大器来辅助测量增益，直流开环增益测试框图如图 3-5 所示，此时 DUT 的开环增益为

$$G_{\text{open}} = \left(\frac{R_1 + R_2}{R_1} \right) \frac{V_{\text{SRCI}}}{V_{\text{O-NULL}}} \tag{3-5}$$

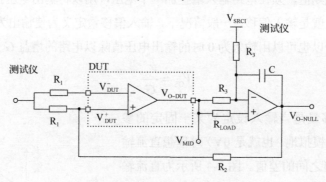

图 3-5   直流开环增益测试框图

闭环增益为输出到输入有反馈路径时的增益。在器件的线性工作区，闭环增益是由反馈回路确定的固定值。因此，闭环增益就采用输出的变化量除以输入的变化量得到：

$$G_{\text{close}} = \frac{\Delta V_O}{\Delta V_{\text{IN}}} \tag{3-6}$$

5. DC 电源抑制比测试方法

DC 电源抑制比（Power Supply Rejection Ratio，PSRR）是用以表征电源灵敏度的指标。电源灵敏度是指由于电源电压的波动 ΔV_{PS} 引起的输出变化 ΔV_O，它是电路与电源电压相关性的一种度量。用电源灵敏度除以电路的闭环增益即可得到电源抑制比：

$$PSRR = \frac{\Delta V_O}{\Delta V_{PS}} / G_{close} \qquad (3\text{-}7)$$

图 3-6 所示为电源抑制比测试原理框图。

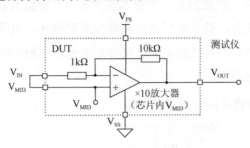

图 3-6　电源抑制比测试原理框图

6. 共模抑制比测试方法

共模抑制比（Common Mode Rejection Ratio，CMRR）按式（3-8）进行计算，其用于评价差分电路对共模输入信号 V_{CM} 的抑制能力[96]。

$$CMRR = \frac{G_D}{G_{CM}} \qquad (3\text{-}8)$$

式中，G_D 为电路的差模增益，G_{CM} 为电路的共模增益。

差模增益就是指电路的闭环增益，如式（3-6）所示。共模增益 $G_{CM}=\Delta V_O / \Delta V_{CM}$，因此式（3-8）可以用下式表示：

$$CMRR = \frac{\Delta V_{CM}}{\Delta V_{OS}} \qquad (3\text{-}9)$$

因此，通过测量输出变化量和输入共模变化量就可以计算得到共模抑制比。共模抑制比的测试原理图如图 3-7 所示。

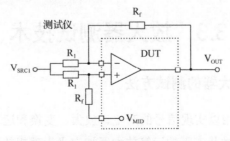

图 3-7　共模抑制比的测试原理图

7. 阈值电压测试方法

比较器电路中的一个输入端连接固定参考电压（也称为阈值电压）V_{TH}，构成一个限幅电路[97]。在比较器的另一个输入端输入一个变化的电压，随着两个输入端电压相对大小的变化，输出电压也在高低电平间翻转。但是，通常可变的输入电压从小到大变化时，与从大到小变化时导致输出电压翻转的阈值电压不同，这两个阈值之差称为迟滞电压。

图 3-8 所示为阈值电压测试原理框图。

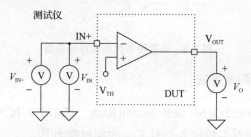

图 3-8　阈值电压测试原理框图

通常的测试方法有以下两种。

第一种方法比较简单，在待测器件的可变输入端给定两个电压值，即最大可能的阈值电压值和最小可能的阈值电压值，观测输出状态是否和理论状态一致，这种方法只要测试两个点。

第二种方法是搜索法，输入端叠加一个以很小的步进值变化的信号，同时观测输出的状态，并记录输出状态发生改变时的输入值。这种方法可以得到具体的阈值电压，但需要较长的测试时间，步进值越小测试次数越多。为了精准地测量到迟滞电压，可以分别通过从大到小、从小到大两个方向做搜索测试。

3.3　放大器测试技术

3.3.1　集成运算放大器的测试方法

集成运算放大器用以实现信号的产生、放大、变换和运算等功能，因此得到广泛使用[98]。处于线性状态下的运算放大器被定义为理想的运算放大器。理想的运算放大器（或高增益的运放）有"虚短"和"虚断"的特性[99]，"虚短"指运算放大器两个输入端口之间几乎等电位，可视为短路；"虚断"指在输入端口看运算放大器内部的输入电阻非常大，导致输入端口上的电流非常小，可以视为断路。

工程中常用的两种线性集成运算放大器的测试方法分别是单管测试法和辅助放大器测试法[100]。单管测试法的外围电路结构相对简单，但类似于定制的测试系统，在计算机测试系统的自动化测试中并不适用，因为不同运算放大器的电气参数差别很大，同一运算放大器的电气参数的量级也相差甚大，如失调电流 I_{OS} 可低至 10^{-12}A，而开环电压增益可高至 $10^6 \sim 10^7$V。这些宽量级范围变化的参数值给测量带来了难度。

辅助放大器测试法通过加入统一的测量电路，实现了自动测试。和单管测试法比较，此方法在测试线性集成放大器时，除了可以获得高测试精度，还有以下几点好处：

（1）自动稳定待测设备的直流状态，易于建立测试条件；

（2）该环路的增益可以非常高，从而方便精确测量小量级的参数；

（3）可在闭环条件下实现开环测试；

（4）易于实现不同的参数之间测试转换和实现自动测试。

国际电工委员会（International Electrotechnical Commission，IEC）已经将辅助放大器测试法认定为国际上通用的测试方法。

图 3-9 所示为辅助放大器测试法的电路原理图。由图 3-9 可以看出，待测的运算放大器用 DUT 表示，辅助运算放大器用 A 表示。由两级运算放大器组成负反馈闭环系统，其闭环增益能够通过反馈电阻 R_F 与输入电阻 R_1 比值获得[101]。为了得到足够增益，通常选 R_F/R_1=500Ω 或 1 000Ω。输入端上连接的另一个电阻器 R 则是用来对被测设备的输入偏置电流进行采样的[102]。

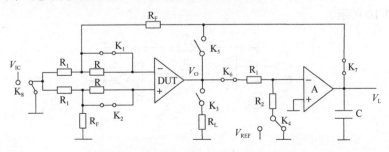

图 3-9　辅助放大器测试法的电路原理图

（1）环路元件应满足下列要求：

$$R_I I_{OS} \ll V_{OS} \text{ 和 } R_{OS} \ll R_F \ll R_{ID} \tag{3-10}$$

式中：V_{OS} 为 DUT 的输入失调电压；I_{OS} 为 DUT 的输入失调电流；R_{ID} 和 R_{OS} 分别为 DUT 的开环差模输入电阻和辅助运算放大器的开环输出电阻。

（2）辅助运算放大器的开环增益需在 60dB 以上。另外，在保证足够小的输入失调电流和输入偏置电流的同时，还要保证有一个大的动态范围[103]。

图 3-9 中开关 $K_1 \sim K_8$ 在参数测量中的作用见表 3-1。

表 3-1　开关 $K_1 \sim K_8$ 在参数测量中的作用

状　态	开　关	作　用
K_1、K_2	K_1 断开	测量输入失调电流 I_{OS} 和输入偏置电流 I_b 时，接入取样电阻器 R，测
	K_2 闭合	量其他参数时，则将取样电阻器 R 短路
K_3	K_3 闭合	DUT 输出端不加负载
	K_3 断开	DUT 输出端接有负载电阻器 R_L
K_4	K_4 接地	大环闭合时，DUT 输出电压 V_O 为零
	K_4 接 V_{REF}	大环闭合时，DUT 输出电压 V_O 为 V_{REF}
K_5、K_6、K_7	K_5 断开，K_6、K_7 闭合	测量 DUT 的直流参数，使大环路闭合
	K_5 闭合，K_6、K_7 断开	测量 DUT 的交流参数时，通过断开大环来实现 DUT 闭环（不使用辅助放大器 A）
K_8	K_8 接地	不测量共模抑制比时，为 DUT 输入端施加地电平信号；测量共模抑制比时，为 DUT 输入端施加共模信号 V_{IC}
	K_8 接 V_{IC}	

3.3.2　集成运算放大器的参数测量

1. 输入失调电压 V_{OS}

当放大器输入为零但输出的直流电压不为零时，在输入端叠加一个补偿电压信号，令输出电压为零，此补偿电压称为输入失调电压 V_{OS}。V_{OS} 的测量原理电路图如图 3-10 所示。

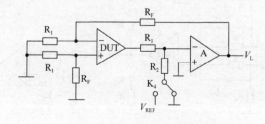

图 3-10　V_{OS} 的测量原理电路图

其中，运算放大器 A 接成同相放大器，它的输出电压 V_L 为

$$V_L = \left(V_{OS} + I_{OS}R_I\right)\left(1 + R_F / R_I\right) \tag{3-11}$$

式中，$(1+R_F/R_I)$ 为放大器的闭环增益。可以通过选择合适的电阻 R_I 使得 $I_{OS}R_I$ 远小于 V_{OS}，可以暂且忽略失调电流所带来的影响，因此运算放大器的失调电压可化简如下：

$$V_{OS} = V_L / \left(1 + R_F / R_I\right) \tag{3-12}$$

2. 输入失调电流 I_{OS}

当运算放大器的差分输入级的输入为零时，两个基极电流之间的差值就是输入失调电流 I_{OS}[104]，即：

$$I_{OS} = I_{b1} - I_{b2} \tag{3-13}$$

在放大器输入端接入高电阻的情况下，这个失调电流会在输入端引入误差信号。I_{OS} 的测量原理电路图如图 3-11 所示。

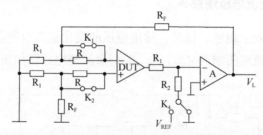

图 3-11　I_{OS} 的测量原理电路图

首先将 K_4 接地，并闭合 K_1、K_2 开关，测量此时辅助放大器的输出电压 V_{O1}；然后断开 K_1、K_2，接入电阻器 R，测量辅助放大器输出电压 V_{O2}，有：

$$\begin{aligned}
V_{O2} &= \left(V_{OS} + I_{OS}R\right)\left(1 + R_F / R_I\right) \\
&= V_{OS}\left(1 + R_F / R_I\right) + I_{OS}R\left(1 + R_F / R_I\right)
\end{aligned} \tag{3-14}$$

由失调电压的测量原理可知：

$$V_{O1} = V_{OS}\left(1 + R_F / R_I\right) \tag{3-15}$$

整理可得运算放大器的输入失调电流 I_{OS} 为：

$$I_{OS} = \left(V_{O2} - V_{O1}\right) / \left[R\left(1 + R_F / R_I\right)\right] \tag{3-16}$$

3. 输入偏置电流 I_b

输入偏置电流 I_b 是指在输入端无信号输入并且保持输出端处于零电位的情况下,运算放大器的两输入基极电流的平均值[105],即:

$$I_b = (I_{b1} + I_{b2}) / 2 \tag{3-17}$$

可以将输入偏置电流 I_b 理解为运算放大器开环且两个输入端通过同一个电阻接地,在忽略失调电压影响的情况下,当输出直流电压为零时,测得的输入基极电流就是输入偏置电流[106],参见图 3-11。

测试的时候,先将 K_4 接地,并断开 K_1、闭合 K_2,测量此时辅助放大器 A 的输出电压 V_{L2};随后闭合 K_1、断开 K_2,测量此时辅助放大器 A 的输出电压 V_{L3},得到输入偏置电流如下[107]:

$$I_b = \frac{R_I}{(R_I + R_F)} \cdot \frac{V_{L2} - V_{L3}}{2R} \tag{3-18}$$

4. 差模开环直流电压增益 A_{VD}

当运算放大器处于线性区域时,输出电压的变化值除以差模输入电压的变化值就是差模开环直流电压增益 A_{VD}。A_{VD} 的测量原理电路图如图 3-12 所示。

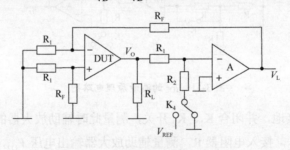

图 3-12 A_{VD} 的测量原理电路图

首先将 K_4 接地,测量此时辅助放大器 A 的输出电压 V_{L4}[108]:

$$V_{L4} = -(1 + R_F / R_I)(V_{REF} / A_{VD}) + (1 + R_F / R_I)(V_{OS} + I_{OS}R_I) \tag{3-19}$$

再将开关 K_4 接参考电压,测量此时辅助放大器 A 的输出电压 V_{L5}:

$$V_{L5} = (1 + R_F / R_I)(V_{REF} / A_{VD}) + (1 + R_F / R_I)(V_{OS} + I_{OS}R_I) \tag{3-20}$$

被测运算放大器的开环电压增益表示为:

$$A_{\mathrm{VD}} = 2V_{\mathrm{REF}}\left(1 + R_{\mathrm{F}}/R_{\mathrm{I}}\right)/\left(V_{\mathrm{L5}} - V_{\mathrm{L4}}\right) \tag{3-21}$$

5. 共模抑制比 CMRR

理想情况下运算放大器输入共模信号时的输出是零，但在实际的运算放大器中输出并不为零，这是因为实际运算放大器的电路并不完全对称。对称性的好坏直接决定了输出共模信号的大小，也就反映了运算放大器对共模信号抑制的强弱[109]。共模抑制比就是来定量抑制能力的，它表征为运算放大器在线性区时差模电压增益除以共模电压增益。图 3-13 所示为 CMRR 的测量原理电路图，图中采用直接在输入端施加共模信号求得共模抑制比的方法，这种方法称为共模输入测试法。

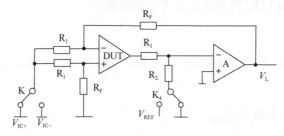

图 3-13　CMRR 的测量原理电路图

测量时，首先将规定的直流共模信号 $V_{\mathrm{IC+}}$ 施加在输入端，测得辅助放大器 A 的输出端电压 V_{L6}。然后将输入端的共模信号改为 $V_{\mathrm{IC-}}$，并测得此时辅助放大器 A 的输出端电压 V_{L7}，则共模抑制比为

$$\mathrm{CMRR} = \left(1 + R_{\mathrm{F}}/R_{\mathrm{I}}\right)\left(V_{\mathrm{IC+}} - V_{\mathrm{IC-}}\right)/\left(V_{\mathrm{L6}} - V_{\mathrm{L7}}\right) \tag{3-22}$$

3.4　转换电路测试技术

实际的转换电路有很多，测试关键参数及测试方法也根据转换电路的特性差别而不同。本书将介绍电平转换器（Low Dropout Regulator，LDO）和电压-频率转换器的测试方法等。

3.4.1　电平转换器（LDO）

1. LDO 测试技术概述

LDO 又称低压差线性稳压器。LDO 具有更低的输入/输出压差（通常在

200mV 左右），被广泛应用于工程实践中。除此之外，LDO 还有效率高、输出电流大、功耗低、电源抑制比较高等优点。

2. LDO 关键指标

LDO 关键指标包括输出电压/电流、输入/输出电压差、电源抑制比、线性调整率、静态电流、负载调整率等[110]。

1）输出电压 V_{out}、输出电流 I_{out}

LDO 最重要的参数是输出电压 V_{out}，LDO 的带负载能力由输出电流 I_{out} 来反映，这些都是选用 LDO 时应该优先考虑的参数。

2）静态电流 I_Q

静态电流 I_Q 定义为电路不工作或空载时消耗的电流，反映了 LDO 自身功耗的多少。

3）输入/输出电压差 V_{drop}

输入/输出电压差 V_{drop} 是反映 LDO 性能好坏的重要指标。在确保输出电压稳定的前提下，V_{drop} 越低表示其性能越好。

4）线性调整率 S_V

线性调整率 S_V 反映不同输入电压条件下引起的输出电压变化。

5）负载调整率 S_i

负载调整率 S_i 反映不同输出负载条件下引起的输出电压变化。

6）电源抑制比 S_{trip}

电源抑制比 S_{trip} 反映 LDO 对于输入源干扰信号的抑制能力[111]。

3. LDO 的测试方法

1）输出电压 V_{out}、输出电流 I_{out} 的测试方法

输出电压 V_{out} 测试原理如图 3-14 所示，在开关 K_1 接 1、K_2 接 2 的情况下电压表 V_2 的测量值即输出电压 V_{out}；K_2 接 1 的情况下电流表 A_2 的测量值即输出电流 I_{out}。

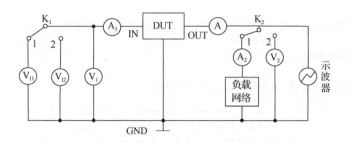

图 3-14　输出电压 V_{out} 测试原理

2）静态电流 I_Q 的测试方法

输出电压 V_{out} 测试原理如图 3-14 所示，开关 K_1 接 1、K_2 断开时电流表 A_1 的测量值即静态电流 I_Q。

3）输入/输出电压差 V_{drop} 的测试方法

输出电压 V_{out} 测试原理如图 3-14 所示，开关 K_1 接 1、K_2 在断开/接 1/接 2 情况下，电压表 V_1 测量值与电压表 V_2 测量值的差值即 V_{drop}。

4）线性调整率 S_V 的测试方法

输出电压 V_{out} 测试原理如图 3-14 所示，开关 K_1 接 1 且输入电压为 V_{I1} 的情况下，电压表 V_2 的测量值为 V_{O1}。开关 K_1 接 2 且输入电压为 V_{I2} 的情况下，电压表 V_2 的测量值为 V_{O2}。

$$S_V = \frac{\Delta V_O}{V_O} \times 100\% \tag{3-23}$$

$$S_V = \frac{\Delta V_O}{V_O \times \Delta V_I} \times 100\% \tag{3-24}$$

式中，V_O 为规定输出电压值，$\Delta V_O = V_{O1} - V_{O2}$。

电压调整率 S_V 由式（3-23）或式（3-24）得出。

5）负载调整率 S_i 的测试方法

如图 3-14 所示，在开关 K_1 接 1、开关 K_2 接 1 的情况下，电压表 V_2 的测量值为 V_{O1}。在开关 K_1 接 1、开关 K_2 接 2 的情况下，电压表 V_2 的测量值是 V_{O2}。

$$S_i = \frac{\Delta V_O}{V_O} \times 100\% \tag{3-25}$$

电流调整率 S_i 由式（3-25）得到，V_O 是规定输出电压值。

6）电源抑制比 S_{rip}

电源抑制比 S_{rip} 测试原理如图 3-15 所示。

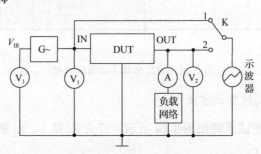

图 3-15　电源抑制比 S_{rip} 测试原理

输入电压 V_1 使电压表 V_2 的测量值达到规定输出值 V_O，在电路输入端加上规定的纹波电压 V_{IR}，K 开关接 1，测出输入纹波电压峰–峰值 V_{IP-P}，K 开关接 2，测得输出纹波电压峰–峰值 V_{OP-P}。

$$S_{rip} = 20 \lg \frac{V_{IP-P}}{V_{OP-P}} \tag{3-26}$$

3.4.2　电压–频率转换器

电压–频率转换器（Voltage Frequency Converter，VFC）也称电压控制振荡电路或压控振荡电路，其作用是将输入的直流电压转换成脉冲信号（转换后信号的频率正比于输入电压的大小）。VFC 单调、无失码，集成噪声和消耗的功率很小，在遥感测试中应用很广。

1. 电压–频率转换器的工作原理

常见的 VFC 架构有两种：多谐振荡式 VFC 和电荷平衡式 VFC。

多谐振荡式 VFC 的工作原理如图 3-16 所示。

这种电路内部最基本的定时单元是一个由电流控制的多谐振荡器。由输入级运算放大器将输入电压转换为与电压大小成正比的单极电流，并用来驱动多谐振荡器电路[112]。同时这个单极电流也控制定时电容的充放电速度，而充放电速度又决定了多谐振荡器的工作频率。输出信号的频率和输入电压的大小有一定的比例关系，最终利用集电极开路的 NPN 管得到方波信号。多谐振荡器式 VFC 具有构造简单、成本低廉、功率耗费小、输出方波等优点。

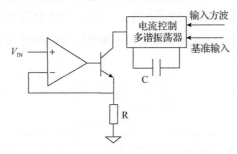

图 3-16　多谐振荡式 VFC 的工作原理

电荷平衡式 VFC 的工作原理如图 3-17 所示。

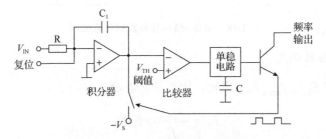

图 3-17　电荷平衡式 VFC 的工作原理

电荷平衡式 VFC 包括积分器、单稳态多谐振荡器、精密电荷源、比较器和输出三极管等部分。输入信号可以是电压，也可以是电流。随着积分器输出电压的变化，当达到比较器的阈值电压时，输出三极管则通过输出一个固定脉宽的负脉冲，并触动精密电荷源从积分器中释放出固定的电荷量。电荷放电的速度与输入电压大小成比例，即输出脉冲串的频率（也就是触发电荷源的频率）与输入电压成正比，从而实现了电压-频率转换。相比多谐振荡式 VFC，电荷平衡式 VFC 的精确性更高，所以适用于模拟小信号输入，并且可以输入双极性信号，输出波形是脉冲串[113]。其实现难点在于对电路要求严格，要求输入阻抗低。

2. 电压-频率转换器的测试关键参数

VFC 可将输入电压 V_{IN} 转换成输出频率 f_{out}，其对应关系可表示为：

$$f_{out} = GV_{IN} \tag{3-27}$$

这是一个线性传递函数，其中比例系数 G 可视为增益，单位为 Hz/V。但实际上 VFC 中电压-频率之间的转换关系与式（3-27）的理想线性传递函数并不完全相同，有着增益误差、失调和线性误差等。下面将对这些误差参数和相应测试方法做简单分析，可参照图 3-18 所示的电压-频率转换器测试原理图来对相应参数进行测试。

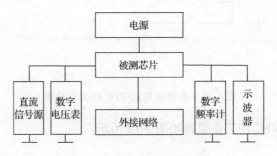

图 3-18　电压-频率转换器测试原理图

1）测量线性误差 E_L

线性误差 E_L 是 f_{dmax} 与 f_s 之比，用百分比表示：

$$E_L = \frac{|f_{dmax}|}{f_s} \times 100\% \qquad (3-28)$$

式中，f_{dmax} 为测试芯片的转换特性曲线与理想 VFC 转换函数最佳拟合直线之间的最大频率偏差，f_s 为输出频率范围。

通常非线性度测试时可选用的理想直线有最佳拟合直线、终端直线和绝对直线三种。最佳拟合直线最适合该项参数的测试，它是根据 VFC 转换函数计算出最佳拟合直线的斜率所得到的理想直线。这种方法不依赖 VFC 的个别输出电压值，并调和了增益误差。

终端直线的斜率是通过将满量程频率除以实际的输入电压范围得到的。这种方法仅依赖实际测量的满量程值 V_{FS+} 和 V_{FS-} 两个点即可确定一条直线，对这两个点的测量精度要求较高，但其并不如最佳拟合直线准确。

绝对直线的斜率受限于绝对理想的满量程值 V_{FS+} 和 V_{FS-}，它假定 VFC 的增益是理想的，因此这种方法很少使用。

图 3-19 所示为采用终端直线测量 VFC 的线性误差 E_L 的示意图。图中设置好

输入起点和输入终端电压后,按照一定的步进电压对输入电压进行量化,测试 VFC 相对应的输出频率。

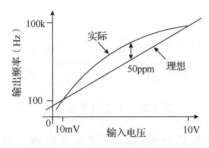

图 3-19　采用终端直线测量 VFC 的线性误差 E_L 的示意图

2）测量失调误差 E_O

若 VFC 的输出频率为设定的起始值,实际输入电压 V_A 和理想输入电压 V_I 之间的差值是失调误差 E_O,即

$$E_O = V_A - V_I \tag{3-29}$$

测量时,调节输入电压 V_{IN},测试 VFC 实际输出的频率 f,当 f 与规定的测试条件一致时,记录此时的输入电压 V_A,代入式（3-29）计算得到 VFC 的失调误差 E_O。

3）测量增益误差 E_G

增益误差 E_G 是指实际满量程电压的输出频率 f_A 与理想时满量程电压输出频率 f_I 的相对误差,即

$$E_G = \frac{f_A - f_I}{f_I} \times 100\% \tag{3-30}$$

测量时,调节输入电压 V_{IN} 至规定的满量程电压,记录此时 VFC 的实际输出频率 f_A,代入式（3-30）进行计算得到 VFC 的增益误差 E_G。

3.5　模拟开关测试技术

"开关"是具有两种状态的电子元件,图 3-20 所示为开关的等效电路图。一个开关通常具有三个端点,其中 a 端是输入端,b 端是输出端,c 端是控制端。当特定的信号作用在 c 端使开关 K 处于导通状态时,a、b 端点间的电阻为零;如果

与上述相反的特定信号作用在 c 端，则开关 K 处于另一种状态——断开状态，此时 a、b 端点间的电阻表现为无穷大。

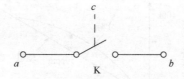

图 3-20　开关的等效电路

模拟开关集成电路与其他模拟和数字集成电路一样，拥有一些共同的参数，如功耗、最大工作电压等。但它也有自己特定的参数，其中三个主要电参数分别为模拟信号通路参数、译码器输入数字电路参数和开关时间参数，这三个参数可以作为衡量电路的优劣标准。下面分别讨论这三种参数的含义和它们的测量方法。

1. 模拟信号通路参数及其测试方法

模拟信号通路参数是针对单路或多路开关特性的电参数，其中有些是限制性参数，有些则是电特性参数。

1）导通电阻（通态电阻）R_{ON}

导通电阻 R_{ON} 是指模拟开关处于导通情况下，且输入在电压量程内的最大电阻值，它是用来考量模拟开关负载能力的关键指标。

图 3-21 所示为模拟开关导通电阻 R_{ON} 的测试原理图，图中 $A_1 \sim A_n$ 为地址输入端。在测量第 i 路开关的导通电阻 R_{ON} 时，其余开关均输入为零，处于关闭状态。测试时，地址输入端必须输入与通道相对应的地址代码值，被测试通路输入端加上规定的模拟电压 V_I（直流或特定频率的交流电压），而在输出端则接上额定的负载 R_L，然后在输出端测量输出电压 V_O，按下式求出 R_{ON}：

$$R_{ON} = \frac{R_L(V_I - V_O)}{V_O} \qquad (3-31)$$

多个模拟开关或模拟开关多路选择器则需按上述步骤分别对每个开关进行测试，被测器件的导通阻值是所有通路中 R_{ON} 的最大值。

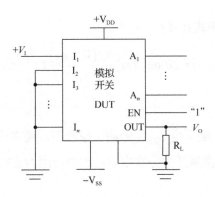

图 3-21　R_{ON} 的测试原理图

2）通道截止漏电流 $I_{L(off)}$

在所有被截止的通道中，当在截止通道的模拟输入端加载特定电压时，所测得的流经输出母线（总线）端的总电流就是通道截止漏电流 $I_{L(off)}$。图 3-22 所示为 $I_{L(off)}$ 的测试原理图。测试时，地址输入可任意设置，使 EN 置于逻辑"0"，所有通道的输入端加规定电压 V_I，输出端（总线）加上与 V_I 极性相反的电压 V_O，测流过总线的电流。由于 $I_{L(off)}$ 一般很小，可利用运放来实现电流-电压变换。可按下式求得 $I_{L(off)}$：

$$I_{L(off)} = \frac{-V_O - V_{CI}}{R_L} \tag{3-32}$$

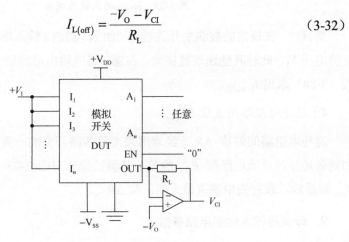

图 3-22　$I_{L(off)}$ 的测试原理图

3）主开关截止隔离度 $I_{SO(off)}$

当第 i 个通道截止时，此开关输入电压 V_I 对输出的影响程度称为主开关截止

隔离度 $I_{SO(off)}$，可根据下式计算：

$$I_{SO(off)} = 20\log\left(2\pi f_s \frac{R_L(V_1 - V_O)}{V_O} C_1\right)(\text{dB}) \tag{3-33}$$

式中，V_O 为输出电压。

图 3-23 所示为截止隔离度 $I_{SO(off)}$ 的测试原理图，通常此参数在规定的交流信号频率下测量，它用来衡量开关分布电容的大小，因为这些电路间分布电容会引起串扰。

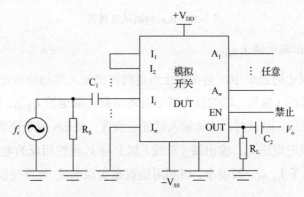

图 3-23　$I_{SO(off)}$ 的测试原理图

测试时，在规定的被测主开关通道（如第 i 通道）输入端加上信号频率为 f_s 的交流电压 V_I，此时其他通道置接地，在第 i 通道输出端测量交流电压 V_O，然后按式（3-28）求出 $I_{SO(off)}$。

4）通导电阻路间差值 ΔR_{ON}

通导电阻路间差值 ΔR_{ON} 经常用来考量各路开关的一致性，指模拟开关任何的两条通路的导通电阻值 R_{ON} 的差。其测试原理与图 3-23 类似，仅将每路电阻 R_{ON} 测量后，取它们中差值最大的，即 ΔR_{ON}。

2. 译码器输入数字电路参数

译码器输入数字电路参数是针对具有 TTL 电平转换接口的多路开关而言的。它主要测量地址信号中输入逻辑"1"或"0"的电平值，另外还须测量输入地址线上的高低电平时的电流。通常这些参数如同 TTL 或 COMS 数字电路的输入端一样，属于数字电路测量范畴。

3．开关时间参数及其测试方法

开关时间参数可以用来衡量模拟开关瞬态响应特性和传输模拟信号能力，属于模拟开关的综合参数。

1）开关通路转换时间 t_{TRAN}

某通路（如第 i 路）在地址建立时刻起，到输出达到模拟输入电平 V_1 值 10% 时的时间，或者从地址 i 转换到 $i+1$ 瞬时，输出端响应两者模拟电平差值所需的时间，称为开关通路转换时间 t_{TRAN}。图 3-24 所示为 t_{TRAN} 的测试原理示意图，图 3-25 所示为测量 t_{TRAN} 的波形图。

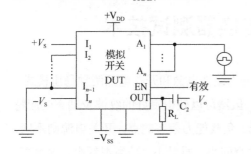

图 3-24 t_{TRAN} 的测试原理图   图 3-25 t_{TRAN} 的波形图

测试时，所有地址输入端可以并联，然后加上电平符合规定要求的方波信号，使开关在 I_i 和 I_{i+1} 之间转换，再在输出端加上规定的负载电阻和电容，用示波器测得图 3-25 中的波形，从而求得 t_{TRAN}。

2）通道转换开启与关断时间 t_{ON} 和 t_{OFF}

通道转换开启时间 t_{ON} 是指开关接通后，输出端的模拟信号达到它的 90%时的时间；而在开关关断时，输出端回到零电平时的时间称为通道转换关断时间 t_{OFF}。图 3-26 所示为 t_{ON} 和 t_{OFF} 的测试原理图。这两个参数可以固定在地址输入（如第 i 通道）下通过片选端加阶跃信号来测量。

测试时，在使能端 EN 加合适电平的方波信号，将地址输入端置于逻辑"0"上，选择 I_1 通道，在输出端接上规定负载 R_L 和 C_2，并在 I_1 处加上模拟电压$-V_s$，然后用示波器在输出端观察图 3-27 所示的波形，得到 t_{ON} 和 t_{OFF}。

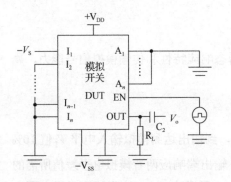

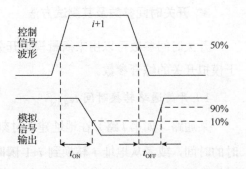

图 3-26 t_{ON} 和 t_{OFF} 的测试原理图　　　　图 3-27 t_{ON} 和 t_{OFF} 测试电路波形

3.6 DC-DC 变换器测试技术

DC-DC 是指直流电压转换模块，它分为线性电源和开关电源两种稳压模式。线性电源的输入端通常使用工频变压器，虽然可以获得良好的纹波及动态响应特性，但也具有了体积大、损耗大、效率低、负载能力差等缺点。开关电源则不同，它的输入端采用的是高频变压器，拥有占空间小、质量小、功率消耗少、效率高、输出范围较宽等优点，已经普遍应用到军工、智能电子、宇航等方面。

随着近几年高频软开关技术、芯片封装技术和半导体工艺等技术的进步，DC-DC 变换器电路也在向着低电压、大电流、高功率、高效率、表面贴装化、智能化的道路前进，使其在较宽的输入电压范围内具有固定或可调的输出电压，还有大电流负载能力和完善的输出过流、过压、短路保护等功能。DC-DC 变换器内部框图如图 3-28 所示。

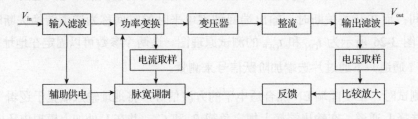

图 3-28 DC-DC 变换器内部框图

1. 输出电压 V_O

DC-DC 变换器的输出电压 V_O 是衡量 DC-DC 电路的关键指标[114]。表现了 DC-

DC 变换器在推荐输入工作电压，负载条件为满载或满载的 80%～90%时，脉宽调制器可控范围内的输出电压大小。输出电压测试原理示意图如图 3-29 所示。

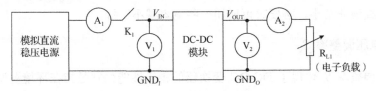

图 3-29　输出电压测试原理示意图

图中电压表 V_2 的电压即输出电压 V_O。在测试过程中需要注意的是，由于负载电流较大，输入和输出都存在一定的线损，会造成测量误差。为了减小误差，输入/输出电压以靠近电路的引脚为准，或者采用开尔文引线接法。

1）输出电流 I_O

输出电流 I_O 也是衡量 DC-DC 电路性能的关键指标，表现了 DC-DC 模块在正常输入电压范围内所能提供的带载能力。定义为在某规范下，DC-DC 变换器在固定输入范围内输出端流向负载的电流，通常指满载时的额定输出电流值。

其测试电路也可用图 3-29 中的测试电路。图中电流表 A_2 的测量值即输出电流 I_O。在测试中需注意输入直流稳压电源必须要提供较大的电流能力，以满足浪涌电流的需求。

2）输出纹波电压 V_{RIP}

输出纹波电压 V_{RIP} 是指 DC-DC 变换器在满载或规定负载时输出电压中所包含的交流分量的峰–峰值[115]，是衡量 DC-DC 电路的重要指标。它是开关电压经整流滤波后残存的交流信号，包含开关频率和一些谐波频率信号，这些信号会影响负载电路的电磁兼容性。输出纹波的测试原理图如图 3-30 所示。

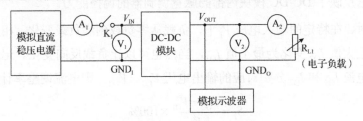

图 3-30　输出纹波的测试原理图

输出纹波电压 V_{RIP} 依靠带有滤波功能的模拟示波器进行测试。为了减小测量误差，示波器的工作频率至少是 DC-DC 开关频率的 20 倍，同时也要保证输入稳压电源的纹波非常小，必要时可增加一些电容减小干扰。

2. 电压调整率 S_v

电压调整率 S_v 体现了 DC-DC 变换器的稳压性能，它是指在环境温度和输出电流 I_O 均不变时，由输入电压变化引起的 DC-DC 变换器输出电压的相对变化。电压调整率 S_v 在一定程度上表现了 DC-DC 模块对输入电压变化的应变能力，可采用图 3-30 所示的测试电路进行测试。

测量时，在固定负载（一般为满载）下，输入 V_I 在最大允许的范围内（V_{I1}，V_{I2}）变化，分别记录下在输入电压两个极值时对应的输出电压 V_{O1} 和 V_{O2}，则电压调整率计算为[116]：

$$S_v = \frac{V_{O2} - V_{O1}}{V_O} \times 100\% \tag{3-34}$$

式中，V_O 为输出电压标称值。此时 S_v 为无量纲值。

不同的生产厂家有时对电压调整率的计算方式也有所不同，也可以用下式计算，此时 S_v 单位为 "%/V"：

$$S_v = \frac{(V_{O2} - V_{O1})/V_O}{V_{I2} - V_{I1}} \times 100\% \tag{3-35}$$

3. 电流调整率 S_i

电流调整率 S_i 也是体现 DC-DC 变换器稳压性能的指标之一，它是指在环境温度和输入电压 V_i 均不变时，由输出电流的变化引起的 DC-DC 变换器输出电压的改变。它反映了 DC-DC 模块内部的脉宽调制器的调控能力。

测试时，在特定的输入电压 V_I 下，负载从零负载到满负载变化，相应的负载电流则从最大值 I_{O2} 变化为最小值 I_{O1}，当然也可以让负载反向变化。记录下两个极限负载电流 I_{O1} 和 I_{O2} 分别对应的输出电压 V_{O1}、V_{O2}，则电流调整率计算为：

$$S_i = \frac{V_{O2} - V_{O1}}{V_O} \times 100\% \tag{3-36}$$

式中，V_O 为输出电压标称值。此时 S_i 为无量纲值。

电流调整率也可以用下式计算，此时 S_i 单位为 "%/A"：

$$S_i = \frac{(V_{O2} - V_{O1})/V_O}{I_{O2} - I_{O1}} \times 100\% \qquad (3\text{-}37)$$

4. 交叉调整率 S_c

对于双路或多路输出的 DC-DC 变换器，在规定的条件下，当其中一路的输出功率为最小指定功率，而另一路输出功率从指定的最小功率变为指定的最大功率时，功率变化通路的输出电压相对变化量称为交叉调制率 S_c。它反映了多路 DC-DC 模块在各路负载交叉变化时的相互影响程度，这项指标对于用户来说尤为重要。交叉调整率的测试原理图如图 3-31 所示。

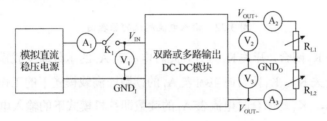

图 3-31　交叉调整率的测试原理图

测试时调整正通路输出负载 R_{L1}，使正通路输出功率为规定的 P_+；改变负通路输出负载 R_{L2}，让负通路输出功率先变为指定功率 P_{1-}，记录此时数字电压表 V_2 测量的正通路输出电压值 V_{O1}；继续调整负通路输出负载 R_{L2}，使负通路输出功率变为指定功率 P_{2-}，并记录此时数字电压表 V_2 测量的正通路输出电压值 V_{O2}；则正通路输出电压的交叉调整率 S_{c+} 为

$$S_{c+} = \frac{V_{O2} - V_{O1}}{V_{O+}} \times 100\% \qquad (3\text{-}38)$$

式中，V_{O+} 为正通路输出电压标称值。S_c 为无量纲值。

同样测量负通路输出电压的交叉调整率 S_{c-}，只要把 R_{L1} 和 R_{L2} 的负载条件交换一下就行。

5. 输入电流 I_I

输入电流 I_I 是指 DC-DC 变换器在特定输入电压下输出空载或各种禁止使能

状态作用下输入端流过的电流。通常包含了空载模式下输入偏置电流 I_Q（也称静态电流）、满载模式下输入电流 I_S、待机模式下输入电流 I_{Q_SHDN}（也称 Shutdown 电流）。输入电流不仅能够体现 DC-DC 模块的转换效率，而且能够反映电路内部各模组的工作状态是否正常，它是衡量 DC-DC 电路性能的关键指标。输入电流测试的原理图如图 3-32 所示。

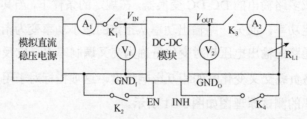

图 3-32 输入电流测试的原理图

先将开关 K_1 闭合，开关 K_3 打开，此时电流表 A_1 的示数即空载模式下的输入电流 I_Q；在开关 K_1、K_3 闭合时电流表 A_1 的读数即满载模式下的工作电流 I_S；最后开关 K_1、K_2、K_3 均闭合时电流表 A_1 的读数即待机模式下的输入电流 I_{Q_SHDN}。

6. 效率 η

效率 η 指 DC-DC 变换器输出功率与输入功率的比值，它是 DC-DC 变换器的关键参数，体现了功用转换率[117]。转化率越高说明模块自身的耗散功率越小，这样的器件既节省功耗又可靠。

测量时闭合开关 K_1，电压表 V_1 和 V_2 测得的数值分别是输入电压 V_I 和输出电压 V_O，电流表 A_1 和 A_2 测得的数值分别是输入电流 I_I 和输出电流 I_O，则效率为

$$\eta = \frac{V_O I_O}{V_I I_I} \times 100\% \tag{3-39}$$

7. 启动过冲电压 V_{TD}

启动过冲电压 V_{TD} 是指 DC-DC 变换器输入端加载阶跃电压后，其输出电压瞬间变化的最大值。它反映了 DC-DC 模块启动时输出电压在建立过程中的浪涌特性。如果瞬态浪涌电压过大，即过冲太高，可能对负载电路造成损伤。启动过冲是 DC-DC 变换器的一个关键参数。启动过冲和启动延迟如图 3-33 所示。

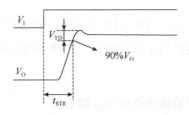

图 3-33　启动过冲和启动延迟

采集双通道数字存储示波器启动时的波形能够测量启动过冲[118]。采集波形时，最好也将输入电压阶跃波形一同采集下来，以观察输入电压阶跃有没有存在阶梯或震荡等不符合要求的情况。启动过冲测试框图如图 3-34 所示。

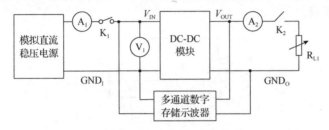

图 3-34　启动过冲测试框图

8. 启动延迟 t_{STR}

DC-DC 变换器的启动延迟 t_{STR} 指输入端在加载阶跃电压之后输出电压达到其额定值的 90% 所需的时间[119]。它反映了 DC-DC 模块的开关反应时间。有些应用电路对上电和信号的加载有着时序的要求，因此启动延时是一项十分重要的参数指标。

启动延时采用双通道数字存储示波器来测量。与测试启动过冲参数使用的测试方法和框图相同。应注意数字存储示波器的采集样本的速度要求大于 100MHz，输入电压阶跃应小于 $0.1t_{STR}$ 并大于产品规范所规定的最短时间。

9. 开关频率 f_S

DC-DC 变换器的开关频率 f_S 是指工作时开关的导通及关断的频率，需要 DC-DC 变换器包含的每个单元模块的频率响应都要满足这一指标。开关频率在内部模块同步端口输出电压、输出纹波电压和输入纹波电流上面表现出来，若内部模块的频率响应与开关频率偏移过大，会使得效率降低、输出纹波增大、输出电压变差等，因此开关频率也是 DC-DC 模块性能的一项重要参数指标。示波器测量纹波频率即开关频率。如果有同步输出端口，直接由同步输出端口测得的输出波形的频率也是开关频率。

10. 输入电压变化时的输出响应 V_{VT} 和 t_{VT}

输入电压变化时的输出响应为 DC-DC 变换器在最大输入电压和最小输入电压之间变化时，输出电压的最大变化量 V_{VT}，以及输出电压回到其稳定值的 1%范围内所需要的恢复时间 t_{VT}。它可以帮助用户判断一旦输入电压产生跃变，其输出电压的瞬变和恢复时间是否影响负载电路的电气性能。输入电压瞬变时的输出响应如图 3-35 所示。

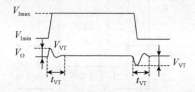

图 3-35 输入电压瞬变时的输出响应

输入电压瞬变时的输出响应测试框图如图 3-36 所示。当输入电压在 V_{I1} 和 V_{I2} 两个值之间来回跳变时（V_{I1} 和 V_{I2} 分别指输入电压的极大和极小值），使用示波器采集连续输出波形，读出最大值 V_{O1} 和最小值 V_{O2}，则 ΔVo 即电压变化量 V_{VT}，恢复时间 Δt 即响应时间 t_{VT}。

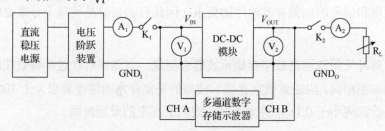

图 3-36 输入电压瞬变时的输出响应测试框图

11. 负载变化时的输出响应 V_{LT} 和 t_{LT}

当 DC-DC 变换器的负载在满载、半载及空载之间变化时，输出电压的最大变化量 V_{LT} 及输出电压回到其稳定值的 1%范围内所需的恢复时间 t_{LT}，称为负载变化时的输出响应。它可帮助用户判断 DC-DC 模块在负载瞬变时的输出电压响应是否影响负载电路的电气性能。负载变化时的输出响应如图 3-37 所示。

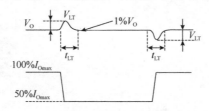

图 3-37　负载变化时的输出响应

负载瞬变时的输出响应测试框图如图 3-38 所示。当负载在半载和满载之间来回跳变时，使用示波器采集连续输出波形，读出输出阶跃波形的峰值电压即电压变化量 V_{LT}，电压回到 1% 输出范围内的恢复时间即建立时间 t_{LT}。

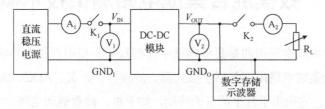

图 3-38　负载瞬变时的输出响应测试框图

第4章

数模混合集成电路测试技术

4.1 数模混合集成电路测试技术概述

数模混合集成电路指的是集成电路中含有数字和模拟两种电路模块的电路。许多数模混合集成电路内部包括了放大器、滤波器、开关、ADC、DAC 及数字信号处理等模块。它应用于几乎所有的终端，如手机、硬盘驱动电路、调制解调器、发动机控制器、多媒体视频音频产品等。图 4-1 所示为数模混合集成电路结构组成。

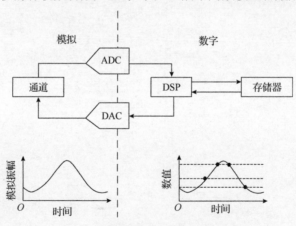

图 4-1　数模混合集成电路结构组成

数模混合集成电路中模拟元器件的数量远少于数字元器件，通常模拟电路中的元器件的数量不超过一百个，而在数字电路中动辄包含数百万个元器件。虽然模拟电路部分在混合集成电路中占比较低，但它却是混合集成电路必不可少的重要组成部分，模拟类参数的指标对混合集成电路的评价至关重要，相对来说数字部分的参数只是常规参数，测试难度也小于模拟参数，因此模拟部分占比虽低，却是测试的主要部分。现如今模拟电路的测试成本已经比制造成本高出约 30%，就算使用自动测试设备（ATE）进行混合信号集成电路测试的成本也远高于单纯数字电路的测试成本。

混合信号集成电路测试的方法主要有基于 DSP 的测试方法、基于结构的测试方法和基于模拟故障模型的测试方法三种[120]。

1. 基于 DSP 的测试方法

模拟测试主要针对运算放大器、比较器、开关电路、电平基准电路等，其中线性模拟电路相较于非线性模拟电路在设计和测试方面更简单，常采用 DSP 自动测试设备和基于 DSP 功能的向量进行测试[121]。

2. 基于结构的测试方法

模拟和数字电路均有自动测试向量生成（Automatic Test Pattern Generation，ATPG）方法，数字电路测试主要基于 IEEE 标准 1149.1，模拟混合电路测试主要基于 IEEE 标准 1149.4。

3. 基于模拟故障模型的测试方法

模拟电路故障模型化相对数字电路故障模型化更难实现。数字电路已经建立了普遍认同的固定故障模型和路径延迟故障模型；但是，在模拟电路之中还不存在普遍认可的模拟故障模型。

在建立模拟电路故障模型的过程中，测试人员无法预估模型的精度是否足够预测测试集的故障覆盖，并且难以找到模拟故障模型与结构模拟故障及模拟规格之间合适的映射关系[122]。

在基于结构的测试中，模拟信号在传递到输出引脚的过程中可能发生改变，并导致电路功能发生变化；并且在测试过程中对模拟电路重新配置，也会改变电路的功能。

但是基于 DSP 的测试属于功能测试，不使用模拟故障模型，因此在混合集成电路测试中广泛使用，而不断发展完善的结构测试法则可作为它的补充。

4.2 基于 DSP 的测试技术

4.2.1 基于 DSP 的测试技术和传统模拟测试技术的比较

传统模拟测试系统如图 4-2 所示，其不足之处主要体现在：

（1）传统模拟交流参数在多频率测验时的测量耗时很长；

（2）由于采用陷波滤波器去滤除基础频率分量来测试失真，提高了测试硬件的复杂程度；

（3）如果没有采用平均算法或带通滤波器，在测量均方根噪声与均方根信号时，结果不可重复。

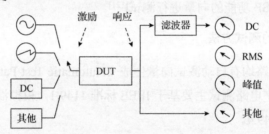

图 4-2 传统模拟测试系统

在 20 世纪 80 年代初期，基于 DSP 的模拟参数测试技术开始在自动测试设备中广泛使用。基于 DSP 的模拟测试系统如图 4-3 所示。虽然测试工程师要想采用 DSP ATE 开发测试程序就必须熟悉数字信号处理的理论知识，熟练掌握测试的基本原理，会查找测试误差来源及 DUT 误差来源，但是这种测试方法大大改善了传统模拟测试技术的缺陷。

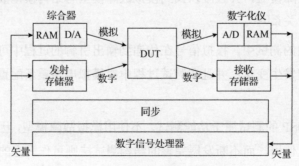

图 4-3 基于 DSP 的模拟测试系统

4.2.2　基于 DSP 的测试方法

1. 对数

在基于 DSP 测试的技术中，常用对数一般采用以 10 为底的对数。图 4-4 所示为对数函数 $y=\lg x$ 的曲线图。

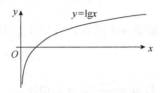

图 4-4　对数函数 $y=\lg x$ 的曲线图

常用对数运算包括幂、方根、积、商等对数运算：

$$\lg\left(b^a\right) = a\lg b \tag{4-1}$$

$$\lg\left(b^{\frac{1}{a}}\right) = \frac{1}{a}\lg b \tag{4-2}$$

$$\lg\left(ab\right) = \lg a + \lg b \tag{4-3}$$

$$\lg\left(a/b\right) = \lg a - \lg b \tag{4-4}$$

利用下式可将其转变为以 b 为底的对数：

$$\log_b x = \frac{\lg x}{\lg b} \tag{4-5}$$

2. 分贝

在数字信号分析中，使用分贝（dB）来表征信号能量与噪声能量的比值，因为信号能量比噪声能量大好几个数量级，利用分贝可以压缩数值的变化范围，其计算公式如下：

$$dB = 10\lg\frac{P_2}{P_1} \tag{4-6}$$

可以利用电子学中电阻的能量的计算式对式（4-6）进行变形：

$$dB = 10\log\frac{P_2}{P_1} = 10\log\frac{V_2^2/2}{V_1^2/2} = 10\log\frac{V_2^2}{V_1^2} = 20\log\frac{V_2}{V_1} \tag{4-7}$$

3. 正弦波曲线的均方根

均方根（Root Mean Square，RMS）常用来表示信号传输功率的有效值[123]。周期信号功率的 RMS 计算公式如下：

$$\text{RMS} = \sqrt{\frac{1}{T}\int_0^T V(t)^2\,\mathrm{d}t} \tag{4-8}$$

正弦波及其均方根波形如图 4-5 所示，图中 V_{PK} 为峰值，V_{RMS} 为有效值，它们之间的对应关系为

$$V_{RMS} = \frac{\sqrt{2}}{2}V_{PK} \approx 0.707 V_{PK} \tag{4-9}$$

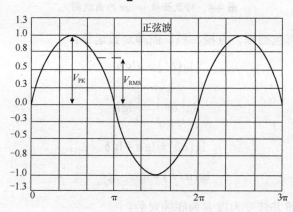

图 4-5　正弦波及其均方根波形

4. 傅里叶分析

基于 DSP 测试方法的最大特点是可以同时测量许多不同频率成分。例如，测试一个滤波器，可以给滤波器一个多频信号，然后采用数字化仪收集滤波器的采样输出，那么由不同频率成分组成的混频信号振幅可以通过滤波器输出。

要想从混频信号中将单个频率成分分离出来，需要使用傅里叶分析，它可以将时域信号所包含的信息用频率函数来表达。图 4-6 所示为傅里叶分析过程。

傅里叶分析通过将一个周期信号展开为一组正弦、余弦函数的求和得到傅里叶级数：

$$f(t) = a_0 + A\sum_{n=1}^{\infty}\left(a_n\cos n\omega_1 t + b_n\sin n\omega_1 t\right) \tag{4-10}$$

式中：a_0 代表直流分量；A 代表所有谐波分量归一化后的比例因子；ω_1 代表基频频率；n 表示 n 次谐波（其频率就是基波频率的 n 倍）。

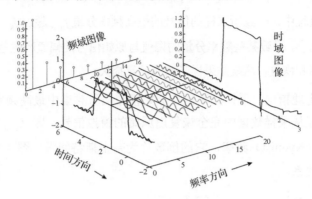

图 4-6　傅里叶分析过程

由三角函数公式可将式（4-10）简化为

$$f(t) = \sum_{n=1}^{\infty} \left(C_n \cos n\omega_1 t \right) \tag{4-11}$$

式中：

$$C_n = \sqrt{a_n^2 + b_n^2} \tag{4-12}$$

4.2.3　采样原理

在信号传递过程中，将连续的模拟信号变换为离散的数字序列的过程称为采样，而反过程为重构。图 4-7 所示为采样与重构过程。

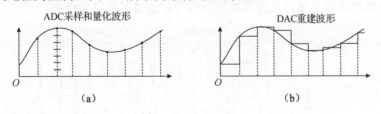

图 4-7　采样与重构过程

1. 采样理论

在理想采样条件下，连续的时间信号采样时其频谱会发生以下变化：首先，乘以 $1/T$ 因子（T 为采样周期）；其次，产生了很多与被采样信号形状完全一样的频谱分量，但它们的中心频率是采样频率 f_s 的整数倍，也就是频谱发生了周期延拓（又称频谱复制）。由此可以得到一个重要结论：时域采样后，频域中形成了与采样频率f_s同频的周期函数[124]。

在采样的过程中，一旦所采样的信号的最高频率分量f_{max}超过$f_s/2$，则各次调制频谱就会产生重合，导致某些频率分量的幅值与原始信号的幅值产生差异，而且重合的分量无法分离和恢复，这就是采样带来的信息损失。

香农采样定理指出，采样频率需在原始模拟信号频谱中最高频率分量的 2 倍以上，才能保证从采样数据中完全恢复出原始的模拟信号，即$f_{smax} \geqslant 2f_{max}$。$2f_{max}$称为奈奎斯特（Nyquist）频率，它的倒数称为奈奎斯特间隔。图 4-8 所示为采样幅度与频率的关系。

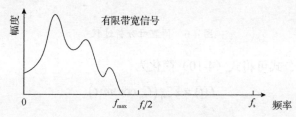

图 4-8 采样幅度与频率的关系

在混叠现象（见图 4-9）中，被采样信号频率f_{SIG}=7MHz，采样频率f_{SAMP}=6MHz，按采样点重构出来的信号幅度与原信号相同，但是频率减小到f_{ALIAS}=1MHz。这就是一个典型的混叠现象，高频率的周期信号经过采样重构后得到低频率的周期信号。混叠现象导致采样的频谱中混入了非谐波分量，还有不能从关注的信号中被取出和分离的频率分量，从而在恢复原信号时造成了信息的损失。

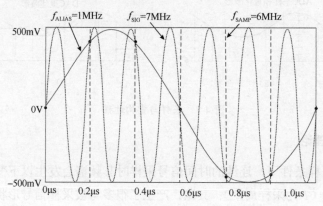

图 4-9 混叠现象

规避混叠的唯一方法是将输入数字化仪的信号带宽严格控制在 1/2 奈奎斯特频率以下。另外，通过在采样之前增加一个低通抗混叠滤波器（见图 4-10），过滤原始信号中的高频分量，也可以将混叠的影响减弱。

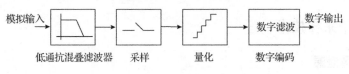

图 4-10　数模转换

2. 重构理论

采样的逆过程是重构。重构是指通过 DAC 和抗镜像滤波器将时域离散的采样波形（脉冲形式）转换成连续波形，它实际上是将采样点间的失去波形重新补充完整。由于方波特征脉冲很容易进行重构，所以大部分 DAC 都是使用它来重构波形的。多个重构的方波脉冲叠加后将形成阶梯状的连续波形，随着叠加的方波脉冲数量增加，阶梯波形在一个周期内的台阶数也在增加，重构的波形更接近实际的连续平滑波形[125]。

理论上用于重构的方波脉冲是非零脉冲采样信号，但实际中只能使用非零脉宽采样信号重构。而按照非零脉宽采样所得的各周期延拓的频谱，其幅度是按 $\sin(x)/x$ 的变化规律随频率而逐渐下降的[126]。因此将幅值误差引入重构过程中，包含幅值误差的重构如图 4-11 所示。为了消除此误差，一般会在 DAC 输出处加一个低通滤波器进行补偿或在 DAC 数字输入部分修改输入的数据进行补偿，补偿过后的信号重构如图 4-12 所示。

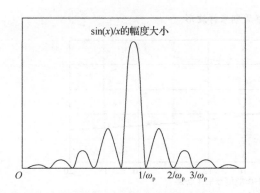

图 4-11　包含幅值误差的重构

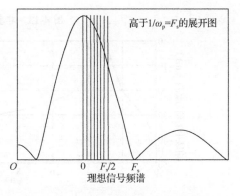

图 4-12　补偿过后的信号重构

ATE 数字化仪利用了采样定理的数据描述特性对 DAC 的输出信号进行采集，进行 DAC 测试，而 ATE 的波形发生器则通过采样定理的数据完全恢复特性来生成模拟波形，以供 ADC 测试使用。

4.2.4 相干采样技术

1. 频谱泄漏

在离散傅里叶变换或快速傅里叶变换中，假设连续信号是无限且周期重复的，离散信号处理是指对连续周期信号取其整周期内的有限采样离散值，进行无限重复后的傅里叶级数变换。非整周期采样也称非相干采样，表示不是在整个周期中采样，非整周期采样会使信号波形两端产生畸变。将所截取的一段信号周期性扩展成无限信号时，会与原信号的无限扩展有很大区别。通过谱分析可以得知，在截取的时域信号中，原先集中的线谱会分散在相邻的频段，产生原始信号中没有的新的频率成分。这种现象就是频谱泄漏，属于一种失真现象。非整周期采样波形和非整周期采样频谱如图 4-13 和图 4-14 所示。

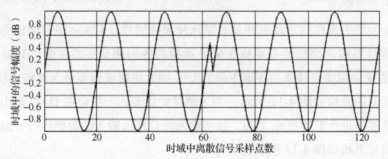

图 4-13　非整周期采样波形

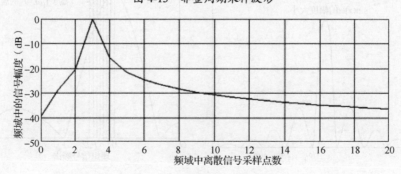

图 4-14　非整周期采样频谱

混叠必将带来频谱泄漏，频谱泄漏会引起频谱扩展，可能使频谱中最高频率超过 1/2 奈奎斯特频率，而这又会导致混叠。

2. 相干采样技术

相干采样技术也叫整周期采样技术，顾名思义，就是指在一个完整的信号周期内进行采样，这种采样方式不会造成信号波形两端发生畸变。所截取的信号段周期性扩展成无限信号时与原信号的无限扩展相同。通过频谱分析可知，在截取信号中原先集中的线谱在扩展后不会分散在相邻的频段，没有新的频率分量生成。整周期采样波形和整周期采样频谱图如图 4-15 和图 4-16 所示。

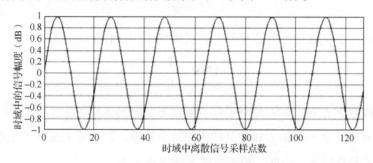

图 4-15　整周期采样波形

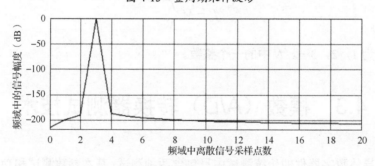

图 4-16　整周期采样频谱图

由于在 ATE 测试中，模拟信号频率、采样频率完全可控，相干采样技术在 ATE 测试中非常容易实现，不用担心频谱泄漏和加窗处理等问题，而这些问题在非相干采样技术中是经常会碰到的。测试信号时需要采用合适的频率，让时域采样刚好含有整数个周期的信号，式（4-13）是相干采样需要满足的条件[127]：

$$\frac{f_t}{f_s} = \frac{M}{N} \tag{4-13}$$

式中，f_t 为信号频率，f_s 为 A/D 转换器采样频率，M 为采样的整周期数，N 为采样点数[128]。为了避免重复采样，还要求 M 与 N 互素，并且为了进行快速傅里叶运算，要求 N 为 2 的幂。

由于 ATE 的时钟和模拟信号的时基来自同一个时钟分频，所以 ATE 能够很好满足以上条件。

正常情况下，通过采样频率 f_s，可以得到 N 个采样点的基频或原始频率 f_f，其关系为

$$f_f = \frac{f_s}{N} \tag{4-14}$$

基频的周期又称原始周期或单位测试周期（Unit Test Period，UTP）[129]。

$$UTP = \frac{1}{f_f} \tag{4-15}$$

在采样频率 f_s 下，收集 N 个采样点所需要的时间正好等于 1 个 UTP，所以叫单位测试周期。这个基频 f_f 通常又称为频率分辨率，因为重复采样产生的相干频率是基频 f_f 的整数倍。因此，相干频率 f_c 的表达式为

$$f_c = M \frac{f_s}{N} \tag{4-16}$$

式中，M 为 1，2，3…，N 中的一个整数。

4.3 模数（A/D）转换器测试技术

在半导体数字器件的传统测试中只包含两种测试：基本参数测试和功能测试。而混合信号器件测试还需要完成时域静态指标测试和频域动态指标测试。

4.3.1 A/D 转换器静态参数及其测试方法

静态指标描述了设备的固有特性，与设备内部电路的误差有关。A/D 转换器内存在一些内部误差，包括器件的增益误差、偏移误差，此外主要还有积分非线性（Integral NonLinearity，INL）和微分非线性（Differential NonLinearity，DNL）

等误差。本节重点以实际电平与相应数字码的关系介绍模拟信号转换为数字信号的直流精度。

1. 线性斜坡直方图测试方法

在线性斜坡直方图测试方法中，有两种方式来测量 INL 和 DNL 参数：边沿代码测试和中心代码测试[130]，如图 4-17 和图 4-18 所示。从中我们可看出边沿代码测试和中心代码测试的不同。黑点表示的是代码转换位置，在图 4-17 中其位于量化台阶的边沿，在图 4-18 中其位于量化台阶的中心。很明显，代码转换边沿可通过测量直接获得；由于量化具有不确定性，所以代码中心不能通过测量直接获取，须采用两个代码边沿的中心点来获取。

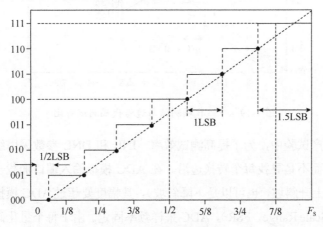

图 4-17　边沿代码测试

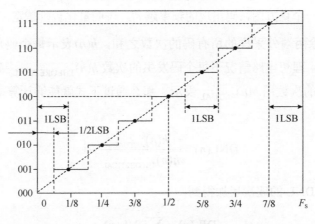

图 4-18　中心代码测试

图 4-19 所示为中心代码测试与边沿代码测试对比，更清晰地表明了中心代码测试的问题。量化台阶宽窄交错展开，通过连接台阶中心点可以得到一条与理想直线并行的直线，这就表明了该电路拥有几乎完美的 INL 特性；而连接台阶边沿可以得到一条与理想直线相对照的直线，说明确切 INL 值为 0.5 最低有效位（Least Significant Bit，LSB）。

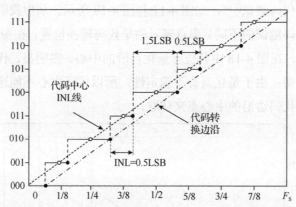

图 4-19　中心代码测试与边沿代码测试对比

在实际生产试验中，为了提高测试效率，INL 和 DNL 参数采用线性斜率直方图进行测试，而不是寻找每个转换边沿。在 ADC 模拟输入端口加载一个线性斜坡波形（可以是上升斜坡，也可以是下降斜坡），其幅度要超过 ADC 模拟输入的满量程范围（Full Scale Range，FSR），ADC 采样频率固定。由于每个量化码出现的概率一样，因此在理想情况下，除两端外每个码出现的次数应该相同。每个码出现的次数都被绘制成一个直图，码出现的频率越高，表明量化台阶越宽，反之越窄。

M_T 代表除两端外采样的所有码的次数之和，$h(n)$ 表示每个码出现的次数，$n=1,2,\cdots,2N-2$。理想电路情况下每个码发生的次数 $h(n)_{\text{THEORETICAL}}=M_T/(2N-2)$。每个码实际发生的次数用 $h(n)_{\text{ACTUAL}}$ 表示。那么通过下式就能够计算得到 DNL（单位为 LSB）：

$$\text{DNL}(n) = \frac{h(n)_{\text{ACTUAL}}}{h(n)_{\text{THEORETICAL}}} - 1 \tag{4-17}$$

INL 通过 DNL 的逐次累加得到：

$$\text{INL}(n) = \sum_{i=1}^{n} \text{DNL}(n) \tag{4-18}$$

在设计时，大部分 ADC 中都会含有模拟比较器。模拟比较器受滞后作用影响，上升斜坡测试和下降斜坡测试中存在不太一致的结果。如果采用上升斜坡和下降斜坡各测试一次取其最坏结果，会产生两倍的测试时间。可以采用三角波测试上升和下降边沿的位置，然后对得到的结果取平均，但是三角波上升和下降的斜率须为正常斜率的 2 倍。

2. 正弦波直方图测试方法

随着 ADC 电路采样频率不断提高，线性斜坡直方图测试方法变得不适用，因为线性斜坡波发生器的非线性也随着品类的升高而增加，其精度只能达到十位，不能胜任高速、高精度的 ADC 电路的测量。可以通过正弦波直方图测试法来测量高速 AD 电路的 INL 和 DNL 特性，并且高频正弦波相较于高频斜坡波形更易获取，而且对 ADC 动态特性的描述更好。除此之外，该方法减少了测试时间，因为高频正弦波的产生和 ADC 动态参数测试同时完成。

但这种测试方法也有缺陷：由于正弦的电压信号分布不均，处于中间部分的用时少，而在峰值谷值附近的用时较多，这也导致输出码分布不均匀，中间码的宽度远小于上下码的宽度使得 ADC 的正弦直方图形成一个中部凹陷两端高耸的抛物线边沿。可以通过大量扩大样本基数并利用高级算法修正正弦直方图，改善由正弦波电压分布不均带来的问题；但算法的误差伴随着越来越高的速率和越来越高的精度而变得越来越大。另外，使用正弦波测试 INL、DNL 时无法像线性斜坡直方图测试那样同时可以测量偏移误差、增益误差，必须通过搜索的方式再进行一次测试。

3. 偏移误差和增益误差测试方法

计算偏移误差和增益误差的方法有很多，普遍使用的两种方法是代码平均法和电压抖动法[131]。

代码平均法指的是，不断提高器件输入端口电压，记录转换后输出端口的内容。将每一次提高输入电压获得的转换代码求和平均值，并测量获取能够产生此平均值的输入电压，据此得出器件偏移误差和增益误差[132]。

电压抖动法与代码平均法近似，但这种方法中器件的输入电压是通过一个动态反馈环路来控制的。反馈环路根据实际转换后的代码和预期的代码之间的差值来调整输入电压，一直等到两个代码变成一致。当预期转换后的码逼近输入电压或在转换点附近时，通过测得外加的"抖动"电压的平均值，就能够计算出偏移和增益[133]。

4.3.2 A/D 转换器动态参数及其测试方法

一般采用快速傅里叶变换来获得 A/D 转换器的动态指标，先获得频谱特性，然后通过计算得到所需指标。该测量技术的好处是，能够在同一时间获取多个测试频率点的样本数据，测量点少、耗时少、效率高、重复性好，并且能较好复现 A/D 转换器的动态特性参数。它是业界通用的动态测试方法。

给被测 A/D 转换器加载一个近似满量程的正弦信号，并将转换后的代码传输给处理器，对其进行傅里叶运算。经过处理和计算，得到了信噪比、有效位数、信号与噪声失真比、无杂散动态范围等动态参数。

1. 信噪比 SNR

信噪比（Signal-to-Noise Ratio，SNR）定义为输入信号幅度与噪声功率之比，它是判定系统内在噪声的基础指标。理论上，A/D 转换器的最佳信噪比在排除分辨率的影响后，是受量化噪声制约的，可由下式计算：

$$SNR = 6.02N + 1.76dB \tag{4-19}$$

式中，N 为 A/D 转换器的位数。

一般来说，理论 SNR 值大于设备内部噪声的 SNR，误差的主要来源是系统的内部噪声、量化误差，此外还有一些应用噪声，如驱动/采样源引起的噪声。

行业内普遍测量信噪比值的方式是使用 ADC 输出的频谱，公式如下：

$$SNR = 10\log_{10}(P_{signal} / P_{noise}) \tag{4-20}$$

2. 有效位数 ENOB

根据 A/D 转换器的信噪比，可以算出有效位数（Effective Number of Bits，ENOB），通过信噪比将传输信号质量用等效位分辨率表示。输出信号失真的主要影响因素来自系统噪声，可以从信噪比上得到反映。计算给定器件的理论信噪比通常使用 ADC 的位分辨率。因此，计算器件的有效位分辨率也可以用器件的实测信噪比来测量。量化误差和有效的器件分辨率可以由噪声源转化而来，或者由器件的不精确性转化而来。

$$ENOB = (SINAD - 1.76) / 6.02 \qquad (4\text{-}21)$$

式中，SINAD 为信号与噪声失真比。

3. 信号与噪声失真比 SINAD

当计算得到输入信号的失真功率和输出信号的失真功率（含谐波分量而不含直流分量），用前者的失真功率除以后者的失真功率就得到了信号与噪声失真比（Signal to Noise And Distortion，SINAD）。该参数表示累积效果，即涵盖在输出信号中，其系统内所有噪声及非线性误差的累积。

A/D 转换器的信噪比失真率最理想的情况就是和信噪比保持一样。因为在实际工作过程中，信噪比失真率代表 A/D 转换器的动态特性参考标准，而信噪比代表了 ADC 器件的理想动态特性参考标准，通常 SINAD 值与 SNR 值保持一致较好。

$$SINAD = 10\log_{10}[P_{signal} / (P_{noise} + P_{distortion})] \qquad (4\text{-}22)$$

4. 无杂散动态范围 SFDR

无杂散动态范围（Spurious-Free Dynamic Range，SFDR）的定义为基波幅值与杂波信号最大幅值之比，以均方根值表示，它表征和量化整个系统的失真。

$$SFDR = 10\log_{10}[P_{signal} / \max(P_{distortion})] \qquad (4\text{-}23)$$

由于器件输入和输出之间的非线性用杂波来表征，所以有各种谐波形式。因为由杂波表示的传递函数失真有奇偶之分，应根据奇次和偶次谐波进行分类[134]。

偶次谐波中出现杂波，是因为传递函数具有不对称失真。根据理论，给定的输入信号会产生给定的输出。但是，由于系统具有非线性特征，实际输出会比理论期望值偏大或偏小。当出现两个信号，并且它们的大小相同、极性相反时，一旦它被系统接收到，会得到两个不相等的输出，这里的非线性是不对称的。

系统传递函数具有对称非线性的特征可由奇次谐波中的杂波体现，也就是说，给定输入产生的输出失真，对大小相等但极性相反的输入信号来说，在数量上都是相等的[135]。

5. 总谐波失真 THD

当获得输入信号的功率及所有谐波的总功率时，两者的比值即总谐波失真

（Total Harmonic Distortion，THD）。信号谐波含量对系统而言非常重要，而总谐波失真通常用来表征对其的影响或作用。除此之外，总谐波失真还提供系统对称和非对称非线性所造成的总失真值。

$$\text{THD} = \frac{\sum\limits_{i=2}^{n} P_i}{P_1} \qquad (4\text{-}24)$$

式中，P_1 为基波功率，$\sum\limits_{i=2}^{n} P_i$ 为各次谐波功率值。

系统中谐波分量如图 4-20 所示。

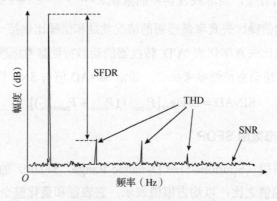

图 4-20　系统中谐波分量

4.4　数模（D/A）转换器测试技术

4.4.1　D/A 转换器静态参数及其测试方法

1. 增益误差和失调误差测试方法

D/A 转换器的实际输出能力与理想输出范围之间是有差别的，这种差别就用增益误差来表示。而在数字输入为"0"码的条件下，D/A 转换器实际模拟输出和理想值之间的偏差则被定义为失调误差。

图 4-21 所示的是单级输出 D/A 转换器中的单级增益误差和失调误差。在单级输出 D/A 转换器测量增益误差和失调误差时[136]，首先由测试机给 D/A 转换器输入全"0"数字码后测量模拟输出电压得到失调误差 V_{OS}，然后给 D/A 转换器输

入全"1"数字码后测量模拟输出电压得到 V_{111}, 最后可由下式得到增益误差:

$$\text{Gain error}\,(\%) = 100\left(\frac{V_{111} - V_{OS}}{V_{FS} - 1\text{LSB}} - 1\right) \tag{4-25}$$

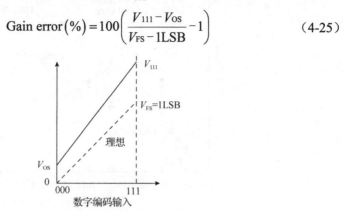

图 4-21　单级增益误差和失调误差

图 4-22 所示的是双级输出 D/A 转换器中的双级增益误差和失调误差。首先由测试机给 D/A 转换器输入全"0"数字码后测量模拟输出电压减去理想的输出范围 V_{FS} 得到失调误差 V_{OS}, 然后给 D/A 转换器输入全"1"数字码后测量模拟输出电压得到 V_{111}, 最后可由下式得到增益误差:

$$\text{Gain error}\,(\%) = 100\left(\frac{V_{111} + V_{FS} - V_{OS}}{Z_{VFS} - 1\text{LSB}} - 1\right) \tag{4-26}$$

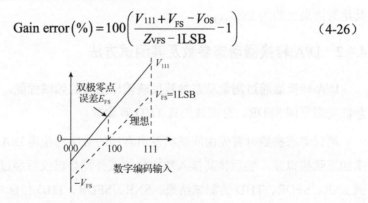

图 4-22　双级增益误差和失调误差

2. 微分非线性和积分非线性测试方法

微分非线性（DNL）从微观上描述了 D/A 转换器在相邻码输出中的误差，而积分非线性（INL）则是从直观上描述了代码对应的理想输出值与实际输出值之间的偏差（只考虑增益误差和失调误差，其他误差忽略）。图 4-23 所示为 D/A 转换器的微分非线性。积分非线性可以看作是所有的微分非线性相加求和。

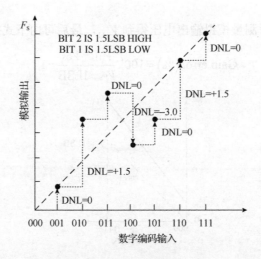

图 4-23 D/A 转换器的微分非线性

测试微分非线性和积分非线性时首先由测试机发出所有数字码给 D/A 转换器，分别测量每一数字码对应的模拟电压，计算每个相邻数字码所对应的模拟输出电压之间的差得到实际位宽，实际位宽与理想位宽相减即得到 DNL[n]，取其绝对值最大的为 DNL$_{MAX}$，再分别将每个数字码之前的 DNL 值累加得到 INL[n]，取其绝对值最大的为 INL$_{MAX}$。

4.4.2 D/A 转换器动态参数及其测试方法

D/A 转换器通过测量动态参数反映输出信号的频域性能，包括信噪比 SNR、杂散动态范围 SFDR、总谐波失真 THD 等参数。

测试动态参数时首先由测试机发出合适的数字码使得 D/A 转换器输出一定频率的正弦模拟波，然后将其接入数字化仪或外挂频谱仪后经过测试机计算可以得到 SNR、SFDR、THD 的测试结果。SNR、SFDR、THD 指标与 ADC 电路动态参数的定义形式相同。

不同单位的 SFDR 测试频谱如图 4-24 所示。注意，在使用频谱仪时，很难获得指定频段的噪声能量，因此经常采用信号/底噪-过程增益的方法。D/A 转换器的 SNR 频谱测试如图 4-25 所示。

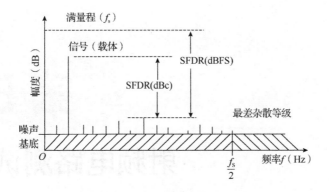

图 4-24　不同单位的 SFDR 测试频谱

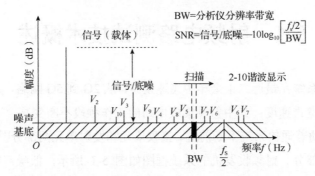

图 4-25　D/A 转换器的 SNR 频谱测试

第5章

射频电路测试技术

5.1　射频电路测试技术概述

无线通信系统在最近二十余年中飞速发展，从 2G 到 5G 网络，无线上网速度已经可以媲美宽带速度；其中射频集成电路的工作频段不断变高，工作带宽也越来越大，这推动着通信系统不断前进。接收单元和发射单元两部分[137]是射频收发机的重要组成部分。射频收发机的系统框图如图 5-1 所示，低噪声放大器（Low Noise Amplifier，LNA）、可进行下变频的混频器、滤波器、可变增益的放大器[138]（Variable Gain Amplifier，VGA）主要组成接收单元；VGA、滤波器、可进行上变频的混频器和功率放大器（Power Amplifier，PA）用来组成发射单元。在测试中需针对其具体电路性能做针对性测试。

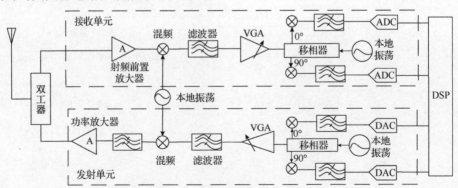

图 5-1　射频收发机的系统框图

5.2　射频前置放大器测试技术

5.2.1　射频前置放大器介绍

通常意义上讲，射频前置放大器是射频接收系统的第一部分。射频前置放大器也可以被称作低噪声放大器 LNA，它的具体参数包括噪声系数、输出 1dB 压缩点（P1dB）、放大增益、回波损耗、三阶交调截止点等。这些关键参数指标在测试中也要重点关注。

5.2.2　射频前置放大器参数及其测试方法

1. 噪声系数测试方法

由于随机噪声出现在日常生活中的各种场景下，所以噪声系数（Noise Factor，NF）作为表征系统噪声特征的重要参数，反映了信号在系统中的受影响程度。作为表述系统的关键性参数指标，NF 被定义为输入噪声的信噪比和输出噪声的信噪比的比值：

$$\mathrm{NF} = \frac{S_{\mathrm{in}} / N_{\mathrm{in}}}{S_{\mathrm{out}} / N_{\mathrm{out}}} \tag{5-1}$$

式中：S_{in}、S_{out} 分别为输入信号和输出信号的功率；N_{in}、N_{out} 分别为输入噪声和输出噪声的功率，单位为 dB。

在系统级别下，噪声系数可根据式（5-2）计算获取，其中系统各级的噪声系数和放大增益分别由 NF_n、G_n 来表示。很明显，系统整体性能的关键指标被系统中第一级的噪声系数 NF_1 所影响。第一级的 NF 会直接叠加到下一级的输入端，导致输入端的 SNR 变差，由于所有的器件都存在噪声，所以 NF>1。在射频接收系统中，射频前置放大器作为第一部分，它的 NF 指标会对整个系统的灵敏度造成影响。

$$\mathrm{NF} = \mathrm{NF}_1 + \frac{\mathrm{NF}_2 - 1}{G_1} + \frac{\mathrm{NF}_3 - 1}{G_1 G_2} + \cdots + \frac{\mathrm{NF}_n - 1}{G_1 G_2 G_3 \cdots G_{n-1}} \tag{5-2}$$

直接测量法、Y 因数测量法、增益测量法和两倍功率法都可以作为测量 NF 的方法。目前，使用最多的测量 NF 的方法是 Y 因数测量法。基于 Y 因数测量法设计的仪器在噪声测量中也最为常见。

在 Y 因数测量法中，两种功率不同的噪声在与被测设备输入端相连接的噪声源中产生。进行不同输入情况下的被测设备的信号输出功率 $P_{N_{on}}$ 和 $P_{N_{off}}$ 测量时，Y 因数被定义为输入、输出功率的比值：

$$Y = \frac{P_{N_{on}}}{P_{N_{off}}} \qquad (5-3)$$

一般可利用高压直流脉冲电源驱动（约 28V）使噪声源产生不同功率的噪声，在通电时（俗称热态）输出大噪声功率 $P_{N_{on}}$，断电时（俗称冷态）时输出常温噪声功率 $P_{N_{off}}$。而噪声系数则可根据 Y 因数获得：

$$NF = \frac{ENR}{Y-1} \qquad (5-4)$$

式中，ENR 为超噪比，它是噪声源的重要参数，其定义为

$$ENR(dB) = 10 \log_{10} \left(\frac{T_h - T_0}{T_0} \right) = 10 \log_{10} \left(\frac{T_h - 290}{290} \right) \qquad (5-5)$$

式中，T_h 为噪声温度在通电时的值，T_0 为噪声温度在断电时的具体值。

2. 增益、输入/输出回波损耗、输出 1dB 压缩点功率测试方法

增益 G 是表示放大器对输入信号的放大倍数，根据系统级噪声系数的级联公式（5-1）可知，前置放大器的放大增益和后级电路对总噪声系数的影响程度呈负相关，但前置放大器的增益增大，后级电路的非线性却会增加。所以，放大器的具体增益大小需在 NF 和系统非线性程度的综合考虑后确定。

回波损耗（反射损耗）是指电路中不匹配的阻抗现象导致的电子反射，用传输线端口的反射波功率与入射波功率之比来表示。因此输入的反射损耗用来表征前置放大器的输入端口匹配程度，同时输出的反射损耗则表征前置放大器的输出端口的匹配程度。

在输入功率为一个极小值的情况下，输入与输出信号为线性关系，此时系统的增益值固定不变；信号的输入功率不断增加，系统增益会不断减小，此时电路将进入饱和状态，导致输出信号失真，当信号输出的真实功率和理想线性条件下的输出功率相比小 1dB 时，此时的信号输入功率称为"输入 1dB 压缩点功率

（P1dB）"[139]。输入 1dB 压缩点功率示意图如图 5-2 所示。

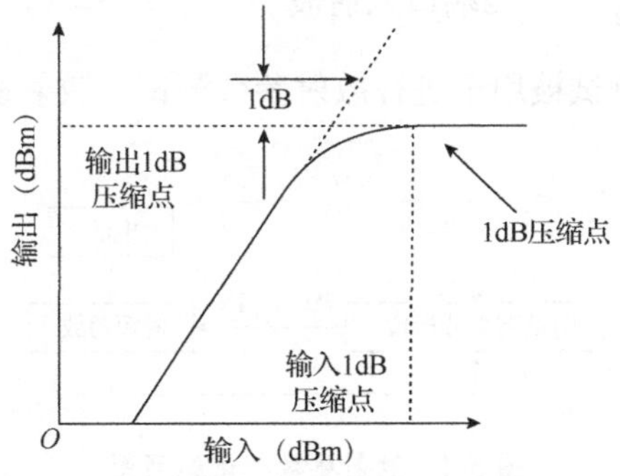

图 5-2　输入 1dB 压缩点功率示意图

增益、输入/输出回波损耗、输出 1dB 压缩点功率都可以采用向量网络分析仪进行测试，测试结果用散射参量（S 参量）表示。

由于射频系统的频率非常高，需要考虑系统中的寄生电感和电容。在实际测试中，射频系统中导线上的寄生电感需要予以考虑，但在测量时不能采用终端开路、短路的测量方法，而是采用 S 参量测量法。这种方法本质上是两端口系统的网络分析方法，理论上能够测量射频集成电路的大多数特征，而且非现实状态下的终端条件能够不做考虑，也不会对将要测量的电路造成损伤。把 S 参量用来表征电压波之后，电压的入射波与电压的反射波被用来表征定义网络输入信号与输出信号的关系[140]。两端口网络 S 参量的规定如图 5-3 所示。图中 a_i 表征在不同的端口情况下进行归一化的操作后的电压入射波；b_i 表征在不同的端口情况下进行归一化的操作后的电压反射波。

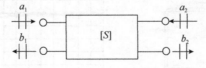

图 5-3　两端口网络 S 参量的规定

S 参量在图 5-3 所表示的电压方向情况下，用来表示的两端口电压关系如下：

$$\left\{\begin{matrix} b_1 \\ b_2 \end{matrix}\right\} = \begin{bmatrix} S_{11} & S_{12} \\ S_{21} & S_{22} \end{bmatrix} \left\{\begin{matrix} a_1 \\ a_2 \end{matrix}\right\} \tag{5-6}$$

式中：$S_{11} = \dfrac{b_1}{a_1}\Big|_{a_2=0} = \dfrac{1端口反射波}{1端口入射波}$；$S_{21} = \dfrac{b_2}{a_1}\Big|_{a_2=0} = \dfrac{2端口反射波}{1端口入射波}$；$S_{22} = \dfrac{b_2}{a_2}\Big|_{a_1=0} =$

$\dfrac{2\text{端口反射波}}{2\text{端口入射波}}$；$S_{12} = \dfrac{b_1}{a_2}\bigg|_{a_1=0} = \dfrac{1\text{端口反射波}}{2\text{端口入射波}}$。

向量网络分析仪测试被用于进行散射参数测试，散射参数测试组网如图 5-4 所示[141]。

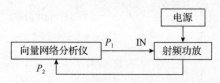

图 5-4 散射参数测试组网图

该仪器的两端口测试模式被使用，其两个端口均被用作信号源与功率计，可以同时对功放的两个端口进行散射参数测试，可以分别测试出 S_{11}、S_{22}、S_{21}（即增益参数）和 S_{12}（功放输出到输入的隔离度）。向量网络分析仪测试前需要对测试环境中用到的线缆和转接端子进行校准，校准的准确性直接关系到功放的测试结果。

测试 S 参数时选择的功率为输入 1dB 功率回退 10dB，保证被测设备工作在小信号线性区域，测试频段选择在功放工作带宽内，散射参数可以使用矢网直接读出。

从矢网中读取的 S_{21} 参数即放大器的增益指标，矢网中的 S_{11} 参数即输入回波损耗，S_{22} 参数即输出回波损耗。输出 1dB 压缩点功率的测试组网时，需将矢网设置为输出功率扫描模式。矢网测量设备及矢网图如图 5-5（b）所示。

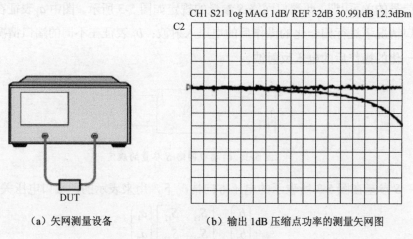

（a）矢网测量设备　　　　　（b）输出 1dB 压缩点功率的测量矢网图

图 5-5 矢网测量设备及矢网图

3. 输出三阶交调截止点测试方法

器件的非线性除了会影响电路增益，还会导致信号频谱失真，其主要因素为交调失真。当电磁波从无线频率设备中的两个以上的频率传播时，由于设备的非线性，可能会在其他频率上产生干扰信号，这被称为交调失真。交调干扰信号中含有多阶交调频率分类，其中三阶分量最大，因此常用三阶交调截止点（Third-Order Intercept Point，IP3）作为判断指标，衡量系统的线性相关性[142]。从图 5-6 可以看到交调失真信号频率，三阶干扰分量非常接近基频，这很难过滤。

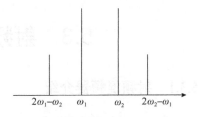

图 5-6　交调失真信号频率

双音测试法是测试 IP3 的常用方法。假设被测设备的输入信号为等幅双音信号，其功率相同，频率分别为 f_1、$f_2(f_1 \neq f_2)$，则 $2f_1 - f_2$ 和 $2f_2 - f_1$ 两个三阶频率的功率分量会体现在输出信号中。随着输入信号幅值的增大，输出信号的三阶分量增大，等维交点被定义为三阶临界点[143]。输入、输出与三阶分量的关系如图 5-7 所示。输出三阶交调截止点测试示意图如图 5-8 所示。

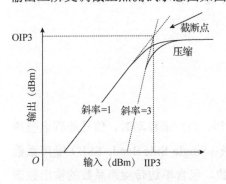

图 5-7　输入、输出与三阶分量的关系

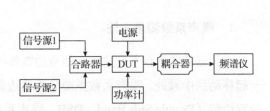

图 5-8　输出三阶交调截止点测试示意图

IP3 是通过理论计算获取的，测试中-12dBm 被设置为 1 信号源的输入功率，在这之后对 2 信号源的功率进行微调，达到两个信号源的功率一致[144]。两个信号源频率间隔 100MHz。当功率计连接到被测设备的输出端时，可以得到两个信号源的输出功率 P_o。单独的信号源的功率比功率计单独的功率小 3dB（$10\lg 0.5P_o = P_o - 3\text{dB}$）；通过频谱仪直接读值的方式，可以直接获取输入三阶交调大小 IMD3。因此输出三阶交调截止点的计算方程表示为：

$$OIP3 = P_0 - 3dB + \frac{IMD3}{2} \tag{5-7}$$

在测试过程中，应通过向量网络检查通信开关和检测设备输出之间的损耗，并对输入单元端的损耗和输出单元端的损耗进行补偿，以获得准确的 OIP3。

5.3 射频混频器测试技术

5.3.1 射频混频器介绍

发射通道和接收通道中都含有混频器，它在其中分别实现上变频和下变频。两个信号在混频器中相乘以实现频率转换[145]。混合器由三个端口组成。上混频器的两个输入端口分别是，中频信号（Intermediate Frequency，IF）或基带信号端口，以及本地振荡器（Local Oscillator，LO）端口；其输出为射频（Radio Frequency，RF）端口。RF 端口和 LO 端口作为下行链路混频器的输入端，而 IF 端口或基带端口作为其输出端。

射频混频器的重要参数大多需要在测试中逐一获取，如噪声系数、转换增益、1dB 压缩点、三阶交调点及隔离度。

5.3.2 射频混频器参数及其测试方法

1. 噪声系数测量方法

混频器的输入信号包含 LO 信号的镜像[146]。当频谱移动时，信号随频谱噪声一起移动到中频处。噪声系数主要分为单边带（Single-Side Band，SSB）噪声系数及双边带（Double Side Band，DSB）噪声系数。包含单边带噪声系数的输出频谱涵盖镜像的频率噪声，但有用的信息只存在于一个边带；虽然双边带输出频谱也包含镜像的频率噪声，但两个边带都包含有用的信息[147]。虽然单边带和双边带都含有相同的噪声，但由于双边带含有的有用信息比单边带多了一倍，所以单边带噪声系数和双边带噪声系数相比相差了 3dB，双边带噪声系数明显更小[148]。在混频器中测试噪声系数时，如果针对的是高增益、大噪声的器件，则常采用无噪声源测试方法，这是一种简便的测量方法。

输入/输出信号频谱如图 5-9 所示。

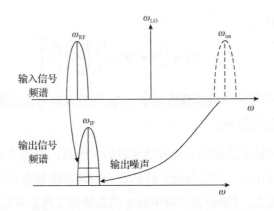

图 5-9　输入/输出信号频谱

系统的噪声有两个产生因素：输入信号含有的噪声及系统中产生的随机噪声。在测试时这两方面都要予以考虑。

电子器件中的布朗运动造成了系统中的随机噪声，它的功率谱密度被表示为：

$$P_\text{N} = kT_0B \tag{5-8}$$

式中：k 为玻尔兹曼常数，$k=1.38\times10^{-23}$ J/K；T_0 为热力学温度；B 为噪声带宽。

在室温 290K（16.85℃）时，P_N=-174dBm/Hz。在对数坐标下，噪声系数 NF 可表示为：

$$\text{NF} = N_\text{O} + 174\text{dBm/Hz} - G \tag{5-9}$$

输入端连接匹配负载时的噪声输出功率谱密度用 N_O 来表示，可以直接用频谱仪读出；G 为被测设备的增益（单位为 dB），可以利用下述转换增益的测量方法获取。

2. 转换增益的测量方法

在信号进行混频的情况下，转换增益（也称变频增益）由输出信号的中频部分和射频信号间的比值定义，并且该增益被表示为电压增益 G_V 或功率增益 G_P，电压增益表示为：

$$G_\text{V} = 20\log\frac{V_\text{IF}}{V_\text{RF}} \tag{5-10}$$

式中：V_IF 为输出信号的中频部分的电压有效值；V_RF 为输入射频信号的电压有效值。

功率增益表示为：

$$G_\mathrm{p} = 10\log\frac{P_\mathrm{IF}}{P_\mathrm{RF}} = 10\log\left[\left(\frac{V_\mathrm{IF}}{V_\mathrm{RF}}\right)\frac{R_\mathrm{S}}{R_\mathrm{L}}\right] \tag{5-11}$$

式中：P_IF 为输出信号的中频部分的功率，P_RF 为输入信号的射频部分功率，R_S 为源端阻抗，R_L 为负载阻抗。

上述公式表示输出功率小于输入功率时的负增益，但为了减少中频电路对接收机的影响，必须在接收机中保持正转换值。但转换增益也不能过大，否则会导致电压信号摆幅较大，可能会使后级电路中的晶体管脱离正常放大状态进入饱和，电路无法正常工作。因此，如果发射机中的变频混频器的增益过高，则后级功率放大器的增益需要可能会减少[149]。

功率转换增益 G_P 可借助信号源和频谱仪进行测试，转换增益的测试流程图如图 5-10 所示，信号源分别产生 RF 信号和 LO 信号，输出的中频信号在经过混频器后，可以在频谱仪中进行信号功率的读取[150]。由于频谱仪中功率的读数是 dB 量，因此 RF 输入信号的功率与输出信号的功率之差就是功率转换增益。而示波器被用来替代电压增益 G_V 测试时的频谱仪。

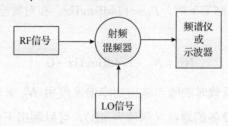

图 5-10　转换增益的测试流程图

3. 1dB 压缩点测试方法

混频器中 1dB 压缩点的测试，也可以用 5.2 节介绍的射频前置放大器 1dB 压缩点的测量方法，借助向量网络分析仪进行测量；同时也可以使用频谱仪测量信号源的方法。

根据 1dB 压缩点定义，固定频率和功率的信号通过射频信号源输出后，经过混频器混频，然后送入频谱仪（或功率计）中读取输出信号的功率，并计算出功率增益。令信号频率不变，计算在不同输入信号功率下增益的值，输入信号功率点选取尽量密集。1dB 压缩点被定义为，增益降低了 1dB 后的输入信号功率的大小[151]。

4. 输出三阶交调点测试方法

双音测试方法是经常被用来进行测试混频器中的 OIP3 的方法。

将向量信号源以一定的功率输出双频信号，并将其传输到被测设备。输出三阶交调点的输出功率由频谱仪计算得到，如下式所示：

$$OIP3 = P_{o1} + \frac{P_{o2} - P_{o12}}{2} \tag{5-12}$$

式中：输出的三阶交调点用 OIP3 来表示；假设 $f_1 > f_2$，则 P_{i1} 表示基音频率 f_1 的输入功率，P_{o1} 表示基音频率 f_1 的输出功率，P_{o2} 表示基音频率 f_2 的输出功率，P_{o12} 表示为三阶产物 $2f_1 - f_2$ 的输出功率。

5. 隔离度测试方法

混频器的不同端口之间均会出现耦合效应，这是由于电路存在寄生效应。另外，本振信号的功率较大，很容易耦合到其他两个端口中，从而对外围系统造成影响，所以隔离度被用来评判各个端口之间的互相影响。有三种隔离程度：①从 LO 信号输入端口到输出端口的隔离度；②从 LO 信号输入端口到 RF 输入端口（LO-RF）的隔离度；③从 RF 输入端口到 IF 输出端口（RF-IF）的隔离度。三种隔离度如图 5-11 所示。

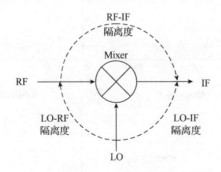

图 5-11　三种隔离度

隔离度的测试方法和 P1dB 一样，同样能够用频谱仪测量信号源的方法进行测量，LO 输入端口到 IF 输出端口（LO-IF）的隔离度[152]可以直接用从频谱仪读取的中频率信号的功率值减去 LO 信号的输入信号的功率值得到；LO 的输入端口到射频输入端口（LO-RF）的隔离度可以采用与（LO-IF）隔离度同样的方法得到[153]，但需要将频谱仪接至 RF 端；隔离度（RF-IF）的测试方法与增益测试相同，但是频谱仪上的频率需要选择 RF 频率。

5.4　射频滤波器测试技术

5.4.1　射频滤波器介绍

　　射频滤波器可以对特定频段内的信号进行选择或衰减处理，选取有用信号或去除干扰信号。射频滤波器可以分为低通滤波器、高通滤波器、带通滤波器和带阻滤波器四种。低通滤波器允许低频信号通过，低频信号衰减量很小，当信号频率超过特定的截止频率后，信号的衰减量将急剧增大。高通滤波器的特性恰好相反，低频信号衰减量很大，当信号频率超过特定的截止频率后，信号衰减量很小[154]。带通和带阻滤波器由特定的下边频和上边频划分出确定的频带[155]，在这个频带内，信号衰减量相对于其他频段有较低（带通）或较高（带阻）的衰减量。四种射频滤波器的频率响应如图 5-12 所示。

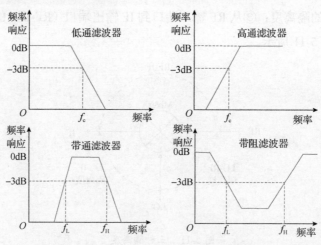

图 5-12　四种射频滤波器的频率响应

　　带通滤波器是四种滤波器中使用最为广泛的滤波器。带通滤波器的主要指标有中心频率、通带带宽、矩形系数、通带纹波系数、回波损耗、插入损耗、群时延等。

用 f_H^{3dB} 表示上截止频率，f_L^{3dB} 表示下截止频率，则中心频率 f_0 和通带带宽 BW^{3dB} 分别为：

$$\begin{cases} f_0 = \dfrac{f_H^{3dB} + f_L^{3dB}}{2} \\ BW^{3dB} = f_H^{3dB} - f_L^{3dB} \end{cases} \tag{5-13}$$

滤波器的主要性能指标的测试工作全部可以由向量网络分析仪测试完成。

5.4.2　射频滤波器参数及其测试方法

1. 插入损耗、回波损耗测试方法

插入损耗是指由于将元件（或器件）插入传输系统而产生的负载功率的损失，这可以通过比较插入元件前后的负载功率来计算[156]，单位是 dB，根据式（5-6）关于散射参量的定义，其可以用 S_{21} 表示：

$$L_A = -20\log|S_{21}| \tag{5-14}$$

回波损耗由输入端口的反射和输入功率的比值进行定义，单位为 dB，用 S_{11} 表示：

$$L_R = 10\log\left(1 - |S_{11}|^2\right) \tag{5-15}$$

2. 矩形系数测试方法

滤波器在截止频率附近带通变化的陡峭度由矩形系数 SF 进行定义，表示为 30 dB 带宽与 3 dB 带宽的比值。它反映了滤波器的频率选择特性。矩形系数 SF 在理想情况下的理论值为 1，即滤波器的选择性与 SF 呈正相关。

$$SF = \frac{BW^{30}}{BW^3} \tag{5-16}$$

矩形系数也可以从 S_{21} 参数中计算得出。

3. 通带波纹系数测试方法

在滤波器通带之中的信号响应的平滑程度由波纹系数表示，它是用通带内响

应幅度的最大值减去响应幅度的最小值得到的，单位为 dB[157]。测试时利用向量分析仪在通带频率范围内记录 S_{21} 的最大值和最小值，这两个值之差就是通带波纹系数。

4. 群时延测试方法

群时延表示不同频率的信号量通过滤波器的迟延时间，通过滤波器的输出信号偏移滤波器的输入信号的相移表示，对于不同频率的信号，相移是变化的，群时延为相位对于频率的变化率，群时延越大会导致信号的失真越大。

向量网络分析仪用于测试群时延，在向量网络分析仪中选定测试的起止频率，选择群时延参数测试就可以完成该滤波器的群时延测试[158]。

5.5　射频功率放大器测试技术

5.5.1　射频功率放大器介绍

图 5-13 所示为典型的移动基站结构图。射频功率放大器（PA）简称射频功放，是通信系统中发射机的一个重要组成部分。射频功放的性能直接影响到整个通信系统的性能指标。发射机中调制电路产生的信号功率很小，不能直接馈送到天线上辐射，必须经过射频功放的放大，获取足够的发射功率后才可对外辐射。

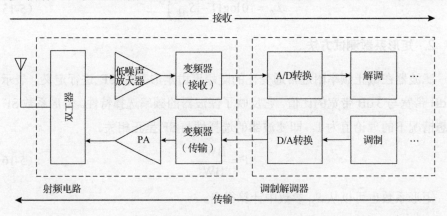

图 5-13　典型的移动基站结构图

射频功放的结构如图 5-14 所示，射频功放主要由匹配的晶体管、偏置电路和输入/输出网络组成[159]，其中晶体管是最重要的器件，其性能直接决定了放大器的增益和输出功率等参数，偏置电路为晶体管在工作点提供合适的静态电压。利用输入、输出匹配网络调整信号与晶体管的匹配度，让其在设计的频段内达到预计的设计指标，如带宽、输出功率、效率等。

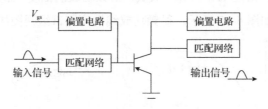

图 5-14　射频功放的结构

射频功放的性能可以用许多参数进行衡量，但其中主要的是增益、线性度、交调失真三阶交调、效率。

5.5.2　射频功率放大器参数及其测试方法

1. 增益测试方法

增益是用来表征一个放大电路的放大能力的，单位为 dB，其计算公式为 $10\log A$（A 为放大倍数），在功率放大器中，A 表示输出功率与输入功率的比值。在功率放大器测试过程中，经常使用小信号增益来测试射频功放的性能。所谓小信号增益，就是在输入较小的信号时，测试射频功放的 S 参数，用 S_{21} 来表示小信号状态下测得的射频功放增益。除了测试射频功放的 S 参数来表征功率放大器的增益，还可以在射频功放正常工作时测得射频功放的输入、输出功率。输出功率和输入功率的比值就是之前定义的射频功放增益，也称射频功放大信号增益。S_{21} 测得的增益一般情况下可以用来表示射频功放的放大能力，但随着射频功放输入功率的不断增大，实际测得的增益和 S_{21} 间存在差异，这就体现了射频功放的另一个特性：线性度。

2. 线性度测试方法

射频功放的线性放大的能力范围由线性度进行表征。PA 的输入和输出功率在正常放大过程时呈线性关系，但当输入功率越来越大时，输出、输入功率之间的差值在逐渐缩小，即增益在减小。这是因为晶体管的非线性程度影响了 PA，使 PA

的非线性的传输特性得以出现。射频功放的线性输出能力由 1dB 压缩点表征得到。P_{out1dB} 被定义为放大增益在被压缩了 1dB 的情况下所对应的输出功率。

幅度-幅度（AM-AM）失真是压缩增益在信号幅度上的失真体现，体现在相位上则被称为幅度-相位（AM-PM）失真。射频功放的幅度-幅度失真和射频功放的幅度-相位失真如图 5-15 所示。射频功放线性度测试组网图如图 5-16 所示。

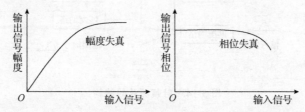

图 5-15　射频功放的幅度-幅度失真和射频功放的幅度-相位失真

图 5-16　射频功放线性度测试组网图

射频功放线性度测试组网可以参考图 5-15 进行组网，射频功放一般对输入信号功率要求比较高，信号源输出功率不能满足要求，需要在射频功放输入前增加一级预放，保证输入信号满足测试要求，功放需要能工作在最大功率状态。

3. 交调失真三阶交调测试方法

PA 线性度一般用交调失真三阶交调进行考察。其计算与射频前置放大器的输出三阶交调截止点测试方法一致，见式（5-7）。然而，在不同的通信系统中，双音信号的频率范围因不同信道的频带宽度而异，因此可以实际计算设备对通信系统中信号的影响。

4. 效率测试方法

正常工作的有源器件在输出信号的同时会消耗电源供给的能量。因此在含有有源器件的射频功放中需要考虑的另一个重要指标就是效率，换句话说是将直流电源提供的能量转变为输出信号功率的能力用漏极效率来表示[160]：

$$\eta = P_{\text{out}} / P_{\text{dc}} \tag{5-17}$$

在最大输出功率状态，功率计读取结果为 P_{out}（需要补偿输出线缆和衰减器损耗）；P_{dc} 可以使用电源的电流电压测试结果计算，$P_{dc}=V \times I$；式（5-17）的计算结果为功放的最大效率。一般通信系统中射频功率放大器的效率均小于 40%，大部分的能量会转换为热能，因此功放的散热也是工程中需要重点考虑的问题。

另外，如今无线通信系统传输的信号（如 WCDMA、LTE-FDD、LTE-TDD 等）变化范围很宽，均峰比（PAR）也很大（12dB 左右）。高峰均比信号占比较大的功率汇集在小信号部分，会影响功放性能。因此，测试中还需要用信号源模拟高峰均比信号来测试实际状态时的射频功放效率。

第6章

SoC 及其他典型电路测试技术

20世纪90年代就有人提出了系统级芯片这一概念,并且在之后的20年内,SoC迅速地进入我们生活的每一个领域,比如计算机行业、移动通信、核能技术等,它们都运用到了SoC技术。军事领域同样也大量地应用了SoC,其在武器系统中发挥了不可取代的作用,比如在武器系统中实现小型化、精确制导、智能化[161]。因此如果能在芯片的设计和生产阶段及时发现故障并排除,这将降低武器系统的测试、维护和维修成本。

6.1 SoC 测试技术概述

根据系统所要求的具体的功能和性能参数进行SoC设计,完成系统功能集成,但它的系统固件和电路综合技术的基础是功能 IP[162],其规模远远超过了普通的ASIC。SoC的复杂度和深亚微米级的制造工艺的设计难度相关。设计越困难,SoC的复杂度越高,开发周期的 50%~80%就被其中的仿真和验证所占用[163],在整个设计流程之中属于最复杂也是消耗时间最长的步骤。整个学术界为了降低SoC测试的难度,对SoC的测试进行了深入研究,为其制定了一些特定的数字电路的测试标准和测试的解决技术方案,这些电路中典型的是大规模集成电路,包括的标准有边界扫描测试标准(IEEE 1149)、IP核测试标准(IEEE 1500)。除此之外,自动测试设备(ATE)也被广泛应用在测试中缩短测试周期[164]。

自动化测试设备的使用成本和系统测试的测试成本呈正相关,使用成本越高,系统测试成本也就越高。特别是随着SoC系统规模的持续增长,大部分芯片的测试成本已经占其制造成本的 50%～60%，所以在未来十年内，SoC 的研究方向是如何降低测试成本。

从 SoC 的定义及系统级芯片形成或产生过程来看，一般情况下，SoC 的测试特性主要包含：

（1）其运行速率在 1 000Ghz 及以上，功能涵盖了逻辑、CPU、模拟模块及百种以上不同类型和性能的存储器[165]。

（2）SoC 内部的接口和扫描链测试时需要灵活、分级和异步的时钟，它们随着时钟域（集合）的数量增加而出现。

（3）可重用的"黑盒子"核或 IP 测试时可能需要调用不同的测试方法，这其中就包括内建自测试。

（4）核测试标准的问题，核测试语言（Core Test Language，CTL）也包括在其中。

从测试的角度看，SoC 中电路模块的复用存在很多问题。可复用的模块包括嵌入式 IP 核、知识产权（IP）、芯核式虚拟部件（VC），它们可以是数字的或模拟的，也可以是数模混合模块；不同的 IC 技术，如 RISC（IP）或 DSP（IP）、嵌入式系统（IP）或 ROM（IP）、DAC（IP）或 ADC（IP）等，可以在模块中被允许使用。同时，如硬核、固核（Firm IP）及软核，这些不同形态的模块也是被允许使用的。

在这些复杂模块的测试中，不能按照以往的经验在输入、输出引脚分别接测试向量和观测结果，测试执行的时间也由于测试向量的数量巨大而格外长。

目前，扫描测试被认为是针对 SoC 中复用模块测试的最优方法，因为这大大缩短了测试时间。同时，这也使测试芯片核（IP）所需要的，数据量十分庞大的测试扫描向量，都要存储在测试系统中。以一个较大的 SoC 系统为例，它需要存储千兆字节的测试扫描向量。

除此以外，在同一时间内进行多个芯核（扫描链）的测试，也是测试系统应具备的能力。随着 SoC 的规模增大，SoC 中嵌入的 IP 核也逐步增多，这也造成了测试时的扫描链也继续增多。为了尽可能减少测试次数，最好选用的测试系统拥有多引擎，而且最好可以同一时间驱动及分析多个扫描链。

由于价格太高且会降低 IC 性能而在业内一直备受争议的 BIST，在 SRAM 等系统的测试中依旧被采用，这主要是因为检测存储器需要一个宽的数据通道，但当 SRAM 深深嵌入 SoC 时，要触及这些通道进行测试是很困难的，而使用 BIST 就无须从外部接触通道就能直接对系统进行测试。

6.2 SoC 测试主要难点

6.2.1 SoC 故障机理与故障模型

与传统的超大规模集成电路芯片一样，SoC 芯片最终也是在硅晶圆上得以实现的。因此在制造过程中的物理缺陷也能让 SoC 芯片发生故障[166]，常见的制造缺陷有线与线之间的短/开路、MOS 管源漏端的短/开路、栅极氧化短路、PN 结漏电，另外氧化层破裂、晶体管的寄生效应、硅平面不平整及电离子迁移等也将导致一定程度的制造缺陷。这些缺陷最终被定性为芯片的逻辑故障或延迟故障。

上述物理缺陷对电路系统的影响较为繁复，想要具体研究的难度很大。为了方便在平时研究故障对 SoC 电路系统产生的影响，判断出具体故障在电路中的精确位置，需要对 SoC 制造过程中发现的物理缺陷进行数学表征，也就是故障建模[167]。由于通常一块 SoC 中所内嵌的 IP 核 90%以上为数字逻辑和存储器，所以 SoC 中主流的故障模型有两类：数字逻辑故障模型和存储器故障模型。除此以外，较为常见的故障模型包括固定型故障模型、状态跳变型故障模型、单元耦合型故障模型、邻近图形敏感型故障模型和地址译码型故障模型等[168]。众所周知，SoC 中存储器 IP 在设计技术上只不过是一种非常简单而且具有重复性的设计，能表现 SoC 性能优势的是技术和功能千变万化的数字逻辑 IP 核。因此在 SoC 可测试设计研究领域中，实际故障模型的选择偏向于数字逻辑 IP 核所对应的故障模型。

固定型故障模型、桥接故障模型、跳变延迟故障模型和传输延迟故障模型是较为常见的数字逻辑故障模型。

1）固定型故障模型

SoC 测试故障模型中最为普及，并且最早使用的就是固定型故障模型。固定型故障模型定义为，在制造中的物理缺陷表现为逻辑门层次上的连线逻辑值被固定在某一个逻辑电平。当连线的逻辑值被固定在"0"电平时，称之为"固定 0 故障"，记为 s-a-0 或 SA0；当连线的逻辑值被固定在"1"电平时，称之为"固定 1 故障"，记为 s-a-1 或 SA1。固定型故障模型如图 6-1 所示。要说明的是，固定型故障是相对于电路的逻辑功能而言的，与某个具体的物理级故障没有直接的联系[169]。

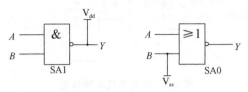

图 6-1　固定型故障模型

2）桥接故障模型

桥接故障模型是一种有可能改变电路拓扑结构的故障模型，主要表现为 SoC 电路层次中互连的短路故障。对于单个逻辑单元来说，元件输入端口的桥接故障和元件 I/O 端口的反馈桥接故障是两种常见的桥接故障。前者可以用"线与"运算来替换，但后者则可能把组合逻辑电路改变成时序逻辑电路，或使得电路发生振荡而变得不稳定[170]。图 6-2 所示为桥接故障模型。相关研究表明，在检测用"线与"处理过的电路的固定型故障模型所用到的测试激励，也完全可以用来检测原始电路中的桥接故障，即非反馈式桥接故障可以转变成固定故障来处理。

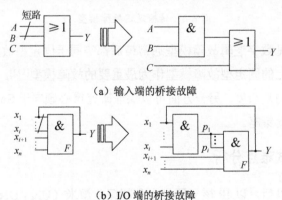

（a）输入端的桥接故障

（b）I/O 端的桥接故障

图 6-2　桥接故障模型

3）跳变延迟故障模型

跳变延迟故障模型为一种表示电路没有办法在规定时间内由低电平跳到高电平或由高电平跳到低电平的故障模型，如图 6-3 所示。但是，实际传输经过一定时间后，电路的跳变延迟故障会转变成为固定型故障[171]。

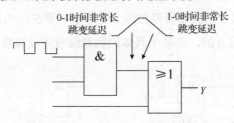

图 6-3　跳变延迟故障模型

4）传输延迟故障模型

传输延迟故障模型是一种表示信号在指定传输路径上延迟的故障模型，和跳变延迟型故障有一定差异[172]，通常与被测试路径的电阻电容参数有关，尤其是在关键路径上表现得更加明显。传输延迟故障模型如图 6-4 所示。在实际的测试中，扩大测试激励数目和调节施加测试激励的顺序可以被用来检测传输延迟故障，这一过程与固定型故障的检测相类似。

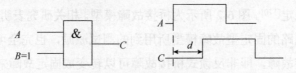

图 6-4　传输延迟故障模型

因为各种常见数字逻辑故障模型通常最后都等同于固定型故障模型，因此最终将逻辑门层次上的固定型故障模型作为最重要的故障模型[173]。这样，一方面可以相对简化研究的复杂度，另一方面可以保证研究重心倾向于 SoC 可测性测试技术架构和测试调度策略。

6.2.2　SoC 测试难点分析

新时代到来以后，以 IP 核复用技术和超深亚微米（Ultra Deep Sub-Micron，UDSM）工艺为基础的半导体集成化 SoC 技术成为 VLSI 未来发展的趋势和全球数字核心驱动技术的主流。此外，随着物联网、大数据、AI 及 5G 技术的飞速发展，以嵌入式技术为基础的系统设备已经在人们的生活中得到广泛应用。然而，随着 SoC 芯片的集成度和设计复杂度与日俱增，功能复合性不断提升，导致其散热性、功耗、可测试性等关键问题凸显，最终使得 SoC 芯片的测试难度不断增加。接下来，本书将从测试成本、IP 核设计、数据量与功耗等方面分析 SoC 的测试难度。

1. 高昂的测试成本

SoC 芯片测试的最直观问题在于测试成本居高不下。伴随着电子信息行业的激烈竞争，产品研制周期、上市周期、生命周期完全取决于产品的稳定性能，哪怕是设计中的一个极小的缺点都有可能造成巨大的经济损失和严重的人员伤亡。要在产品的"快"与"稳"之间寻求平衡，关键就在测试环节。

随着芯片繁杂的程度越来越高，频率也随之越高，SoC 芯片测试的超高复杂度必然需要更高级的测试仪器装备[174]，即使采用以往基于扫描链方式的可测性设计（Design For Test，DFT）技术，仍然无法从根本上解决高昂测试成本的困难[175]，这就对测试提出一个问题——更高的测试覆盖率如何通过更低的测试成本实现。

从目前情况可以分析出，SoC 高性能、高复杂度、测试成本昂贵主要体现在以下几个方面：

（1）芯片规模增长的速度非常快，里面含有的电路越来越多，门数与引脚数的比值快速增大，限制了测试机对芯片内部的访问[176]；

（2）芯片的速度更快，而不同常规电路的故障类型更多是和速度相关的；

（3）需要的测试时间非常长，同时测试引脚也非常多。

测试设备成本的快速增长是由测试需求的提升直接造成的。在所需要的测试设备的探头数量增加的情况下，SoC 的内存容量和系统的带宽都要增加，在此基础上控制器将会朝着复杂化发展。在这种情况下，测试成本随着测试设备的价格升高而增大，与此同时，单个芯片的总成本也增加了。

而测试设备成本主要由显性测试成本和隐性测试成本两个部分组成：

（1）显性测试成本主要是为了应对繁杂的芯片测试而购置高端测试设备而产生的成本，比如购买高频通道、多 Pin 口、大存储深度的测试设备，以及对模拟与射频电路具有额外性能的一些测试设备；

（2）隐性测试成本是指单芯片测试占用的 ATE 设备机时较长而间接导致的测试成本。

大规模 SoC 芯片的测试需要数量巨大的测试序列来确保内核能有更高的故障覆盖率，因此单个芯片在造价高昂的 ATE 设备上的测试时间更长了，延长了批量芯片的测试时间，也推迟了芯片的上市时间，最终导致利润降低。

2. 基于 IP 核设计的 SoC 测试

目前，SoC 芯片设计一般采用基于 IP 核嵌入式设计方式，这就给基于传统模式化的芯片测试方法增加了不小的难度。对 IP 核内部的具体逻辑不了解的系统集成测试工作人员，需要获得充足的预先设计及经过了验证的测试信息，这可以直接进行测试复用。测试复用既包括了电路测试的逻辑复用，同时也包括了测试的向量复用。但是，如果要从实现 IP 核测试复用的角度分析，需要解决的两个主要问题就是 IP 核的测试隔离与测试访问[177]。

保证 IP 核在测试过程中不被芯片上的其他逻辑单元干扰的过程称为测试隔离。多个 IP 核，以及用户自定义的逻辑（User Defined Logic，UDL）通常意义上会被嵌入 SoC 芯片上。在测试过程中，IP 核的输入/输出端口可以与芯片上其他连接逻辑（其他 IP 核或 UDL 逻辑）的输入/输出端口隔离，以确保测试结果。也就是说，如果 IP 核处于测试状态，这可以确保其他片上的逻辑不会干扰 IP 核测试，并且还可以确保 IP 核的测试响应不会导致其他片上内核进入不确定状态，比如总线冲突等。

此外，在 SoC 芯片中，IP 核通常不直接连接到芯片的引脚。因此，如果想要测试嵌入芯片中的 IP 核，应该使用测试源中的测试访问机制（Test Access Mechanism，TAM），在测试 IP 核和测试主机之间传递测试激励和测试响应，这就是测试访问。

综上所述，基于 IP 核设计的 SoC 芯片需要解决的测试方法的问题主要由以下几点组成。

1）内核内部测试

在特征尺寸小于 100nm、时钟频率高于 2GHz、电源低于 1.2V 的条件下，噪声测试、信号延迟测试和信号干扰耦合的状态越来越清晰。以前的故障模型和相关的测试过程显然不能适应并符合内核的测试要求。

2）内核测试知识传递

现在的 SoC 芯片测试，无论在时间或空间上都是分散执行的，所以内核提供者必须将需要的内核测试信息提供给内核使用者。上述信息包括内核的内部测试能力、测试模式、测试协议、错误覆盖率、测试代码数据等。

3）嵌入式内核的测试访问

嵌入 SoC 芯片中的内核没有与外部的引脚直接相连，因此要提供一个测试访问机制来将测试源连接到内核的输入端，或者可以把内核的输出端连接到测试宿。这里的测试源及测试宿分别指芯片外 ATE 设备及芯片内建自测试模块[178]。

4）SoC 测试集成和优化

SoC 测试的总成本包括 IP 内核的重用、用户自定义 UDL 逻辑和这些部分的连接逻辑。在 SoC 测试集成过程中，开发人员面临着许多优化问题，比如测试的质量和整体电路面积、参数性能、整体功耗和测试成本之间的平衡。这种高复杂度的系统设计元素及多类型的性能指标要求，也给 SoC 芯片的测试带来了不可忽视的挑战。

3. 测试数据量激增

与外部自动测试系统 ATE 上有限的存储空间相比，SoC 系统测试的大量数据必须占用巨大的存储空间，并且随着芯片规模的增加，芯片测试数据的数量也逐年增加。此外，庞大的数据因为受到传输带宽的影响，会在转变到被测芯片的过程中耗尽大量时间，如果没有办法扩大带宽，这会造成更高的测试费用。

4. 测试功耗加大

电路在正常模式下的功耗一般只有测试模式的几分之一，功耗太高，不但会影响芯片的性能，而且可能造成芯片受损。

针对之前所述的 SoC 测试过程中的诸多难点与痛点问题，国内外研究学者与公司机构均开展了深入研究与产品技术升级，为减少 SoC 测试中的低硬件的花费做出了很多的努力，同样还有学者及公司机构在测试数据的压缩技术和低功耗的测试技术，为的就是使 SoC 系统测试成本和功耗得到降低，并且不影响原有的测试故障覆盖率和测试效率等一些测试质量指标，这也为以后的测试验证提供了不小的帮助。本书将从 SoC 测试优化设计方法和技术方案的角度讲解，并结合目前在商业、军事、航空航天等领域广泛应用的 CPU 和 DSP 芯片测试技术进行介绍。

6.3 SoC 测试关键技术

6.3.1 基本测试结构

SoC 中复用的 IP 核一般来说有软核、固核和硬核这几种形式，不同形式也有不同的测试方法。因为软核和固核的内部电路设计是面向其应用者开放的，所以设计人员能够根据测试目的灵活的调整内部电路的组成与它们之间的连接关系，通过在适当位置添加扫描单元等可测性设计方法，提高 IP 核的测试效率。但是，硬核的内部组成是不公开的，所以应用者无法对它内部的电路进行任何形式的修改。

测试激励是测试中最重要的部分，SoC 将其分为基于内建自测试（BIST）的内部测试和基于 ATE 的外部测试。外部测试是指将测试头应用于由外部测试设备测试 SoC 的情况。

在外部测试结构中，ATE 包括测试控制模块、测试向量存储器、预期测试响应存储器和测试响应分析模块，SoC 外测试结构如图 6-5 所示。测试者确保被测 IP 核能接收到 IP 核厂商提供的测试向量集，以便能从检测测试响应知道此 IP 核有没有故障等相关信息。

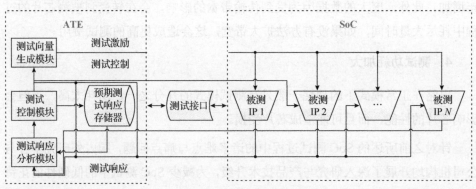

图 6-5　SoC 外测试结构

对 IP 核有着极高的测试覆盖率是外测试最大的优点；另外 ATE 强大的计算能力和灵活的控制能力，使得其可以完成更加优化的测试调度方案，极大地减少了测试的应用时间，也降低了测试的成本。许多测试厂商根据外测试的优势生产了专门测试 SoC 的设备，如爱德万公司的 V93000、泰瑞达公司的 Ultra-FLEX、胜达克公司的 AdaptStar 等，这已经可以满足大部分的 SoC 测试要求。

外部测试的一个明显缺点是，ATE 需要具有足够的存储容量来存储大量测试数据集。IP 核嵌入 SoC 中，其输入和输出并非全部连接到 SoC 引脚，这使其无法直接测试 IP 核。因此，很难解决如何将测试向量添加到 IP 核及如何收集 IP 核对 At 的测试响应的问题。为了降低测试的复杂性，提高测试的可重用性，有研究人员提出了模块化测试的思想，并在 SoC 测试中得到了很好的应用，即所有的 IP 核被逐一的、单独的测试。图 6-6 所示的是 Zorian 等人提出的一种基于模块化思想的 SoC 系统级测试结构，它包含以下四个部分：测试源（Test Source）、测试宿（Test Sink）、测试存取机制（Test Access Michanism，TAM）和测试封装（Test Wrapper）。

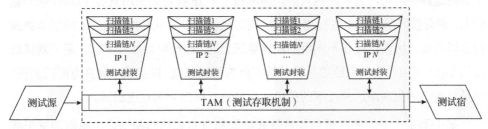

图 6-6　SoC 系统级测试结构

1.　测试存取机制

测试存取机制（TAM）把测试激励传到 IP 核，测试响应则被从 IP 核传输到测试宿，这给测试数据的传输创造了通路[179]。

多路选择型、菊花链及分布式结构，是基于扫描的 TAM 的三种结构。

多路选择型结构是指将所有 IP 核的输入引脚连接到 TAM 总线，占用整个 TAM 带宽，并将所有 IP 核的输出引脚连接到一个乘法器，以便操作乘法器，从而将 IP 核的输出连接到 SoC 芯片的输出引脚，它还执行测试反应信息的输出。因此，TAM 带宽必须不小于所有 IP 核中最大引脚数的带宽，测试总时长是所有模块单独测试所需要的时间总和。可多路选择型结构中实际上一次只能被测试访问一个模块。而在外测试时需要测试访问两个以上的模块，所以多路选择型结构是不能实现类似互连测试的模块外测试的。

菊花链结构是指在每个 IP 核上增加了多路器，这是为了操控各个 IP 核处于旁路模式或使能模式[180]。由于旁路机制的引入，可以同时有多个 IP 核处于被测模式，因此能够进行模块外测试。

分布式结构切割并分配每个 IP 内核的 TAM 总线宽度，但每个 IP 内核采用唯一的 TAM 总线宽度，以便可以并行测试每个内核，并且整个测试时间等于最大模块的单个测试时间。为了最小化整个测试时间，分配给每个模块的 TAM 宽度与通过 TAM 传输到模块的测试数据要成比例。

根据以上三种基本 TAM 结构，这里有两种常见的测试存取机制：基于测试总线的 TAM 和基于测试总线的 TAM。

基于测试总线的 TAM 是多路选择型结构与分布式结构的融合，其本质上等同于多路选择型结构，它一次也只能访问单独一个 IP 核，如果所有 IP 核均在同一总线上，则会按照顺序依次进行测试[181]。同时也拥有分布式结构的特点，能够单独操控多组总线，所以连接在不同组的测试总线上的 IP 核可以并行测试。基于测试总线的 TAM 可用已有的系统芯片的总线扩展为测试总线，以此减少硬件方面的损耗，但是却无法避免多路选择技术的劣势，很难进行核的外部互连测试。

基于测试主干的菊花链结构将链式结构和分布式结构相结合。单组测试干线采用了菊花链结构，故此组测试干线上的 IP 核的测试方式既可以是串行的也可以是并行的；而多组测试干线则采用分布式结构，多组测试总线可单独工作。与 TAM 测试总线相比，该方法的优点是可以同时访问多个或所有外部测试层，即简化了 IP 核的外部测试。然而，"在每组测试中继线上并行测试 IP 核"意味着仅在其中一个 IP 核获得测试刺激到达旁路后，才会测试其他 IP 核。上述方法必须严格控制菊花链结构中多通道触发级的时序，从而扩展芯片范围，增加测试功耗。

2. 测试封装（测试环）

当 IP 核被集成到 SoC 内部以后，这不能确保已通过设计验证的 IP 核在嵌入后不会出现故障。但由于 IP 核的输入/输出端口在嵌入 SoC 内部后没有了原有的可控性和可观测性，无法直接对其进行验证，因此 SoC 测试就有了一个必须解决的重要问题，即怎么利用 SoC 的端口实现对内部 IP 核的测试存取访问[182]。目前通用的方法就是在 IP 核外包裹一层"透明的壳"，人们将其称为测试封装（测试环）。它在 IP 核正常工作时不起作用；但在测试 IP 核时，它可以为测试数据导出一条传送通路；如果此时还有 IP 核在测试，它会把 IP 核和 TAM 分隔开，这样能保证不会干扰其他 IP 核的测试。相应的测试环具有工作模式、内测试模式和外测试模式三种工作模式[183]。因此测试环电路的作用是给功能通道和通过 TAM 的测试通道提供切换，给 IP 核的内测试和外测试提供切换[184]。

IEEE P1500 是由 IEEE 组织制定的 IP 核测试标准。该标准规定了一种可扩展的测试封装结构，旨在将 IP 核提供者和使用者之间的设计兼容性标准化，也是为了规范 IP 核测试接口，由 IP 核提供者以标准格式的形式将测试信息传递给 IP 核使用者，这能很好地处理相互独立的 IP 核提供者和使用者之间测试信息的交互问题[185]。

6.3.2　测试环设计

芯片测试结构设计还有 SoC 的测试访问机制、内核的测试环设计及测试调度这三个子问题需要处理，SoC 可测试性设计问题结构框图如图 6-7 所示。IP 核使用者需要解决测试访问机制和测试调度问题，测试环设计则是由对 IP 核内部逻辑更为熟悉的 IP 核提供方来处理。

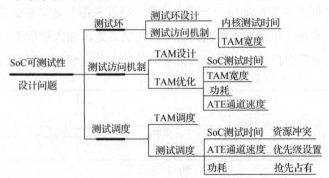

图 6-7　SoC 可测试性设计问题结构框图

1. 测试环基本结构

在 IP 核上添加的测试环通常拥有以下四种必备工作模式。

（1）正常功能模式（非测试模式）——此模式下，测试环连接了 IP 核和外围电路，IP 核的功能操作数据没有做出任何修改，被传输到测试环，如果此时 IP 核工作没有出现问题，则测试环逻辑无效。

（2）核扫描测试模式——此模式下，IP 核测试环端口连接到芯片的 TAM，IP 核输入端口获取测试激励。利用测试环查验 IP 核输出端口的测试响应，然后经片上 TAM 将它传输到响应分析器上。

（3）核测试复位模式——此模式下，其他的 IP 核进入扫描测试状态，为了不影响被测 IP 核的测试，当前 IP 核的状态是测试复位状态[186]。

（4）互连测试模式——该模式下的所有 IP 核都将处于测试复位状态，核之间的互连测试激励的施加和响应的观测，均是通过 TAM 和各 IP 核测试环进行操作的。

上面提到的四类工作模式是测试环不可缺少的工作模式。此外，还可根据需求来选择其他几种可选模式，比如可以断开 IP 内核与其外围（如 TAM）的连接的分离模式（Detach Mode）；不通过 IP 内核测试数据通道就可以完成测试加速的旁路模式（Bypass Mode）等。

图 6-8 所示为 IP 核及互连测试示意图。其中路径 1 指测试激励通过测试总线传输到测试环中然后传送到 IP 核输入的端口。路径 2 指测试环单元获取了 IP 核输出端口上的测试响应且把它加载到测试总线上[187]。SoC 中集成了数量庞大的 IP 核，各 IP 核之间必须要添加用户自定义逻辑。路径 3 指的是把测试总线上的激励传输到测试环单元，并进一步传输到用户自定义的逻辑输入端口上。路径 4 指的是测试环单元捕获用户自定义逻辑输出端口的响应并把它加载到测试总线上。

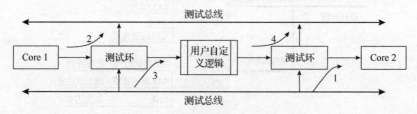

图 6-8　IP 核及互连测试示意图

在设计测试环的时候要平衡好各个测试环扫描链，因为测试最长扫描链所花的时间控制了整个芯片测试时间，所以在分配测试环扫描链时，需要尽可能地保证它平衡了每个条链的长度[188]。测试环电路存在的主要作用如下：

（1）在功能通路和 TAM 测试通路之间加入切换控制；

（2）在 IP 核的内测试和外测试之间加入切换控制。

还有一种内核测试环结构被称为"测试外壳"。测试外壳主要由三部分组成：

（1）IP 核上所有终端的可控制性和可观察性，均由测试单元（Test Cell）提供得到；

（2）旁路寄存器（Bypass Register）（可选）使得 TAM 可以让 IP 核和 IP 核外的测试环旁路；

（3）测试控制模块（Test Control Block）的组成包括移位和更新两种寄存器，具有级联的特点，利用拥有的位片来操控 IP 核的所处模式。

另外，还有一种基于测试总线结构构建的 IP 核外测试环，它被称为测试包，但它没有旁路模式，其余特性与测试外壳相同，也就是说同一时刻，测试总线是属于某一 IP 核专有的。

内核测试环结构和基于测试总线结构构建的 IP 核外测试环的测试效率都较低。

2. IEEE P1500 测试环结构简介

考虑到 SoC 中 IP 核测试设计所需要的通用性，IEEE P1500 中对其测试环进行了专门的规定。作为 IP 核测试的关键，测试环通常包含在 IP 核设计中。IP 核提供商通过标准格式将测试信息传输给 SoC 集成者，可以更好地解决 IP 核提供商与 SoC 集成者独立后测试信息的交互问题。

IEEE P1500 SECT（The Standard for Embedded Core Test）协议并不针对芯片内部测试方法或可测试性设计方法，也不包括系统级集成电路的集成和优化问题，是 IEEE 规定的针对嵌入式 IP 核测试的可配置性结构[189]，还有规定的指导性规范。测试环需要在 IP 核设计时就加以考虑，IP 核设计方根据规定的格式将测试信息交给使用方，能够很好地将测试信息在两个独立个体之间传递，令设计具有通用性。现在大部分嵌入式内核的测试方案都是按照 IEEE P1500 测试协议制定的。

P1500 SECT 主要由 IP 核测试环和 IP 核测试语言两个部分构成。图 6-9 所示为由 IEEE P1500 协议构建的 SoC 测试基本结构。其中 IP 核 Core 1 到 Core N 单独完成测试后可得到标准格式的数据。用户先自定义测试存取机制 TAM，再依照 IP 核测试的数据和整体的结构来设计系统级测试方案。

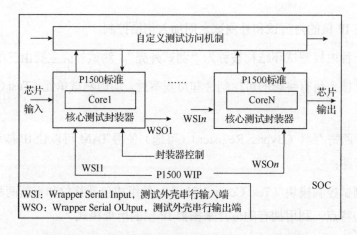

图 6-9　由 IEEE P1500 协议构建的 SoC 测试基本结构

IEEE P1500 标准着重强调了以下两个问题。

1）传递的测试信息

传递的测试信息指的是一种标准语言，用来描述 IP 核提供方如何向使用方传递的过程，包括测试方法、测试模式和相关测试协议、测试图形数据（如测试向量的编组算法、BIST 内核中源的多项式生成等）、故障模型和故障覆盖率数据，内核可以检测和设计硬件信息（如扫描链、硬件断点等）与诊断信息（如检测点的物理位置）。

2）标准的可配置的内核外测试层

标准的可配置的内核外测试层指的是一个完全统一还能另外配置的标准，这个标准是嵌入的 IP 核与外围电路间的硬件接口电路，内核外测试层的规范化使得 SoC 的设计及集成的困难都大大减小，"可配置"指内核的提供方及使用方在测试质量、测试开发消耗时间及硬件开销等许多方面中能自己去创造设计。

IEEE P1500 标准指定了规范化的 IP 核测试接口，借助标准化测试中 TAM 核对 IP 核的隔离性，加强了 IP 核的可复用性；SoC 芯片可测性也大大提高；同样提高了核测试的协同性，标准化的测试接口也保证了 IP 提供者和使用者的测试有一致性和通用性。IEEE P1500 协议更侧重于内核外测试层的标准化，它虽然也包含了对测试存取机制的规约，但实际上对其他测试方面的规定比较松散，但这是 IP 核提供者和使用者单独测试时的唯一选择。包括标准模式、内核测试、互联测试和旁路测试模式在内的多种操作模式，都是按相关规定划分得到的。其中，内核终端能和每个宽度不同的测试存取机制相互连接，通过调节串并和并串来调节宽度；能补偿内核间的数据通道时钟扭曲能力[190]。

根据 IEEE P1500 协议标准，IP 核提供者按照标准的格式测试开发和定义 IP 核，最后将资料提交给使用者。IP 核的使用者如若想完成芯片的全部测试，则要按照 IP 核的测试要求设计相应的测试方案来完成测试。

图 6-10 所示为 IEEE P1500 测试环结构示意图。其中串行输入/输出即测试时内核的输入/输出端口，功能输入/输出为正常工作时内核的输入/输出端口。通过配置封装边界寄存器可以切换内核模式。

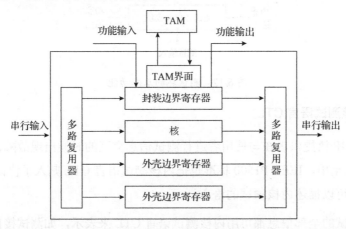

图 6-10　IEEE P1500 测试环结构示意图

IEEE P1500 标准规定了规范的测试环接口和测试环单元的基本功能，需要包括测试环时钟、选择使能、刷新测试环单元的值、串行移位、异步清零或置位等功能。测试环的具体实现是由用户开发的。测试环的接口规范如图 6-11 所示。

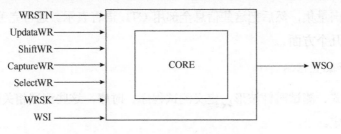

图 6-11　测试环的接口规范

测试环的基本功能如图 6-12 所示。在普通模式时，功能输入端口可以径直通过测试环单元模块输出到功能输出端口。在对内模式时，从输入端输入测试数据，然后由功能输入端传输到被测 IP 核的测试输入。若处于对外模式的时候，由功能输入端口输入被测电路的测试响应先传输到测试环单元模块，再传输到单元测试的测试输出，外部端口再接收此响应。若此时处于安全模式，则需给被测 IP 核赋一个固定值，以免外围电路逻辑功能受到被测电路的干扰，而且还能使被测电路不会因外围电路信号变化引起干扰。IEEE P1500 协议对 TAM 的结构组成没有加以限定，所以用户能依照自己的目的自行开发，能联系使用各种测试存取机制。

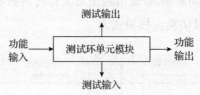

图 6-12　测试环的基本功能

3. 内核测试语言 CTL

为防止 IP 核提供者在与使用者进行测试信息交互的时候出现故障，同时也能对 IP 核进行重用，IEEE P1500 标准也把内核测试语言 CTL 归入了协议中，专门形成了一套可以描述内核测试的语言。

内核测试的全部信息都可用内核测试语言 CTL 来表示，如测试接口、结构、时序、测试向量、测试模式、控制信号、扫描链结构等[191]。CTL、标准测试接口语言 STIL 及边界扫描设计语言 BSDL 的来源相同，在格式、内容及目的上大同小异。

IP 核开发者应该依据 IP 核的需求设计相关的测试方案，还要供应拥有高覆盖率的测试向量集，然后把这些信息全部用 CTL 语言表示。通常完善的 CTL 描述包括以下几个方面。

1）设计配置信息

测试模式、测试时钟波形，定义测试程序、时序，这些测试相关的全局信息被定义和设定。

2）测试结构信息

其包含内部测试和外部测试模式下扫描链的连接顺序、测试环内部功能描述、内部模式的扫描链的连接[192]。IP 核使用方只要拿到了包括用 CTL 语言表示的测试协议及门级网表，就可借助 JTAG 等工具生成对应的测试向量。

3）完整的测试向量

一个完整的测试向量必须拥有每一组扫描输入的值及预期响应，还有测试的分解步骤，通常测试覆盖率应该在 96% 以上[193]。不同的 IP 核含有不同的信息。测试信息必不可少的部分就是测试协议，而且测试协议也是 IP 核测试文件中最主要和最基础的信息，它包括了设计配置和测试结构两种信息。

6.3.3　IP 核测试时间分析

若想降低测试复杂度、增强测试可复用性，必须从三个层面来考虑：由单个 IP 核组成的 SoC、由多 IP 核组成的 SoC 及由 SoC 组成的层次化 SoCs。而测试时间的分析也要针对这三个方面展开。

1. 单个 IP 核

因为不能为每一条内扫描链都分配一条单独的测试数据线，而且 SoC 能供应的 TAM 资源要少于 IP 核内扫描链的数目[194]，所以应该另外划分 IP 核内的扫描单元。假定 S_i 为加载测试封装后最长的输入扫描链，S_o 为最长的输出扫描链，则可把在 IP 核上加载一个测试向量的时间分为三个部分：测试激励施加时间 T_i、IP 核工作时间 T_r 和测试响应的移出时间 T_o。IP 核的测试时间都是根据时钟的周期数来计算的，所以 ATE 的工作频率不会对其产生影响，而通常 IP 核工作时间 T_r 为一个测试时钟周期，取值为 1。在撤销第一个测试向量的测试响应的时候，将第二个测试向量给上激励，这样可以大大缩短测试时间，这样一直操作，直到测试结束。若 IP 核有 P 个测试向量，则测试时间为：

$$T = T_i + P + \max(T_i, T_o) \times (P-1) + T_o = [1 + \max(T_i, T_o)] \times P + \min(T_i, T_o) \quad (6\text{-}1)$$

从式（6-1）中能够得出，最长的测试链所用的测试时间对整个的芯片测试时间影响非常大。而影响 IP 核测试时间的两个重要原因分别为：IP 核输入/输出的端口及 IP 核内部的扫描链划分情况、IP 核测试数据量。因此需要考虑测试压缩技术和扫描链平衡技术，即缩短测试激励的施加时间和测试响应的移除时间，在设计测试环扫描路径时要平衡好各路径的长度。

2. 多个 IP 核

在众多关于 IP 核的 SoC 系统级测试中，最常见的测试思想就是将 IP 核逐个测试[195]，所花费的时间就是多 IP 核的 SoC 系统级测试时间，很明显，各个 IP 核串行测试的时间肯定是远大于其并行测试时间的，所以在确保了单个 IP 核测试的时间最少之后，想要进一步减少测试时间，就要考虑把 ATE 供应的 TAM 带宽合理地分给 SoC 内部所有 IP 核的方案，还要规定各 IP 核测试开始及结束时间，意思就是按照最大带宽的限值，最大限度上对 IP 核进行并行测试，以此降低 SoC 系统级测试的时间。

3. 层次化 SoCs

类似于 SoC 系统级测试，层次化 SoCs 测试时间的主要影响因素同样分为两个方面：首先要明确内部 IP 核的测试时间，然后对其进行测试调度并求出总时间。但层次化 SoCs 中的各个 IP 核之间有着层次性的关系。怎么样对层次化 IP 核的母核及子核测试，以及如果想减少时间那该怎样对它们进行平行测试，这就得依靠相应的优化技术。

6.3.4 SoC 测试优化技术

SoC 测试优化技术主要包括了并发在线测试、时间优化技术及低功耗测试技术。

1. 并发在线测试

在 SoC 系统运行的过程中，必须定时对它进行测试验证来确保工作的稳定性和可靠性，因为随着器件的老化及潜在故障的积累很可能会导致 SoC 系统运行出错，业界通常采用的检测方法是内建自测试技术，以降低 ATE 性能对测试的影响，以此提高测试效率。在通常情况下，内建自测试可以分为：离线测试和在线测试。

离线测试能略微减少系统的工作性能，因为测试时得将待测电路暂时停止工作，这也致使很多需在测试电路正常工作中才会查验到的隐性或间歇故障可能查验不出来。要想解决上述问题，应该广泛使用在线测试方案，它是在系统执行实际运算时应用到测试过程中的。在在线测试中，并发测试循环（CTC）通常用于在正常运行期间监控待测试电路的功能输入向量，并用于在线测试。

2. 时间优化技术

由于 SoC 复杂度变高，SoC 的测试时间随之成倍增加，并且测试成本的高低在于测试时间的多少。SoC 外测试模式的基础在于自动化测试设备，故而要减少测试时间应从以下两个方面加以考虑：一是增加测试的时钟频率，二是减少 SoC 测试时钟的周期数。但是，提高测试频率，则对测试设备的要求也会提高，更为昂贵的设备会导致测试成本增加；过高的测试频率会提高测试的功耗，可能会影响产品的可靠性。因此常用缩短 SoC 测试时钟的周期数来减少 SoC 测试时间，其主要技术有测试压缩技术、扫描链平衡设计、测试调度方法及层次化 SoC 测试优化技术。

3. 低功耗测试技术

测试状态下芯片的功耗很大，一般为芯片正常工作状态下的二到四倍，超高的测试功耗不仅会导致测试的准确性下降，进而还可能威胁到被测电路的安全性，使测试电路的可靠性与成品率大大降低。例如，太大的峰值测试功耗将使 SoC 中的电流过载，从而产生很大的电压降（IR-drop）、信号之间相互干扰或串扰等，导致测试电路逻辑信号产生畸变，这也会使测试验证发生漏检和误检的情况；而超高的平均测试功耗（Average Test Power）也会大大地增加被测芯片的温度，这有概率使得芯片局部过热然后降低芯片的可靠性，严重的可能烧毁芯片。所以，SoC 测试领域的研究最多的就是测试技术低功耗化，涌现出了很多用来解决功耗问题的测试方法与技术，主要分为三类，即基于可测性设计的低功耗测试技术、低功耗测试调度技术及基于向量的低功耗测试技术。

6.4　其他典型器件测试技术概述

6.4.1　SiP 测试技术

1. SiP 概述

国际半导体路线组织对系统封装芯片（SiP）的定义：把几个不同作用的有源电子元件和可选择的无源器件，还有一些光学器件等其他部件合起来组装，能起到一定作用的标准封装件组成的一个系统或子系统就是 SiP。SiP 示例图如图 6-13 所示。

　　SiP 从架构上来说是把多种不同功能的芯片通过封装形式堆叠成一个系统级电路，进而拥有一个基本完善的功能[196]。SoC 是高度集成的芯片产品，而 SiP 是从封装的立场出发，利用硅通孔（Through Silicon Via，TSV）、重新布线层（Re-Distribution Layer，RDL）、凸点（Bump）等技术形成芯片之间的空间互连，对各种芯片进行并行排列或叠加的封装形式，把几个拥有不同作用的有源或无源电子器件组合在一起就得到了有一定功能的单个标准封装件。SiP 架构如图 6-14 所示。

图 6-13　SiP 示例图

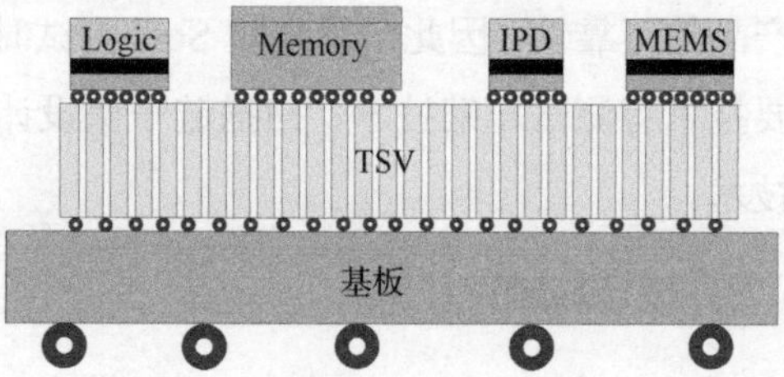

图 6-14　SiP 架构

　　SiP 的集成形式也是多种多样的。一般来说，凡是有堆叠的集成均可称为 3D 集成，然而业内根据集成形式的不同，将集成方式又细分为 2D 集成、2D+集成、2.5D 集成、3D 集成、4D 集成、腔体集成和平面集成等。

　　这种系统级芯片是以基板（Wafer）为载体的，放弃了使用传统的 PCB 作为芯片之间载体的方式，将裸芯片和阻容器件或堆叠在基板之上或嵌入基板的腔体之内，这样能够处理由于 PCB 本身的缺点导致的系统性能遇到的短板。

　　SiP 电路具有开发周期短、功能多、功耗低、盈利能力强、体积小、质量轻等优点。随着近些年集成电路技术的快速进步，SoC 的成本也随之增加，技术上也遇到了障碍[197]，导致 SoC 的发展遇到了困难，这样也使得该行业格外关注 SiP 的发展。

　　系统级封装是一个较为繁杂的工艺过程，有源器件及无源器件都要被埋入基板，而且在加工过程中为了增大成品率[198]，得在加工过程中分步对埋入器件的指标和性能进行测试。在 SiP 中埋入无源器件的一个明显好处就是其寄生参数非常小。可这种情况对测试来讲是一个很大的挑战，因为元件的寄生参数和测量仪器的固有参数有一定概率在同一个量级上，这对测量的精确度产生了恶劣的影响。另外，系统级封装体积小、集成度高、元件数量大、工艺制作繁杂，在封装过程中如何能确保系统级封装的完好率不会降低，这就需要一整套的可测试设计方法，使其能够应对各种阶段、各样测试内容的测试与评估，这也是高密度集成条件下的可测性问题。

2. SiP 封测流程介绍

由于 SiP 内部集成了多种类型的电路和器件，其封装测试流程极为复杂，并且对 SiP 的测试贯穿于 SiP 的整个封装流程中，环环相扣，每一步封装测试的失误都可能导致最终产品设计失败。下面我们将简要介绍 SiP 的封测技术及测试流程。

1）SiP 封装技术及其封装流程

目前针对 SiP 主要有四种先进封装技术：硅通孔（TSV）、重新布线层（RDL）、集成无源器件（IPD）、小芯片（Chiplet）。其中 TSV 和 RDL 技术用于解决先进封装技术中的互连问题（TSV 解决垂直互连问题，RDL 解决二维平面的互连问题）；IPD 和 Chiplet 用于解决先进封装里的元器件问题（IPD 解决无源器件问题，Chiplet 解决有源器件问题）。

（1）硅通孔技术是指通过在晶圆与晶圆之间、芯片与芯片之间制作垂直的通孔，实现芯片之间的互连。硅通孔技术结构示意图如图 6-15 所示。

（2）重新布线层是指通过晶圆级重新布线制程和凸点（Bump）制程来改变原来设计的芯片引脚（Die Pad）位置，使得裸芯片适用于不同的封装形式。重新布线层如图 6-16 所示。

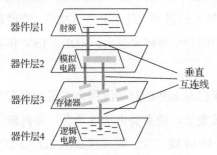
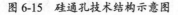
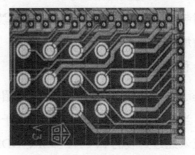

图 6-15　硅通孔技术结构示意图　　　图 6-16　重新布线层

（3）集成无源器件技术指的是在硅基板、玻璃基板或陶瓷基板上采用光刻技术蚀刻出不同的图形，形成不同的元器件，使得其能高密度集成。

（4）小芯片。首先，将芯片的复杂功能进行分解；然后，开发出多种具有单一特定功能（如数据存储、计算等功能）、可进行模块化组装的"小芯片"，在此基础上建立一个"Chiplet"的集成系统。也就是说，可以将 Chiplet 技术比作搭积木，把已经制造好了的、可完成特定功能的裸芯片利用一定的集成技术封装在一起，组装成一个系统级芯片，而这些基本的裸芯片就是 Chiplet。而 Chiplet 可以使用更可靠、更便宜的技术制造。

几乎所有的先进 SiP 封装都离不开 RDL、TSV、凸点和晶圆这四个要素，因此可将其称为先进封装的四要素。图 6-17 所示为先进封装四要素的关系：RDL 主要负责信号在 *XY* 平面的延伸，TSV 主要负责信号在 *Z* 轴的延伸，凸点主要负责信号在芯片界面的连接，晶圆则作为集成电路的载体，以及 RDL 和 TSV 的介质和载体。

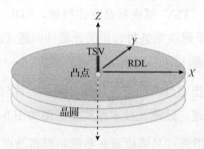

图 6-17　先进封装四要素的关系

其中 TSV 主要应用在 2.5D 和 3D 先进封装中，而其他三者在 2D、2.5D、3D 先进封装中都普遍应用；RDL 和 TSV 随着技术的进步，尺寸比之前减小，密度却比之前增大；凸点也会变得越来越小；晶圆则会变得越来越大。RDL、TSV 和晶圆将会和硅基芯片一同长期存在。

基于以上对 SiP 先进封装技术介绍，我们对 SiP 的封装流程会有更加直观的认识。当前 SiP 根据市场需求，多用于车载电子、消费类电子等场合，其内部大量集成未经过封装的 FPGA、DSP、DDR、ARM 裸芯片。集成形式从 2D、2.5D、3D 发展到了 4D。其封装过程极为复杂，首先根据设计需求准备好各模块的裸芯片及相关的电阻电容，再根据功能模块的区分，通过 TSV 和 Bump 技术将其分装为不同的微型组件。最典型的是存储部分的封装，因为在一个系统芯片中往往需要容量较大的存储装置，所以经常会把几片 DDR 裸芯当作一个微组件进行堆叠，通常会采用 TSV 或 RDL 技术将几块存储裸芯垂直堆叠在一起，引脚接口通常使用凸点进行粘连。各微组件键合完成之后，通常会在硅基板上通过 RDL 技术将各微组件互连。部分需被埋入或堆叠在腔体内的器件，同样是通过金属引线和外部进行电气互连的。从而形成 SiP 裸芯片，最后进行封装。

2）SiP 测试流程

SiP 测试流程与封装紧密关联，我们将 SiP 电路测试流程分成了绑定前测试、中间绑定测试、绑定后测试及 TSV 和 RDL 测试[199]。TSV 和 RDL 测试包含在前三种测试中，但有时也会针对 TSV 和 RDL 进行专门的测试，在后面的内容中我们会进行讲解。

在进行 SiP 电路堆叠之前，晶圆首先要经历晶圆测试，通过测试的裸晶堆叠后再进行封装，然后执行封装测试，在这几个环节中还会发现在裸晶测试时遗漏的不合格的器件。就测试方案本身来说，这很寻常。不过，许多裸晶被同时封装在一起时，那些之前从晶圆级测试中"逃脱"的少量裸晶一定会让更多的封装组件被放弃（见图 6-18）。这就会带来很大的问题。如果裸晶缺陷覆盖率是 95%，而 10 层芯片堆栈的最终封装良率将会是 60%。很显然，40% 的最终产品被丢弃只是因为有 5% 的逃脱率，这并不是人们希望看到的。故此 SiP 封装需要非常高质量的晶圆级测试，因为只有良品裸晶被封装在一起，才能保证最终的封装良率。绑定前测试能检测出含缺陷的晶圆，而且还能依据速度或功耗等度量指标检测到能互补的晶圆。

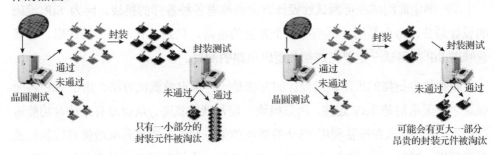

（a）传统晶圆和封装测试的通过情况　　　　（b）3D 堆栈 IC 的晶圆与封装测试的通过情况

图 6-18　测试通过率比较示意

除了满足高质量裸晶的要求，SiP 测试还需要知名的合格中间体、部分批量测试、硅通孔和封装测试。因此中间绑定测试与绑定后测试同样非常重要。增量式测试指的就是中间绑定测试，目的是校验 SiP 绑定过程中有没有引入新缺陷。绑定后测试的目的是保证 SiP 堆叠和 TSV 互连工作不出故障，更好地校验晶圆有没有减薄、对齐，以及绑定过程中有没有引入新缺陷。

采用嵌入式测试压缩和逻辑内建自测试（BIST）的组合可以提供很高的测试性价比（见图 6-19）。逻辑内建自测试组件通过添加内单元（Cell-Internal）和非传统失效模型（Fault Models）能够使设计中数字逻辑组件的测试质量在可接受的范围之内。

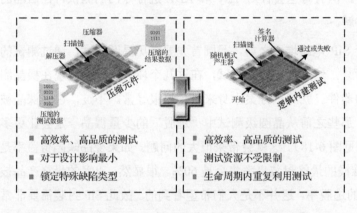

图 6-19　嵌入式测试压缩和逻辑内建自测试的组合

3）SiP 绑定前测试技术

SiP 绑定前测试在可测试性设计方面面临着各种各样的挑战。因为 SiP 堆砌的设计划分，每个晶圆并不拥有一个完善的电路，只是含有一部分的逻辑，也就意味着 SiP 的测试一定要完成部分逻辑电路的测试。

根据边界扫描的可测试性设计的方法是一种绑定前测试方法。由于 SiP 各个模块之间采用的是 TSV 连接，所以模块一般是残缺状态，从而没有办法对功能进行测试，所以应该在准备利用 TSV 的断点的地方增加外壳单元来增强可控性及可观测性。例如，可以在每个 TSV 两端各增加一个触发器当作外壳单元，但因内部 TSV 数量非常多，致使此操作硬件花费很大，还增加了芯片功耗致使性能降低。特别是额外添加的外壳单元在完成绑定前测试之后就没有其他用处了，所以可以利用复用输入/输出接口，以降低外壳单元数量和测试数据量，如在 TSV 的输入端通过复用输出端口来增强可观察性。

此外，还有一种绑定前测试方法就是利用探针来进行测试。但探针测试造成的问题是：假设在晶圆减薄之前实施探针测试，就不能校验由化学机械研磨工艺引入的缺陷；但假设在减薄以后测试，晶圆减薄后机械强度就大大减小了且可能使用不了了，在测试进行时探针给予在晶圆上的力会在很大程度上对晶圆产生严重影响（如每个探针 3～10g，则每个晶圆 60～120kg），一定要最大限度地降低探针与晶圆的接触次数，同时降低探针接触的力度，并减小探针接触力。另外，TSV面积小、密度大，所以现在来看单独用探针技术测试 TSV 是有难度的。当然，晶圆在测试时可以利用测试衬垫（Test Pad）来适当解决探针测试带来的问题。可测试衬垫又会带来额外的面积开销，测试衬垫之间的最短距离为 120μm，而 TSV 的最短距离为 1.7μm，可知每增加一个测试衬垫导致的面积增加相当于上百个 TSV的面积，因此重复多次利用测试衬垫将大大降低 TSV 的技术优势。而把测试衬垫的使用数量削减又将导致绑定前测试时间的增加。所以，若处于 SiP 绑定前测试阶段，需要在控制测试时间和面积开销这两个方面进行折中，这也是现在研究人员研究的重点。

4）SiP 中间绑定测试技术

中间绑定测试是一种增量式测试过程，其目的是验证 SiP 在进行堆叠的时候有没有导致新的缺陷，必须在完成部分堆叠之后再进行测试。虽然测试环节变多会提高良品率，降低测试成本，但会导致制造成本变高，如可测试性设计面积的花费、测试时间的开销等。

此外，中间绑定测试中所需的部分堆叠测试必须要有另外的测试结构来支撑，同时还得对测试所用的算法进行改进以确保测试时间最短。但是，晶圆数量过多则有一定概率把嵌入式内核或堆叠的另外的部分覆盖住，那也能使测试变得更加繁杂化。

5）SiP 绑定后测试技术

绑定后测试阶段会对绑定前、中间绑定及绑定后的可测试性设计的协同优化进行整体权衡，以此进一步减少测试成本。由于测试 TSV 数量的限制、测试衬垫使用过多，以及仅可通过 SiP 堆叠一端访问的 I/O 引脚数目有限，所以能够很好地支配测试资源的优化工具显得十分关键。另外，散热问题因为绑定后测试阶段

SiP 集成度增大变得更加不可忽视，必须对测试结构进行优化，进而提高散热性能。所以，测试访问结构的设计与优化、核外壳的优化和测试调度等问题也是 SiP 绑定后测试结构优化的问题。

单晶圆绑定前测试的测试调度在多晶圆绑定后的统一测试过程中会不能用，原因是多晶圆绑定后的并发测试会背离规定的功耗约束，并且太多核平分内建自测资源，还得在测试调度的过程中避免资源竞争。

因此绑定后测试结构优化问题通常归为：考虑 SoC 嵌入式内核的测试参数（测试模式数量、I/O 个数、扫描链和扫描链长度）、TAM 总宽度、SiP 进程限制（TSV 的最大数量、热限制等）及每个内核的部署，保证测试访问机制划分方案最优和核的外壳设计最完美才可以使整体 SoC 测试时间最短。

6）SiP 芯片测试流程优化

对 SiP 芯片测试流程优化来说，最重要的是讨论某一测试阶段是否涵盖在测试流程内，以及它对总测试成本的作用。测试流程的设定会显著影响 SiP 芯片制造和测试的总成本。图 6-20 所示为 2D SiP 与 3D SiP 测试流程示意图。图中采用的是自上而下的顺序测试方式，也就是先对全部晶圆实行绑定前良率测试或良品裸晶测试，再将两个晶圆合在一起组成一个部分堆叠，然后对这个堆叠进行中间绑定测试或良品堆叠测试。全部的部分堆叠测试完成后，再对完整的堆叠进行最后的测试。

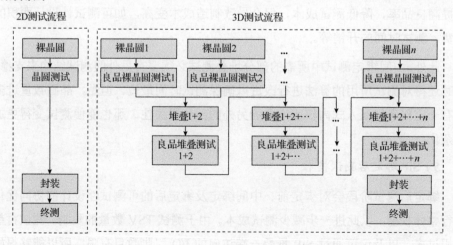

图 6-20　2D SiP 与 3D SiP 测试流程示意图

通常 SiP 测试流程集合空间非常大，一个 15 层的 SiP 测试流程可能多达 10^{11}，另外还需要测试嵌入式 IP、I/O 及 TSV。为了存取和测试嵌入式 IP，IEEE 1687 IJTAG 提供了用于整合异质 IP 的 IP 和测试模式重用（Pattern Reuse）方法。而对于 I/O 和 TSV，因为无法保证与 ATE 的电气接触，测试必须保证在非接触条件下进行，这种情况下可以使用边界扫描进行封装内芯片之间的互连测试，还可以为部分封装组件进行晶圆级测试。

3. SiP 电路测试方法

由于引脚的缩减，内部芯片之间的互连，导致传统电路的测试方法已经不适用于 SiP 电路的测试筛选，原因如下：

（1）由于 SiP 电路内有 CPU、DSP 等主控电路的存在，总线的控制权基本都在系统内部，外部无法以主控方式对总线进行控制，导致总线部分参数测试存在困难；

（2）由于抗干扰的需求，SiP 电路内高速数据传输基本也不做端口引出，如 DDR 芯片的数据和地址线，这部分芯片的功能全遍历和参数指标基本无法测试；

（3）由于 SiP 电路自成系统，内部的时钟和测试所给的外部时钟激励是异步关系，导致电路运行中的状态很难观测；

（4）由于引脚缩减导致原芯片的测试模式和扫描模式无法进入，扫描链和 BIST 码无法运行。

目前 SiP 电路测试采用组合测试法进行测试筛选。组合测试法就是采取多种测试方法和渠道对 SiP 电路的性能和功能进行测试。目前最常用的方法有三种：晶圆级测试、实装板级验证、自动测试设备（ATE）级测试[200]。通过以上三种方法的组合来保证 SiP 电路测试的完备性和可靠性。

1）晶圆级测试

晶圆级测试，顾名思义就是在裸片的级别对电路进行初次测试筛选。对于 SiP 电路来说，分为两个阶段：第一个阶段是组成 SiP 的各个功能芯片仍处于晶圆时期，这个时候 SiP 电路可以看作多个 SoC 电路的晶圆，SoC 电路晶圆阶段的技术均可以应用到此阶段；第二阶段是封装的中期，这时部分电路的内部互联已经做好，但还未组装成一个整体的 SiP 封装，这时的测试重点主要集中在内部互联的通断性上，通断性的测试完备性在 SiP 电路基板设计中就需要做完备考虑，最终用测试机实现测试，筛除连接不良的电路。

2）实装板级验证

SiP 电路的实装板级验证和后续 ATE 级测试存在相关联系，由于 SiP 电路内部集成有大容量 SRAM、FLASH 等存储器，而这些存储器的接口由于速度关系很多都不引出来，所以在 ATE 级就无法对这些模块的全地址和各种测试图形进行全遍历测试。同时，由于容量问题导致测试时间过长，在测试机上测试存在浪费资源问题。最终这些测试和 CPU 的指令集遍历测试、寻址方式测试均在实装板上做测试验证。图 6-21 所示为一个带高速端口和海量存贮的 SiP 电路实装验证框图，由于误码率的测试时间和存储单元的测试时间均比较长，所以采取板级实装验证。其中，SiP 电路实装验证板级测试需要开发两个程序：一是利用上位机开发自检遍历测试程序，二是利用上位机开发配合 ATE 的主控测试程序。

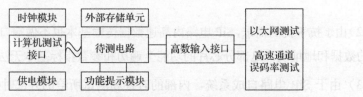

图 6-21　带高速端口和海量存贮的 SiP 电路实装验证框图

3）自动测试设备级测试技术

SiP 电路在 ATE 上主要进行部分功能验证、端口电平特性参数测试、各种通信口的时序测试。由于需要 SiP 电路内部的程序配合，自动测试设备级测试技术存在以下技术难点：

（1）测试过程中的时序同步；

（2）测试过程中的内外信息交互；

（3）测试过程中 SiP 电路内部的 CPU 时刻用主控模式对其他模块进行控制，导致测试机只能采取观察者的角度对电路进行功能测试和参数测试。

由于 SiP 电路基本都自带 CPU 或 DSP，电路内部会使用 PLL 进行倍频，导致内外时钟存在相位差，为解决测试过程中的时序同步，首先 SiP 电路的外复位功能需要开放给 ATE 进行控制，ATE 在上电后，给系统一段固定的复位时间；然后再利用搜索匹配功能对 SiP 电路的时钟或节拍进行同步。以上技术能够解决测试中的时序同步问题。

　　同时测试机和 SiP 电路内部系统完全是两套不相关的系统，对 SiP 电路运行到哪、是否出错、是否需要测试机配合进行数据判断或提供数据这些问题，测试机很难得到确切信息，这大大增加了电路的调试难度，为了解决这个问题，具体测试需要利用 SiP 电路的冗余多功能 GPIO 口进行通信，测试机实时读取 GPIO 的状态情况来判断 SiP 内部程序运行的位置，然后根据位置信息并结合电路自己的控制引脚状态，就可以做出对应的测试动作，包含电平测试、驱动测试、时序测试等。图 6-22 所示为某款功能 SiP 电路的测试流程图，其中电路内部程序和外部测试程序均按照此功能图进行开发，最终实现了对 SiP 电路的完整功能、电参数、时间参数的测试。

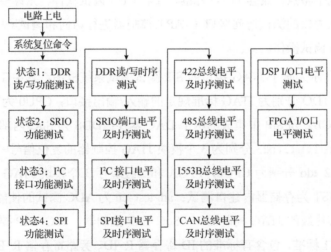

图 6-22　某款功能 SiP 电路的测试流程图

　　SiP 电路的测试需要通过多种手段进行交叉测试来保证 SiP 电路的可靠性。目前较为先进的方法是在 SiP 电路的各子电路设计开发中，采用多芯片串行扫描链模式，通过有限的引脚能够实现多芯片的扫描链测试，大大降低了测试难度并同时提高了电路结构测试的覆盖率，节省了测试成本，提高了测试效率。

　　此外，包装系统功能的协同测试是指在包装期间或之后对完整或不完整的子系统进行测试。它可用于检查信号完整性、电源完整性和其他由处理错误引起的问题，检查和校准仿真方法和模型，以及测试定制系统。协作测试中的主要考虑事项包括：小参数的测量和校准、嵌入式设备的测试、测试信号的生成和误差注入、EMC/EMI 测试和热场的测量。这几个测试对应用、设计、仿真和失效的分析起到了联合作用。

4）基于 JTAG 接口的 SiP 测试调试系统

JTAG 作为一个用来实现测试和调试而创造的标准，经常被嵌入大规模集成电路里面，如 SoC、CPU、FPGA 和 DSP（数字信号处理器）等，所以 SiP 中的许多器件都会安装 JTAG 接口，如果能复用 JTAG 接口会是一个很好的决定。

由于 SoC 内部集成的 CPU 和 FPGA 等 IP 已经包含符合规范的 JTAG 接口，且后续将进行多核 CPU 的设计，即单个芯片上含有多个 JTAG 控制器，所以必须开发一个能够分时复用的，对多个集成 IP 进行测试调试的芯片级通道。同时此通道必须满足几个特点：兼容 JTAG 标准、兼容 CPU 调试软件、允许多个调试工具对各自被调试内核的测试访问接口（TAP）控制器进行访问和调试[201]，而不影响其他内核进行调试操作。

图 6-23 所示为基于 JTAG 接口的 SiP 测试调试系统框图，其中 TCK、TDI、TMS、TRS、TDO 分别为 JTAG 标准规定的输入/输出接口；CPU0 为 SoC 内部的 CPU IP；DAC1/2 为 SiP 中集成的两个 DAC 器件；DDS 为 SoC 内部集成的数字频率合成器；rst1、rst2、rst3 分别为 3 个模块 JTAG 控制器的复位信号[202]；cpu_tdo、pci1_tdo、pci2_tdo 分别为 CPU0，FPGA 和二级缓存 3 个模块 JTAG 控制器的输出信号；MBIST 为存储器内建自测试；ad_test_en 为 ADC 测试的使能信号。SoC 内部集成了芯片级的 JTAG 控制器——SoC TAP 控制器。SoC TAP 控制器完全兼容 IEEE 1149.1 标准，包含有标准的 ID 寄存器 R_ID、旁路寄存器 R_BP 和指令寄存器 R_inst。R_ID 为 32bit，用以存储 SOC 的 ID 号；R_inst 为 8bit，用来设定不同的指令模式；R_BP 为 1bit。从图中能够看到，此案例中的 SiP 测试调试方案就利用了一个 JTAG 接口，即能对 SiP 内的各个器件分别实施测试与调试[203]，在不干扰其他 IP 正常使用 JTAG 接口的前提下，同一时间内能操控 SoC 内部的数种测试模式和使能 ADC 及 DAC 的测试逻辑。在对 CPU0 进行调试的同时，cpu_tdo 信号通过 MUX 模块连接到 TDO 引脚上；另外的测试模块是无效状态的时候，FPGA 和二级缓存的两个模块的 JTAG 会是复位状态。因此人们从外面观察就感觉只有一个 CPU JTAG，故而就能复用 CPU 的调试程序。

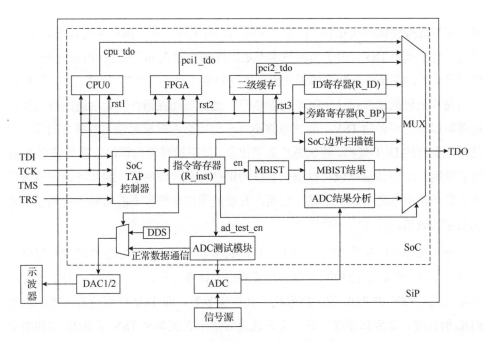

图 6-23　基于 JTAG 接口的 SiP 测试调试系统框图

4. SiP 关键测试技术

1）TSV 和 RDL 测试

TSV 和 RDL 测试极为重要，SiP 是将已知好的裸芯和无源器件主要通过 TSV 和 RDL 进行电气互连。TSV 和 RDL 的质量关系着互连质量的好坏，在裸芯堆叠互连之前对 TSV 和 RDL 进行测试是非常重要的。

由于 TSV 技术的复杂流程（包括 RDL 和微凸点工艺），与 TSV 相关的潜在缺陷机制有很多种。在生产 TSV 的时候，电镀有一定概率会引起空隙，并增加断电及电阻升高的可能性，而氧化物层的沉积不良会致使 TSV 之间发生短路。同样，去除种子层的缺陷将导致 TSV 和 RDL 之间的大范围短路。为了避免将无缺陷的芯片或已知良好芯片（Known Good Die，KGD）粘连到有缺陷的芯片上，必须对晶圆上的 TSV 进行预粘连测试。因此，必须在制造过程中查明相关的缺陷，并筛选出 KGD 或至少具有良好 TSV 和 RDL 的芯片以进行键合，避免有故障的 TSV 堆叠到好的 TSV 上，从而导致芯片成本和良率损失增加。

第一种解决方案是采用探针技术，探针技术作为设备测试中使用最广泛的技术，能够直接测试大尺寸和大间距（>20μm）的 TSV。利用探针卡可以提高效率。然而，对于小型 TSV，由于当前技术不足以探测直径 5μm 和间距 10μm（或更小）的通孔，因此需要将探针尖端压在附加的探针板上而不是 TSV 尖端。第二种解决方案是片上可测试性设计（DFT）架构[204]。通过与功能器件一起制造的片上测试电路可以访问和评估 TSV。测试电路不可避免地会占据相对较大的裸片面积，但是使用良好的 DFT 架构，测试效率非常出色。第三种可能的解决方案是使用 X 射线显微镜。X 射线显微镜可以提供良好的铜柱轮廓成像质量，因此可以通过该技术立即诊断出电镀引起的空隙。然而，有限的图像分辨率不能精确地发现嵌入氧化物层的缺陷。

绝缘和连通性差是 TSV 和 RDL 结构的主要问题。在实际生产测试过程中，可以对 TSV 和 RDL 结构的漏电流与通路电阻特性进行针对性研究。对于给定的制造工艺，TSV 和 RDL 的电阻取决于其结构参数，即 TSV 的直径和高度，以及 RDL 的长度、宽度和厚度。开尔文方法通常用于表征单个 TSV 或 RDL 结构的电阻。人们用开尔文方法测量了一系列不同结构参数的 RDL。导体的电阻与导体的横截面积成反比，和导体的长度成正比关系。因此，如果我们设置 TSV 或以 RDL 为基准，其电阻及结构参数是已知的，则应确定具有不同结构参数但采用相同制造工艺制造的 TSV 或 RDL 的任何电阻。开发相关的测试系统对 TSV 和 RDL 的绝缘和连通性进行表征，建立晶圆级故障诊断系统，探针台、分析仪和控制器软件是较为常见的测试设备和软件。

2）SiP 内部互连测试

由于 SiP 很多引脚在其内部进行互连，并未引出，所以针对内部引脚互连质量需要进行针对性的互连测试。SiP 的互连测试是验证 SiP 内裸芯间连通性的测试，是系统功能测试的基础。它可以分析 SiP 内部互连的开路、短路、粘连及呆滞故障，在后续功能测试前发现互连故障，排除因互连失效带来的系统功能故障，增强 SiP 测试的故障定位能力，确保后续测试的顺利实施。同时，互连测试将为 SiP 系统带来可观察性、可访问性、可测试性的提高，是 SiP 系统对外透明度的保障。

目前能够对互连情况进行判断的测试方法大致有三种：功能测试、基于 JTAG 的边界扫描技术、3D DFT。

（1）功能测试。

功能测试是当前在生产测试中针对 SiP 的互连测试中最常见的测试。测试工程师通过开发相应的功能程序来验证 SiP 芯片内部各个模块的通信情况，从而确认其内部互连是否正常。这种方法虽然最为直接，但当功能测试程序出现问题时，系统无法及时定位互连故障位置、确认故障类型，而且测试时间较长。

（2）基于 JTAG 的边界扫描技术。

基于 JTAG 的边界扫描技术为 SiP 的内部互连测试提供了新的思路[205]。边界扫描技术最先出现的目的是处理伴随着电路集成度的增大可供测试节点间距变小的问题，其后慢慢应用在板级芯片的互连测试中。因为 PCB 上元器件集成的密度逐渐增大，PCB 的设计层数越来越多，且在一些复杂的应用场景中，PCB 不方便拆卸，工程师很难用探头对芯片间的互连故障进行诊断测试。基于 JTAG 的边界扫描技术为这一问题的解决提供了良好条件[206]。在 IEEE 1149.1 国际标准中规定的边界扫描单元好比一根探针一样嵌在每个芯片引脚内部。

JTAG 测试总线接口由 TDI、TDO、TMS、TCK 和 TRST*组成，测试工程师可以通过 JTAG 总线施加测试激励和分析测试响应，完成待测 SiP 的互连故障诊断[207]。IEEE 1149.1 国际标准提供了规范化描述边界扫描结构语言的 SVF 语句，工程师可以通过 SVF 语句准确发送 Extest、Sample、Preload 等测试指令，也可以在 ARM、FPGA 等控制器平台开发控制程序对其进行控制。

然而基于边界扫描的 SiP 内部互连测试技术，需要注意以下三个问题。第一，对于 SiP 内部不具有边界扫描结构的芯片和元器件应该如何测试；第二，单一的边界扫描链路，其测试覆盖率与效率怎样权衡[208]；第三，随着系统升级，SiP 上电路的复杂度上升，边界扫描链路长度增加，测试向量成倍增长与测试效率下降该如何解决。

针对这些问题，为改善 SiP 的可测性，有学者提出了非边界扫描电子元器件的逻辑簇测试方法。为平衡测试覆盖率与测试效率，有学者提出了解决两者冲突的优化测试向量算法。为了解决测试向量的花费，有学者提出了改进测试结构，用改进边界扫描设备的测试结构的方法来改善边界扫描测试效率。

同时 SiP 内部互连测试的实施需要依据被测 SiP 电路建立待测模型、建立故障模型，选用适合测试目标的互连算法。互连测试中最常见的故障为开路、短路和呆滞型故障，常见的互连算法有计数/补偿算法和走步算法。图 6-24 所示为互连测试示意图，其可以实现对三种连接的测试：引脚直连，通过导线直接连接的芯片引脚；透明电阻，通过透明电阻连接芯片引脚；驱动模式，通过 Buffer 器件实现芯片引脚互连。这里的透明是指在信号传输过程中，不会影响信号的属性，在接收端收到与激励端一致电平的情况。

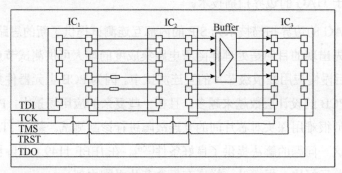

图 6-24　互连测试示意图

因为可测性设计技术的不断发展和边界扫描技术的广泛应用，支持 IEEE1149.1 标准的边界扫描（Boundary Scan，BS）器件越来越多，但仍存在大量的非 BS 器件。"逻辑簇（Logical Cluster）"是对电路板上非 BS 器件的统称，通常是指为解决测试需求而集成的非 BS 器件群。因为这类器件自身没有含边界扫描结构，所以没有利用 JTAG 测试对它们进行测试。逻辑簇测试指的是通过边界扫描链路，对非 BS 器件进行功能测试的一种测试方法。测试思路是通过 BS 器件连接成的边界扫描链路实现对板上非 BS 器件的访问，从而改善电路板的可测性。测试的主要思想是把非 BS 器件置于 BS 器件的"包围"之中，即非 BS 器件的所有引脚都与 BS 器件连接。基于 BS 器件的边界扫描单元与非 BS 器件引脚相连，以通过 BS 器件的边界扫描单元访问非 BS 器件的引脚，来实现控制和观察非 BS 器件的愿望[209]。

图 6-25 所示为一个经典的 SiP 模块内部互连网络模型图。该 SiP 内部包含 3 个边界扫描裸芯，2 个非边界扫描裸芯，其中非边界扫描裸芯可以被当作独立的逻辑簇。该 SiP 内的互连网络有单纯的边界扫描单元之间的互连，也有边界扫描单元与逻辑簇的互连，同一互连网络上连接的边界扫描单元或逻辑簇引脚有两个或两个以上。

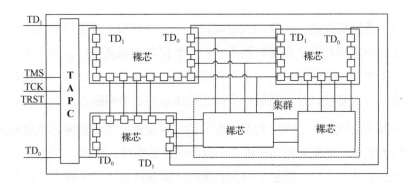

图 6-25　SiP 模块内部互连网络模型图

SiP 内可以包含各类功能裸芯，不同的芯片可以被用于外部互连测试的测试资源不同，其测试模型建立的方式也不同。SiP 内的各类裸芯依据可测性可以分为边界扫描芯片、非边界扫描芯片。边界扫描测试芯片都包括了形容其边界扫描硬件结构的描述性文件，即边界扫描语言（Boundary Scan Description Language，BSDL）文件[210]。BSDL 文件详细介绍了芯片的逻辑端口、引脚映射、JTAG 总线、配置使能、指令寄存器信息和测试数据寄存器信息，部分芯片的 BSDL 文件内还具有内建自测试指令信息和内测试信息。这些测试信息可以直接被提取用于建立边界扫描裸芯的测试模型。非边界扫描芯片不存在边界扫描硬件结构或其他 JTAG 测试结构，可以使用逻辑簇测试技术[211]，将其作为逻辑簇或置于逻辑簇中，以逻辑簇为单元建立测试模型。测试模型需要描述逻辑簇的引脚端口信息、内部资源信息、可测性设计信息。这些信息可以提供逻辑簇的逻辑功能和类型、引脚功能和类型、是否需要配置协议或具有其他特定要求。

（3）3D DFT。

针对 SiP 内部互连测试及 SiP 内部模块测试技术研究，很多学者提出在 SiP 设计之初加入专门的 3D DFT 电路，甚至内建自测试电路。目前关于 3D DFT 技术的研究仍处于理论研究阶段。针对 SiP 芯片测试，国际电气与电子工程师协会在 2019 年发布了新的测试标准 IEEE 1838。

IEEE 1838 是一种从裸芯堆叠的物理模型中提炼出来的测试标准，IEEE 1838 采用了一种专业术语来描述单片裸芯在整个裸芯堆叠模型中的互连逻辑位置。该标准假定与整体裸芯块外部 IO 相连的第一片裸芯称为第一个裸芯，沿着单片裸芯互连的次序，依次是第二个、第三个裸芯。单片裸芯中，接收信号的一面称为主要接口，发送信号的一面称为次要接口。一对主要和次要接口形成两个裸芯之间的互连；单片裸芯的主要接口插入它前一个裸芯的次要接口。单片裸芯可以有零个或一个主要或次要接口。一个没有次要接口的裸芯称为最后一个裸芯，而一个兼具主要和次要接口且不是第一个裸芯的裸芯则是中间裸芯。

图 6-26 所示为 IEEE 1838 标准中定义的三种逻辑上等价的裸芯堆叠模型在物理上不同的实现。堆叠的裸芯块由三个有源的裸芯组成。裸芯 1 的主要接口具有所有外部交互的 I/O 口。裸芯 1 的次要接口连接到裸芯 2 的主接口，裸芯 2 的次要接口连接到裸芯 3 的主接口。因此，裸芯 2 是一个中间裸芯。裸芯 3 没有次要接口，因此是裸芯堆叠块中的最后一个裸芯。图 6-26（a）和（b）中的堆叠均为垂直的 3D 堆叠。图 6-26（a）中所有的裸芯都是正面朝下的（即主要接口朝下），与外部交互的 I/O 口在堆叠块的底部的区域阵列上。因此，主要接口在每个裸芯的底部，次要接口在每个裸芯的顶部。图 6-26（b）中所有的裸芯都是正面朝上的，而外部 I/O 口是在堆叠块的顶部作为通信接口连接焊盘。因此，图 6-26（b）与（a）相比，正面和反面是颠倒的：主要接口在每个裸芯的顶部，次要接口在每个裸芯的底部。图 6-26（c）所示的是一个堆叠的 2.5D SIC，三个有源裸芯并排堆叠在包基板（Interposer）的顶部，并通过包基板相互连接。在 2.5D SIC 模型中，裸芯的主要和次要接口都位于该裸芯底部。

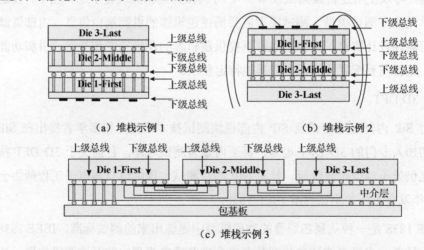

（a）堆栈示例 1　　　　　　　　　　（b）堆栈示例 2

（c）堆栈示例 3

图 6-26　三种逻辑上等价的裸芯堆叠模型在物理上不同的实现

IEEE 1838 的目标是基于数字扫描测试来定义裸芯级标准化、可扩展的 3D

DFT，以便在兼容的裸芯片相互堆叠时，使用 3D DFT 对其进行基本的功能和参数测试。IEEE 1838 同时提供了一种模块化的测试访问架构，可以对微系统芯片中的单片裸芯和相邻裸芯之间的互连层进行测试。该标准重点描述在整个微系统芯片组装过程（封装前、封装后、板级状态，裸芯片相互绑定前、绑定中、绑定后）中对其内部裸芯电路和裸芯之间互连的测试，并且提供了单 bit 串行的输入/输出测试接口和多 bit 并行的测试接口用于对微系统芯片进行测试访问。

该标准以单片裸芯为中心，并且兼容其他符合标准的裸芯（而不是堆叠的裸芯模块）。微系统级别的 DFT 由标准化的单片裸芯级别的 DFT 组合而来，它们之间紧密联系，因此该标准使得裸芯设计团队与微系统芯片设计团队之间必须相互协调沟通。

该标准没有对微系统级测试的困难和挑战及相应的解决办法进行阐述。例如，IEEE 1838 并没有强调微系统芯片与其互连芯片进行板级互连测试时是否需要兼容 IEEE 1149.1 中的边界扫描。同时，也没有规定特定的缺陷或故障模型，以及特定的测试生成方法或内部 2D DFT。但是，该标准在适当的情况下会利用现有的 2D DFT，包括测试访问端口（IEEE 1149.1 中指定）和片上 DFT 结构。例如，内部扫描链和嵌入式内核的包装器（IEEE 1500 中指定），以及用于调试和嵌入式仪器片上设计（IEEE 1687 中所述）。

6.4.2　MEMS 测试技术

1. MEMS 测试技术概述

微机电系统（Micro-Electro-Mechanical Systems，MEMS）以微电子技术为基础，然后结合了微电子学、力学等多个专业学科[212]。一个完善的微机电系统包括微传感器、微执行器、信号处理、控制电路、通信接口、电源等部分[213]。其功能是能将信息的获取、处理、执行放在一起处理，这样就形成了多功能的微型系统[214]，体积减小，意味着其能执行大型机电系统执行不了的功能；因此同样能嵌入大型系统里面，用来提升系统的智能化、自动化和可靠性水平。其应用前景十分广阔，被认为是影响未来科技走向不可缺少的技术之一。

MEMS 的研究主要集中在三个方向：微传感器、微执行器和微系统。MEMS 微传感器可以测量很多不同的物理量、化学量和生物量，比如位移、速度、离子浓度及生物分子浓度等[215]。MEMS 微执行器同时也能进行各种运动控制。例如,数字化微镜器件是典型的 MEMS 微系统,微系统指的则是将微传感器、微执行器及对应的信号处理器加上控制电路组合在一块[216],能实现指定功能的微电子机械系统。

MEMS 测试依据面向的层次可分为三大类:晶圆级测试、芯片(Die)级测试和器件级测试。MEMS 晶圆级测试主要解决的是在微纳制造工艺过程中加工出来的结构与设计的符合性、微结构之间和不同批次晶圆间的一致性与重复性问题;芯片(Die)级测试主要解决核心芯片功能状态、封装及电路与核心芯片的相互作用等;器件级测试包括整体器件性能评估、环境测试、可靠性测试等。而根据 MEMS 的研究方向,也可把测试分为微传感器的测试、微执行器的测试和微系统的测试。

2. 各类 MEMS 器件测试方法

MEMS 器件种类繁多,本节以 MEMS 的压力、加速度、磁场、温度传感器为例,介绍其概况、结构、工作原理和测试方法。

1)MEMS 压力传感器的测试

MEMS 压力传感器已经是汽车工业等行业不能缺少的重要元器件。根据压力传感器的感压机制[217],MEMS 压力传感器主要有压阻式压力传感器、电容式压力传感器、谐振式压力传感器和热压力传感器等,压阻式压力传感器是最常见的压力传感器。

MEMS 压力传感器测试包含了静态和动态测试。

(1)静态测试是指在指定条件下采用机械压力测试设备对被测 MEMS 压力传感器进行最少 3 次预压,使被测试传感器压力上升到临界值,等压力恒定之后减小压力,直到压力为 0。此测试可以测量出静态指标,包括零点输出、满量程输出、非线性、迟滞、重复性、准确度、灵敏度等[218]。

(2)动态测试则是指通过给传感器施加已知的校准动压信号当作激励源,根据对传感器的输出信号的分析处理[219],就能得出传感器的动态特性的各参数。动态特性参数主要有频率响应、谐振频率、自振频率(或振铃频率)、阻尼比、上升时间、时间常数、过冲量等。

在测量静态或动态性能的时候,也要注意环境参数对动静态性能的影响,环境影响包括温度影响、振动影响、冲击影响、加速度影响、湿热影响、外磁场影响、气密性影响、盐雾影响、热辐射影响、沙尘影响、噪声影响，以及高/低气压、高/低温和它们的综合影响等。

下面本书以一种量程为 2Mpa 的压阻式 MEMS 压力传感器为例说明压力传感器的性能测试过程[220]。

将压焊好 MEMS 压力传感器芯片的测试管座［见图 6-27（a）］固定到测试工装上，连接好激励电源和信号读出数字万用表，图 6-27（b）所示的是 MEMS 压力传感器性能测试环境，包括压力泵、工装、数字表、高低温恒温试验箱等。用压力泵加压到 2MPa，保持 3 分钟，待压力稳定后降压，返回零点，重复 3 次确认数字表是否工作正常及整个测试系统的密封性是否良好。启动激励电源和万用表，稳定 30 分钟。待整体测试系统基本稳定后就可以开始器件性能测试。设定 5 个压力测量点：0MPa、0.5MPa、1MPa、1.5MPa、2MPa。在每个测量点输出压力稳定10s 后，再从万用表上读取传感器输出的电压值。在测试传感器的迟滞特性时，设置升压降压循环测量，并重复进行 3 次循环，两个循环之间的断电间隔为 10 分钟，以考验传感器在休眠与工作状态切换后的重复性。MEMS 压力传感器芯片的实际测量数据如表 6-1 所示，典型的静态性能指标按国家标准规定的方法计算。

（a）传感器芯片压焊到测试管座中　　　（b）MEMS 压力传感器性能测试环境

图 6-27　压力传感器动态性能测试系统示意

表 6-1　MEMS 压力传感器芯片的实际测量数据

标准压力值	1#循环/mV		2#循环/mV		3#循环/mV	
	升压	降压	升压	降压	升压	降压
0MPa	36.712	36.687	36.687	36.670	36.670	36.661
0.5MPa	64.479	64.462	64.450	64.450	64.440	64.468
1MPa	92.159	92.61	92.157	92.157	92.160	92.195
1.5MPa	119.790	119.808	119.781	119.828	119.827	119.861
2MPa	147.409	147.409	147.411	147.411	147.441	147.441

典型性能指标						
零点输出	满量程输出	非线性	迟滞	重复性	准确度	灵敏度
36.7 mV	110.7 mV	0.054%	0.030%	0.073%	0.112%	55.4 mV/MPa

2）MEMS 加速度计及其测试

物体的速度变化量与间隔时间的比值被定义为物体的加速度，这是用来描述物体运动速度变化快慢程度、物体振动状态的物理量。加速度传感器则是将上述信号转化成可以计算的电信号的器件，这种元件由两个部分组成：敏感器件和检出电路。敏感器件的作用是将加速度转换成电物理量（如频率、电流、电压、电容），而检出电路的功能就是把上述电物理量读出来并传输显示，共同完成加速度检测的功能。

根据牛顿第二定律 a（加速度）$= F$（力）$/M$（质量）可知，对于已知质量为 M 的物体，只需测量出其所受的作用力 F 就可得到物体的加速度 a[221]。因此加速度传感器实际上就是检测传感器内部敏感器件在外力作用下产生形变的大小，并将其转化成电压输出，最终产生对应的加速度信号的传感器。

加速度传感器被大量使用在航空航天、军事工程、工业控制和地震测量等多个领域[222]，因为这些领域中的很多组成部件都需要时时刻刻地检测设备所承受的加速度，所以不得不安装对应规格的加速度传感器。

根据测量原理，可以把加速度传感器分为压阻式、压电式和电容式等类型。

（1）压阻式加速度传感器。

压阻式加速度传感器大多采用悬臂梁结构，由悬臂梁和质量块及布置在梁上的压阻组成。当悬臂梁发生形变时，其固定端一侧变形量最大，故将压阻薄膜材料布置在悬臂梁根部；悬梁臂的自由端加一个敏感质量块[223]。当有加速度输入时，悬臂梁在质量块受到的惯性力牵引下发生形变，导致固定端连接的压阻膜也随之发生变形，其电阻值也受影响而改变，导致压阻两端的检测电压值发生变化，利用接收到的电压值就能推导出加速度的数值。压阻式加速度传感器的原理图如图 6-28 所示。

（2）压电式加速度传感器。

压电式加速度传感器是根据压电效应设计的，压电效应指有些材料在特定方向上受力产生形变时[224]，导致其内部出现极化现象，其两个表面上将生成极性相反的电荷，外力一旦消失，则又复原到不带电的状态。常见的压电材料有石英、压电陶瓷等。可以将压电材料与敏感质量块连接到一起，再利用弹性结构和外壳相连。其和上述的压阻式加速度传感器拥有相似的结构，惯性力因为外加在被测物体上的加速度变化而变化[225]，这样变化量也就间接利用敏感质量块传递给压电材料，而压电作用生成的电荷利用电荷放大器输出对应的电压，加速度正好和对应的电压有相应的比例关系，故可计算加速度的大小。压电读出加速度计如图 6-29所示。

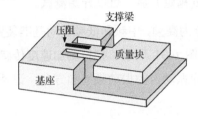

图 6-28　压阻式加速度传感器的原理图

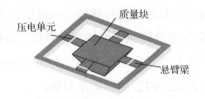

图 6-29　压电读出加速度计

（3）电容式加速度传感器。

人们根据电容原理制造了电容式加速度传感器。它是一种极距变化型的电容传感器。电容式加速度计结构如图 6-30 所示，它中间有一个质量块，该质量块其实是一个可变电容的可动电极，这个电容的另外一个电极则固定起来了。当被测物体受加速度时，由于惯性力的作用会导致质量块产生一定位移，这个位移直接使可动电极和固定电极之间形成的电容发生改变[226]，外围测量电路检查到该变化，通过采集系统采集该数据后传输给计算机，然后通过相对应的计算，实际的加速度大小就可以通过相应的电容量计算出来。

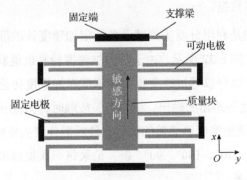

图 6-30　电容式加速度计结构

MEMS 加速度传感器的主要性能参数有：量程（或称动态范围），零偏、零偏稳定性及零偏重复性，比例因子及其温度系数（或称标度因数，表示加速度输入变化与输出信号变化之比，以及随温度变化的系数），非线性度等。

MEMS 加速度传感器测试：

将 MEMS 加速度传感器利用测试夹具加载到测试台（可采用振动台、离心机、分度头等）上，其三个基准轴的轴向、安装间距、空隙等应符合测试规范。当待测加速度计达到热平衡（温度及温度梯度稳定）后，可以开始测试。

振动台是常用的传感器动态测试设备，分为高频、中频和低频振动基准装置，MEMS 加速度传感器性能测试系统示意图如图 6-31 所示，把待测加速度传感器按规定放置并固定在标准振动台上，设定相应振动台的振动频率和方向，记录好传感器输出，然后循环多次测试。

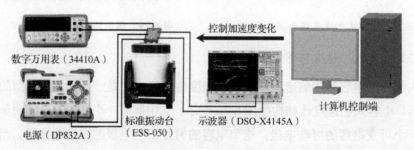

图 6-31　MEMS 加速度传感器性能测试系统示意图

采用离心机测试的原理与振动台类似，将待测加速度传感器按规范放置并固定到高精度离心机上，设定离心机的加速度按正向和反向变化，记录传感器输出，获得多个循环的测试数据。

分度头测试指的是利用分度头测试设备标定加速度计的静态性能参数，分度头测试系统示意图如图 6-32 所示。由于重力加速度轻易就能获得，还可以精确计算其大小和方向，所以可以通过改变重力加速度在加速度传感器输入轴方向的分量[227]，来测量加速度传感器的输出。将分度头按顺时针方向设定转角到 0°、90°、180°、270°，分别记录加速度传感器的输出；最后把分度头按顺时针方向转 360°，再逆时针分别设定到 270°、180°、90°、0°，记录每一次加速度传感器的输出[228]。重复以上循环至少 3 次。

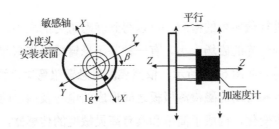

图 6-32　分度头测试系统示意图

3）MEMS 磁场传感器及其测试

磁场传感器的应用场合非常多，如车内罗盘、GPS 接收机及 PDA、远程车辆监测、交通和车辆检测、位置传感、安保系统和医疗仪器等，扩展的领域包括过程控制、实验室仪器检测、异物检测、磁性墨水识别、电流传感及运动检测等。基于 MEMS 的磁场传感器可以分为基于洛伦兹力的、基于静态磁场力的、基于隧道效应的、基于扭矩检测的、谐振式等结构。按照驱动方式划分，通常有基于洛伦兹力的谐振式传感器和基于静态磁力的扭转式磁敏传感器[229]。从检测方式上讲通常有电容式梳齿差分对检测、压阻式检测及光学系统检测法。

（1）基于洛伦兹力的检测。

在静磁场 MEMS 传感器中，运用洛伦兹力对电磁场的检查是根据不同磁场传感器在固定电流（交流幅值）的情况下对外界磁场产生不同的动态响应进行的[230]。图 6-33 所示为电容式洛伦兹力检测系统，由洛伦兹力带来的水平漂移通过梁的移动变成了电容的变化，通过梳齿电容的变化推导梁的弯曲程度可以得到洛伦兹力的大小，从而进一步确定磁场的大小。为了达到比较高的测试灵敏度，传感器在真空中进行封装，通过晶圆级的溅射技术得到的封装可以有效地增加谐振传感器的品质因子。压阻检出洛伦兹力如图 6-34 所示，其也使用了通过洛伦兹力进行磁场检测的方法。闭环的信号被正弦电流激励，并且在磁场中产生洛伦兹力，因此导致平台的谐振转动[231]。当平台转动时，L 形梁结构把信号传递到压阻构成的惠斯通电桥上，在外部电路进行检测输出。

（2）基于静态磁场力的检测。

通过电镀或溅射铁磁性材料并且进行磁化，传感器可以本身带磁。光学读出静磁场力如图 6-35 所示，在增加外界磁场的时候，由于静态磁场力的增加，整个梁式结构发生偏转，因为本身磁场的形状，所以两侧偏转方向是不同的。通过外加光学检测系统进行偏转角的检测，可以得到静态磁力的大小，通过剩磁测量和磁力计算可以得到外界的磁场大小。有一种基于悬臂梁静态探测磁场的传感器，其电容读出静磁场力如图 6-36 所示，依然靠测量悬臂梁弯矩来测量磁场的变化。在带磁性的下极板和可动的磁检测极板之间形成的电容及固定的非磁性材料的极板之间的电容发生变化，构成了简单和具有高灵敏度的传感器，检测机制是电容的变化（电学）或倾角的变化（光学）。

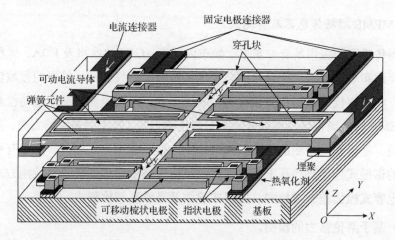

图 6-33　电容式洛伦兹力检测系统

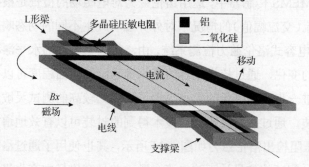

图 6-34　压阻检出洛伦兹力

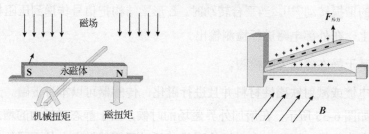

图 6-35　光学读出静磁场力　　　　图 6-36　传感器电容读出静磁场力

MEMS 磁传感器测试：

通过传感器的片上线圈施加电流可以实现同样大小磁场的信号响应，从而实现外界磁场同片上线圈电流所形成磁场的一一对应关系，根据输出变化可以测试外界磁场大小，实现片上自检的磁场标定测试，MEMS 磁传感器测试系统如图 6-37 所示。用磁铁作为标准化磁场的模拟量，产生标准化磁场曲线，采用高精度数字特斯拉计记录传感器所处外界磁场随距离的变化。实验正反行程重复三次以上的循环，计算出传感器灵敏度、线性度、量程及迟滞等性能。但当传感器本身发生变化时，根据以前的标定磁场得来的测量值就无法真实反映外界的磁场，传感器对于外界磁场的测量就会发生偏差。此时根据集成线圈在外加驱动电流时所形成磁场的一一对应关系和已知标定，可以获得传感器本身剩磁的变化及外界磁场值。在已知标准条件下，要使用传感器的压阻响应和传感器自校准一起进行测试，防止因为器件性能漂移而产生误差。

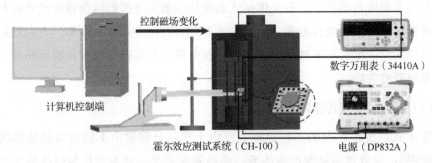

图 6-37　MEMS 磁传感器测试系统

4）MEMS 温度传感器

自然界所有的物理化学变化过程都和温度有关，因此温度是各个领域中都会经常测量和控制的重要参数。由于 MEMS 技术的不断革新和改进，一些采用 MEMS 技术的微温度传感器也相继被提出并制造。

（1）石英谐振式温度传感器。

石英晶圆是石英晶体沿一定方向切割而制成的，而在石英晶圆上镀上电极即可得到谐振器，通过石英晶体对外界温度不同的变化率，可以把外界温度的改变转换成谐振频率的改变，谐振器谐振频率的改变可以用来表示温度的变化，这就是石英谐振式温度传感器的原理[232]。

图 6-38 所示为高精密厚度切变式石英晶体温度传感器。相关技术已经成型，但其占用空间和消耗的功率都非常大，而且能测量的温度范围也有限。基于弯曲振动的石英音叉温度传感器的出现，很好地解决了上述问题，成功完成了石英晶体温度传感器的小型化和低功耗转换。

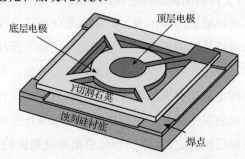

图 6-38　高精密厚度切变式石英晶体温度传感器

在众多温度传感器中，石英谐振式温度传感器无须模数转换器就能直接利用微处理器对数字信号进行处理，而且传感器拥有高精度和高分辨率，大大增加了传感系统的精确度和可靠性，因此是目前高分辨率和高精度温度传感器研究领域内的重要研究方向。

（2）压电式温度传感器。

压电式温度传感器的工作原理是：由于双层悬臂梁中不同材料的热膨胀系数失配[233]，导致谐振频率产生改变，将检查到的谐振频率变化量转换成温度的变化量。压电检出悬臂梁温度传感器如图 6-39 所示，在悬臂梁的固定端，驱动两个压电材料产生共振并检测共振频率。Al/SiO_2 双层悬臂梁作为传感器的敏感元件，其中 SiO_2 由于硬度较高，作为金属的支撑材料，Al 的热膨胀系数比较大。在所有的 CMOS 材料中，Al 和 SiO_2 之间的热膨胀系数是相差最大的。当温度在"双金属"的影响下发生变化时，双层发射极的结构会产生与发射极共振频率相等的静态变形。

（3）电容式温度传感器。

采用多层梁结构的电容式温度传感器如图 6-40 所示[234]。多层梁结构的两个电极之间需要放置绝缘介质，里面不是空腔，并且用电介质材料来代替原有的空气介质，构成了两个导体之间夹入介质的固体电容模式。而且每层材料的热膨胀系数不同，这是因为构成多层梁体可变电容的各层材料有所差异。在温度发生改变时，各个材料间因为热膨胀系数之间的差异性而产生了热应力，致使多层梁产生弯曲及形变。由于受到外力，电介质材料会出现电致伸缩增强效应，也就是介电常数会因为材料在变形情况下而发生改变[235]。所以，介电常数、板级面积、极板之间的距离都会因为固体电容在温度变化时发生改变而产生变化，致使电容值发生变化，也进而实现了温度-电容的转换。

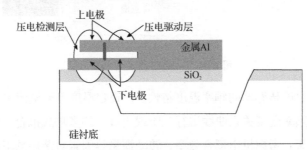

图 6-39　压电检出悬臂梁温度传感器

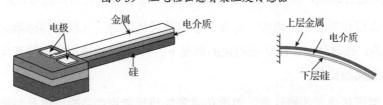

图 6-40　采用多层梁结构的电容式温度传感器

MEMS 温度传感器测试：

MEMS 温度传感器如图 6-41 所示。MEMS 温度传感器的静态特性的定义为：在测试输入的温度为静态常量的情况下，传感器的各种输出信号。为了测试它，研究人员采用计算机、精密恒温槽、高精密频率计、示波器等搭建了 MEMS 温度传感器测试平台，可以通过计算机统筹控制测试平台，自动采集数据，然后进行后期处理。进行测试时，将温度传感器置于精密恒温槽中，把 U 形铝制板槽放入精密恒温槽中，保证测试温度的稳定性。将温度传感器放在恒温槽里，恒温槽的温度通过使用一个微处理器保证温度在-20～100℃范围内。将温度梯度设置成1℃，每个测试点的温度在被读取输出时应至少保持了 20 分钟，而且得读取 20 次数据，以免出现很大的误差，然后利用计算机分析处理数据，最后计算出温度传感器的全部指标参数。

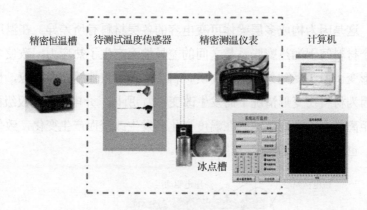

精密恒温槽　　待测试温度传感器　　精密测温仪表　　　　计算机

冰点槽

图 6-41　MEMS 温度传感器

（1）谐振式温度传感器的频率温度特性。在设定温度点测量谐振式温度传感器的谐振频率，对频率温度关系曲线进行三阶或更高阶的多项式拟合，结合有限元分析的幅频特性结果，考虑机电耦合效率、转动惯量等因素对谐振频率的影响，与实验测量频率进行比较，核查 MEMS 谐振式温度传感器设计是否规范与合理[236]。

（2）温度传感器的灵敏度。温度传感器的灵敏度定义（根据传感器对灵敏度的定义）为：在器件的工作状态稳定的情况下[237]，传感器输出的信号变化量与温度变化量之间的比值。

（3）温度传感器的线性度。温度传感器的线性度指的是输出信号与输入温度之间的线性符合度，可以用非线性误差来表征，温度传感器测试曲线与拟合直线的最大非线性误差与输出满量程的比值指的就是非线性误差，而且非线性误差的值与传感器的线性度呈负相关：非线性误差值越小，代表传感器的线性度越好[238]。

（4）分辨率。表示温度传感器能够检测输入信号温度的最低值的性能指标就是分辨率，分辨率是传感器一个很重要的参数指标。

（5）重复性和迟滞。温度传感器的重复性实验与传统传感器测试方法相似，就是对升温曲线和降温曲线做相应循环实验，至少循环 3 次，分析输出信号与温度的关系曲线，计算得出重复性和迟滞。

第 7 章

集成电路设计与测试的链接技术

7.1　集成电路设计与测试的链接技术概述

集成电路产业的发展日新月异，单个芯片的性能也日益增强，这也意味着测试难度不断加大。即使在一些相对简单的芯片设计中，生产商要同时满足用户对大容量和利润的追求，也会面临一个难题，即如何快速将芯片设计转换到大批量的生产测试中。一方面，设计自动化技术经过数十年发展已经很成熟，计算机辅助设计/计算机辅助工程（CAD/CAE）工具已经被广泛运用于产品设计的各个方面。另一方面，在集成电路测试领域，由于自动测试设备（ATE）公司众多，而各家测试设备的软硬件架构各有差异，因而集成电路测试程序的通用性很差。

在实际工程中，如果需要将一个品牌的 ATE 上的测试程序移植到另一个品牌商的 ATE 上，要消耗大量的精力和时间，这也一定程度上制约了集成电路测试技术的发展。当下，IC 设计和测试的自动链接是制约测试程序通用性发展的核心问题[239]。能将 EDA 设计软件输出的数据格式转换为 ATE 所规定的格式的程序，称为自动链接程序。目前在市场上出现的很多产品都具有设计和测试链接能力，这提高了产品测试质量，缩短了产品开发周期。图 7-1 和图 7-2 所示的分别是设计到测试的多路链接模型和双向链接模型。

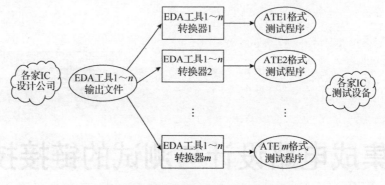

图 7-1 设计到测试的多路链接模型

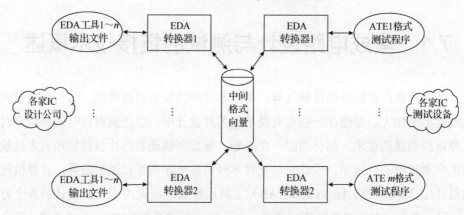

图 7-2 设计到测试的双向链接模型

7.2 设计与测试链接面临的问题

对于测试开发人员而言，他们的工作是从设计人员手中接过接力棒，开发合适的测试程序、足够的测试图形，以便查找出隐藏的设计错误。但是，测试开发人员需要花费大量的时间梳理设计细节，了解设计人员的设计意图、关键的工作区域及器件性能，唯有弄明白这些细节才能开发出适合该器件的测试方案。

但开发自动化测试的资源往往不够，测试开发人员开发测试程序时只能退而求其次，使用专门的测试代码和工具来辅助测试程序的开发。这样做一方面降低了测试人员的测试开发速度；另一方面在新硬件或硬件升级的情况下，测试人员需要重新编写测试代码，无形中加大了工作量。

而测试程序和测试模型编写完成后，必须经过验证和调试之后才能知道它们是否有效。按照传统测试方法的流程，要先制作芯片样片，然后用自动测试设备对样片进行测量，在测量的同时，测试人员需要同时对测试程序进行调试，在这个过程中需要反复确认测试中出现的错误并不是由器件故障、测试程序错误或测试接口硬件引起的，整个测试过程周期很长。

对于生产厂商而言，昂贵的自动测试设备无疑会增加测试成本，但缺乏自动测试设备则会在传统的生产开发流程中引入额外的延时。只专注于芯片设计的公司可以通过其他独立的服务商完成测试任务，因此这些公司无须拥有自动测试设备，但必须租用测试设备，导致测试程序的开发过程变得更为复杂，时间成本也就相对更高。

7.3　可测试性设计技术

出于成本考虑，市场对集成电路产品的开发周期提出了越来越高的要求[240]。而测试技术对产品的开发周期影响巨大，已成为制约超大规模集成电路产品设计和应用的一个关键因素[241]。随着集成电路规模的日益增大，逻辑门数呈指数增加，但芯片的引脚数目相对门数而言却越来越少，使得电路的可控性和可观测性越来越差，电路测试越来越困难，测试产生的费用也呈指数增长，传统测试方法已经难以全面而有效地验证复杂集成电路设计与制造的正确性[242]，只能通过采用更加先进的测试方法或提高电路设计本身的可测试性的方法来节省集成电路设计的测试时间[243]。电路的可测试性设计技术应运而生。

7.3.1　可测试性设计原理

电路的可测试性由可控制性和可观测性两方面组成[244]。可控制性是指能否方便地施加测试向量来检测出故障或缺陷[245]，而可观测性是指能否容易观测到电路系统的测试结果[246]。

可测试性设计是指将对电路的完全测试，转变为对电路内各个节点的测试，从而降低测试的复杂度。具体实现方法包括：将复杂的逻辑电路分块；设计覆盖全部电路硬件节点的附加逻辑电路用于测试[247]；设计自检测模块，以提高测试电路的自动化性能。可以看出，可测试性设计的核心是在电路设计的同时，设计专用的测试电路，降低电路的测试难度和复杂性，从而提高电路的可控制性和可观测性，进而降低测试成本。

在超大规模集成电路时代，可测试性设计是设计中不可或缺的部分[248]，但它会在一定程度上影响系统的性能，增加芯片的硬件成本，因此也不能过度使用。

7.3.2　可测试性设计关键问题

可测试设计在提高测试效率的同时也面临电路面积增大、硬件成本增加的问题，因此可测试性设计技术需要解决以下两个关键问题。

（1）高可测试性：高度可控制性和可观测性的要求，意味着设计中应当尽可能增加控制电路和观测电路。

（2）较低的额外性能和面积消耗：由于可测试电路无益于产品的最终功能，所以站在成品的角度看，又要尽可能减少可测性设计电路，从而减少其带来的面积和额外性能消耗[249]。

可测试性设计技术中的两个关键问题需要在电路设计中平衡考虑，扫描链结构则是一种最基础的解决方案[250]。

另外，随着技术的发展，大量的可测试性设计结构被提出并得以实现，各种EDA 软件也支持可测试性设计，极大地缩短了电路设计和测试开发周期[251]。但是，随着以多核及 SoC 为代表的芯片的发展，芯片复杂度持续提升，可测试性设计对以下性能提出了更高的要求。

（1）通用性：随着复杂度的提升和设计周期的加长，为每个电路专门设计一个测试电路逐渐变得不切实际，所以需要一个能够面向复杂电路可测性设计的通用结构。IEEE 1500 标准在通用结构设计上进行了一定尝试。

（2）可复用性：可调试性设计（Design For Debug，DFD）指增加硬件调试电路，通过软硬件协作的方法来完成并行程序、多线程程序的调试[252]，这也是芯片设计过程中需要考虑的一个重要因素[253]。由于和 DFT 有很多共同点，所以可以将 DFT 和 DFD 部分单元进行复用，这一特性被称作 DFT 的可复用性[254]。

（3）可重构性：其指在测试过程中，工程师可以通过改变配置来实现多种测试功能，从而测试芯片的各个单元或功能。

7.4　设计验证技术

设计验证是为了保证产品设计能够实现其应有的功能而对其功能进行的验证，它是实现"从设计到测试无缝链接"理念的关键一环。在设计验证过程中产生的测试用例稍加转换即可生成测试向量，可有效提高测试开发效率。设计验证技术主要包括三种：模拟验证、形式验证和断言验证。

7.4.1　模拟验证

模拟验证是通过计算机辅助软件来建立集成电路系统的模型并进行测试验证的技术[255]。模拟验证流程如图 7-3 所示，主要包括测试激励产生、DUT、响应比较、覆盖评估等。首先将相对应的测试激励通过 DUT 的通用数据输入接口（Common Data Input Interface）输入 DUT 中，同时测试激励通过 DUT 的通用数据输入接口输入参考模型，实时监测 DUT 的输出接口信号，并且处理后与参考模型期望值进行对比，比较两者是否一致，响应的正确性取决于参考模型的准确性，也取决于上层设计。另外，由于系统模型自身固有的不完备性缺陷，必须结合覆盖率驱动技术来提高模拟验证的完备性[256]。覆盖率驱动技术能够分析出当前验证平台还未验证到的设计部分，进一步优化验证平台。

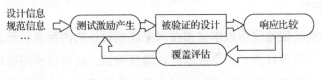

图 7-3　模拟验证流程

现阶段在模拟验证流程中激励产生技术和覆盖率驱动技术占据了主导地位[257]。但是，随着电路集成复杂度的不断提升，验证向量空间指数级增加，因此为每个功能验证点设计直接激励并不现实[258]。对于大规模复杂电路系统，主要会采用约束随机测试和某些直接用例的方法进行验证[259]，但这可能无法完全排除所有的设计错误，一旦忽略某些极端情况下的设计错误，有可能造成不可预计的经济损失。

7.4.2　形式验证

由于模拟验证的完备性越来越难达到，形式化验证技术应运而生，成为当前集成电路系统验证的新方向[260]。形式验证要求用形式化的语言描述系统的规范或性质，然后使用严格的数学推理来证明所设计的系统是否满足形式化描述或具有所期望的性质[261]。首先采用数学语言将电路的功能抽象表示出来（如用一个表达式表述电路的滤波功能），然后对整个电路系统建立数学模型（将电路系统表示为某个或某组数学表达式），最后用数学推理来证明前者是否满足后者，如果数学推理失败，就可以发现设计中的错误。显然严谨的形式验证可以确保验证测试的完备性[262]。

形式验证方法分为三类：定理证明、模型检验和等价性检测[263]。

（1）定理证明以某种形式化逻辑系统为基础，使用该逻辑系统的公式表示待测电路系统及性质[264]；从待测电路系统的公式出发逐步推导表示性质的公式，两组公式对比从而证明所设计的系统是否具有该性质[265]。定理证明逻辑性较强，在验证微处理器的设计上获得了较大成功[266]。然而，定理证明采用的基本逻辑很难进行自动化推理，需要专门的工程师维护，因而该技术的人力成本较高，难以在工业界广泛应用。

（2）模型检测可以先用时序逻辑公式描述待测电路系统所期望的性质，再用有限状态机来表示系统的状态[267]，最后通过覆盖有限状态机的所有状态来确保时序逻辑公式的一致性[268]。模型检测器自动化程度较高，检测速度快，目前在工业界被广泛应用[269]。

（3）等价性验证是使用数学建模技术来证明设计的两种表示形式可以表现出相同的行为。一旦设计的某一个版本已被验证确认，就可以使用等价性验证来确定设计的另外一种表示是否与已验证版本的行为相同。而且等价性验证不使用输入向量，因此效率更高。在复杂的 SoC 设计中，在众多流程中使用的工具都会对设计进行修改操作。除了逻辑综合，还有功耗优化步骤、可测试性插入和功能 ECO来解决设计问题或设计变更。等价性验证为任何设计阶段都提供了强大的补充。使用形式化验证技术来验证设计一致性可以更好地确保验证质量，而不依赖模拟验证平台的完备性[269]。

7.4.3　断言验证

虽然形式验证可以只运用数学方法来证明设计等价性，但它只能处理规模不太大的设计[270]，并不能完全取代模拟验证。而在模拟验证中引入形式验证技术可以解决大规模数字电路设计的验证问题，这种方法一般称为断言验证法。

通过在设计模块内部或接口上的关键点设置断言，提高设计的可观测性，并提高定位设计问题的效率[270]。当仿真中出现断言错误，通过断言报告比观察 DUT 外部接口信号更容易找到原因[270]。断言也可以使用形式化验证来证明正确性，从而增加对设计质量的信心[270]。

此外，属性覆盖率还能反映设计功能仿真中的情况。未被覆盖的属性可通过形式化验证技术生成测试序列仿真其设计来覆盖。使用这些测试序列并启用断言能够提高验证的完备性[270]。

断言在验证设计中的作用如图 7-4 所示。在不同的验证工具和技术中都可以应用断言，它可以提高外界（设计人员、使用者等）对设计内部的可观察性[271]，可以更加快速地定位问题的所在，减少调试时间，从而提高验证效率和验证完备性[272]。

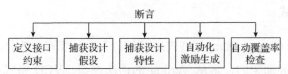

图 7-4　断言在验证设计中的作用

7.5　常用测试向量格式及转换工具

随着集成电路设计水平的不断提高，集成电路的逻辑关系越来越复杂，时序要求越来越严苛，测试已经不可能像早期一样采用人工输入测试向量的方法来实现。目前，在 VLSI 设计过程中，向量一般是由 EDA 或 ATPG 产生的。但是，这些向量一般需要经过格式转换成 ATE 所能识别的测试向量格式后，才能为 ATE 所用。测试向量一般包括测试时序（Timing）和测试向量（Vector），均是周期化的结果，其格式与测试平台有关。如前所述，不同厂商的 ATE，测试向量格式一般不同，而且产品不断更新换代，即使是同一品牌的 ATE，其测试向量的格式也可能不相同。从设计仿真到 ATE 测试的示意图如图 7-5 所示。

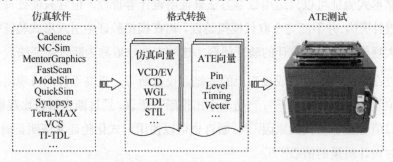

图 7-5　从设计仿真到 ATE 测试的示意图

7.5.1　常用仿真向量格式

常用的仿真向量主要有 VCD、EVCD、WGL、STIL 等，不同类型的 EDA 软件一般会使用不同的仿真向量格式。基于结构测试类的仿真输出一般为 WGL 格式的向量，基于功能测试类的仿真输出一般为 VCD/EVCD 格式的向量，最新的软件工具一般支持目前较先进的 STIL 格式的仿真输出。

1. VCD 格式

VCD（Value Change Dump）格式是 IEEE 1364 标准的一部分，它是由 Verilog 硬件描述语言发展而来的，遵从 Verilog 的语法规则。VCD 格式是基于事件形式的语言，它描述了器件在某一时刻引脚状态的数据规范，采用直线型结构的文件形式，文件内容主要是设计模型中基于事件变化的信息，具体表现为器件某一时刻的输入/输出状态。人们在 2001 年又对其进行了扩充，增加了方向性和可描述的事件的种类，称其为 EVCD（Extended Value Change Dump）文件。

在 VCD 文件中包括 12 个以$开头，以$end 结束的关键词。这些关键词可分为描述性关键词与仿真性关键词。描述性关键词用于说明文件的基本情况，主要包括生成时间、时间单位、仿真版本信息、引脚信息及注释等。仿真性关键词代表文件的主体，主要用来记录关键值的变化信息。VCD 文件的关键词如表 7-1 所示。

表 7-1　VCD 文件的关键词

描述性关键词		仿真性关键词
$comment	$timescale	$dumpall
$date	$upscope	$dumpoff
$enddefinitions	$var	$dumpon
$scope	$version	$dumpvars

VCD 文件以零时刻为起点，主要包含 0、1、x、z 等电平信号的事件集合。它是测试程序开发过程中被使用最广泛的仿真向量。在下一次跳变之前，每个信号状态会保持上一状态。VCD 文件的时间分辨率比较高，可以达到 10ps、1ps 甚至 10fs，因而可以包含丰富的时序信息。

VCD 文件是一种文本文件，可用文本编辑工具进行编辑，主要包含以下内容。

（1）VCD 文件仿真生成时间。

（2）仿真工具名称及其版本信息。

（3）时间分辨率（Timescale）。

（4）信号定义：每个信号用一个简单字符表示，同时指出信号的宽度。若信号为非总线信号，则宽度为 1。

（5）信号的初始状态设置。

（6）信号的跳变信息，"#" 后的数字代表动作时刻。

VCD 文件例子如下：

```
$date
    Wed May   2 14:14:53 2018
$end
$version
    Synopsys VCS version H-2013.06_Full64
$end
$timescale
    1ps
$end
$comment Csum: 1 c5a9328381596485 $end
$scope module tb_1107 $end
$scope module TOP $end
$var wire 1   !   TEST $end
$var wire 1   "   INT0 $end
$var wire 1   #   CP $end
```

```
$var wire 1   $   DATA $end
$var wire 1   %   SET $end
$var wire 1   &   CLK $end
$var wire 1   '   CHIP0 $end
$var wire 1   (   CHIP1 $end
$var wire 1   )   CHIP2 $end
$var wire 1   *   CHIP3 $end
$var wire 1   +   BKD0 $end
$var wire 1   ,   BKD1 $end
$var wire 1   -   BKD2 $end
$var wire 1   .   BKD3 $end
$var wire 1   /   BKD4 $end
$var wire 1   0   BKD5 $end
$var wire 1   1   BKD6 $end
$var wire 1   2   BKD7 $end
$var wire 1   3   BKD8 $end
$var wire 1   4   BKD9 $end
$var wire 1   5   BKDA $end
$var wire 1   6   BKDB $end
$var wire 1   7   BKDC $end
$var wire 1   8   BKDD $end
$var wire 1   9   BKDE $end
$var wire 1   :   BKDF $end
$var wire 1   ;   SET0o $end
$var wire 1   <   SETo1 $end
$var wire 1   =   PLOCK0 $end
$var wire 1   >   PLOCK1 $end
$var wire 1   ?   PLOCK2 $end
$var wire 1   @   PLOCK3 $end
$var wire 1   A   PLOCK4 $end
$var wire 1   B   PLOCK5 $end
$var wire 1   C   PLOCK6 $end
……
$upscope $end
$upscope $end
$enddefinitions $end
#0
$dumpvars
x#
xY
x;
x<
……
#8000
0Y
```

```
0E
0F
0G
0H
#50000
0&
#100000
1&
#150000
0&
#200000
1&
......
```

使用 EDA 工具（如 Novas Software 公司的 Debussy）打开 VCD 文件就可以直观地查看测试图形，VCD 波形图如图 7-6 所示。

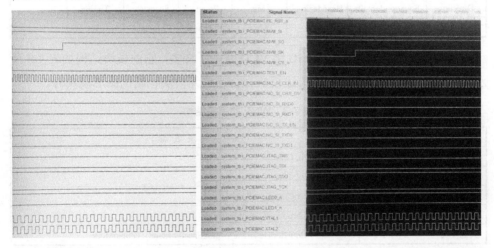

图 7-6　VCD 波形图

2. WGL 格式

WGL（Wave Generation Language）格式用于描述扫描结构和状态，测试图形的时序和数值。它是一种允许变量定义和内嵌方程表达的数据描述性语言，能够同时支持硬件扫描结构和测试程序的生成。

WGL 作为典型的周期化文件，其应用十分广泛，但它只是由一家公司提出的，尚未成为 IEEE 标准。WGL 最初只是一种在 TDS 软件周期化工具——Wave Maker's Editor 中使用的辅助性描述语言，用来转换或编辑波形数据库（WDB）中的数据。

但由于其被一些测试仪器支持，所以也得到了大家的认可。WGL 中的关键词如表 7-2 所示。

表 7-2　WGL 中的关键词

WGL 关键词							
Atepin	Dutpin	Event	In	Ns	Ps	Skip	Us
Bidir	Edge	Exprset	Initialp	O	Radix	Subroutine	Vector
Binary	End	Feedback	Input	Octal	Reference	Symbolic	Wavedata
Boolean	Equationdefaults	For	Integer	Out	Registe	Tg	Waveform
Call	Equationsheet	Force	Last Drive	Output	Repeat	Time	When
Channel	Event	Force_or_z	Last_force	Pattern	Scan	Timegen	Window
Compare	Exprset	Format	Loop	Period	Scancell	Timeplate	—
Decimal	End	Hex	Macro	Pingroup	Scanchain	Timeset	—
Direction	Equationdefaults	Hexadecimal	Ms	Pmode	Scanstate	Timing	—
Dont_Care	Equationsheet	I	Mux	Procedure	Signal	To	—

从关键字数量可以看出 WGL 比 VCD 复杂了许多，它的模块结构如表 7-3 所示，包括信号描述模块、时序描述模块、扫描单元模块、测试图形模块等。

表 7-3　WGL 的模块结构

模　块　分　类	模　块　名　称
信号描述模块	Signals　　Pin Groups
时序描述模块	TimeGensTimePlatesTimingSets
扫描单元模块	ScanCellsScanChainScanStatc
测试图形模块	Patterns　　Subroutines　　Symbolics
其他模块	Registers　　EquationDefaultsEquationSheetFormats　　GlobalMode

WGL 格式例子如下：

```
# WGL pattern output written by　TetraMAX (TM)　J-2014.09-i140825_152048
# Date: Tue May　8 20:51:23 2018
# Module tested: top_pad
......
waveform top_pad
signal
"IOP_DSP1_ED[31]" : bidir;
"IOP_DSP1_ED[30]" : bidir;
"OP_DSP1_CE[3]" : output;
"OP_DSP1_CE[2]" : output;
"IP_DSP1_Bootmode[3]" : input;
```

```
"IP_DSP1_Bootmode[2]" : input;
    ......
end
timeplate "_default_WFT_" period 100ns
"IOP_DSP1_ED[31]" := input [0ps:S];
"IOP_DSP1_ED[31]" := output [0ps:X, 40ns:Q'edge];
"OP_sm_adv_n" := output [0ps:X, 40ns:Q'edge];
"OP_axi_clk" := output [0ps:X, 40ns:Q'edge];
    ......
end
scancell
"SNPS_PipeHead_IP_i_rxc_5__1";"LOCKUP";"top/U0_CLK_PLL/snps_clk_chain_2/U_shftreg_0_r
eg";
"top/U0_CLK_PLL/snps_clk_chain_2/U_shftreg_0_ff_1_q_reg";
"top/U0_CLK_PLL/snps_clk_chain_2/U_shftreg_0_ff_0_q_reg";
    .......
end
scanstate
    { scan_test }
    SoC_c0U0:=SoC_c0G(XXXXXXXXXXXXXXXXXXXXXXXXXXXXXXXXXXXXXXXXXXXXXXXXXX
    ......
XXXXXXXXXXXXXXXXXXX);
    SoC_c0L0:=SoC_c0G(010011111010111000111101001110101010100000101101001010100 1
    0000101000001001111101000001001011001001010100000100100100000101000000110100010
0000000000000000000000000000101010101110101111111011111001111000000010111100010000100);
    ......
end
pattern group_ALL ("IOP_DSP1_ED[31]":I, "IOP_DSP1_ED[30]":I, "IOP_DSP1_ED[29]":I,
"IOP_DSP1_ED[28]":I, "IOP_DSP1_ED[27]":I, "IOP_DSP1_ED[26]":I, "IOP_DSP1_ED[25]":I,
    ......
    vector("_default_WFT_") := [ - - - - - - - - - - - - - - - - - - - - - - - - - - - - - - - - - 0 1 1 1 - - - - - - - - - - -
- - - - - - - - - - 1 1 1 0 0 1 1 1 1 0 0 1 0 1 0 0 0 - - - - - - 0 0 1 0 1 1 1 0 0 0 0 0 - - - - - - - 1 - - 1 1 1 1 0
0 0 1 1 1 1 0 1 1 0 0 1 0 1 0 0 0 1 0 0 0 0 0 0 0 1 1 1 0 0 0 0 1 1  - - - - - - - - - - - - - 1 0 1 X X X
X 0 X 0 X X X X X X X X X 0 0 1 1 0 0 1 0 0 1 1 0 1 1 0 1 1 0 1 1 0 ];
       scan("_default_WFT_") := [ 0 1 1 1 1 1 1 1 0 1 0 0 0 0 1 0 0 0 0 0 0 1 1 0 0 0 0 1 0 0 0 0 0 1 0 0
- - 0 1 1 1 1 1 1 1 0 1 0 0 1 1 1 0 - - 0 1 0 0 0 0 1 0 0 0 0 1 1 1 1 1 0 - - - - - - - - - - - - - - - - - - - - - - -
0 1 0 0 0 0 0 1 0 1 0 1 0 0 1 0 0 1 1 0 0 0 0 1 1 1 0 0 1 1 1 1 - - - 1 0 - 1 1 1 1 0 1 1 0 1 0 0 0 0 0 0 1 1 0 -
- - - - - - - - - - - - - - - - - 1 1 0 1 1 1 0 1 1 1 1 1 1 1 0 1 1 1 1 1 0 1 0 0 0 1 1 1 0 - - - - - - - - - - - - - - - -
- - - - - -],
    ......
end
end
```

3. STIL 格式

STIL（Standard Test Interface Language）格式是一种数字测试向量生成工具与测试设备交互的语言，同样是基于 ASCII 码的文件格式。STIL 文件既有周期型也有事件触发型的描述方式，可以说是对 VCD 文件和 WGL 文件的完美结合。数字测试向量的标准测试接口语言（即 STIL）的 IEEE 1450 标准在 1999 年得到了 IEEE 标准联合组织的批准[273]，目前 IEEE 1450 标准已扩展为 6 个版本。STIL 相关标准如表 7-4 所示。

表 7-4　STIL 相关标准

版　本	简　要　说　明
P1450.0	最基本的 STIL 版本，针对数字集成电路，定义了 STIL 的基本框架
P1450.1	是对 STIL 在半导体设计环境中的扩展，主要的贡献是对 STIL 支持的工具进行了扩展并定义了可以用在子项目中的结构
P1450.2	STIL 在直流方面的扩展，指出电压、电流及其他参数在测试中的使用或测量方式
P1450.3	测试仪器规格的扩展。当把 STIL 应用到测试环境时，对测试仪器的一种限制或约束机制。也常被用作 STIL 文件的度量，来识别使用元素
P1450.4	测试流的扩展。测试过程、组织、失败处理的定位，总体的测试控制
P1450.5	半导体测试方法的扩展。对流定义做出了调整，对专属平台的操作做出了必要的定义及结构上的支持
P1450.6	Core Test Language（CTL）支持。定义了结构和测试组织来再利用以前定义的逻辑块产生的测试信息

STIL 格式作为集成电路设计到测试的标准数据格式受到了美国的 TI、Intel、IBM、Freesacale 等巨头及日本以 Toshiba 为首的集成电路制造厂商的支持[274]。此外，有关 STIL 的一些产品也开始得到应用，如 Synopsys 公司的 TetraMAX 和 Mentor 公司的 FastScan 等均支持 WGL 和 STIL 格式。STIL 成为 EDA- ATE 间的标准接口是大势所趋。

在 STIL 语言中，数据结构的基本单位是块，相同的数据类型都被定义在相同类型的块内。STIL 格式主要包含文件说明块、信号组块、信号块、时间定时组块、测试图形块等，各模块具体说明如下所述[275]。

（1）文件说明块：包括文件名、文件类型（包含事件型向量和周期型向量）和向量总时间长度等[276]。

（2）信号组块：根据不同条件对信号进行分组，形成信号组块。总线信号一般以组的形式存在。

（3）信号块：包括信号与定时关系块、信号组与信号关系块、信号说明块等。信号与定时关系块对每个定时组包含的信号名称进行定义，并且规定了每个信号的详细跳变时间（如输入的驱动前后沿、输出的响应前后沿等）。

（4）时间定时组块：包括测试周期、定时组号、组名等。时间定时组块可省略。

（5）测试图形块：包括测试图形符号类别、块说明信息、测试向量及测试向量与定时关系块等。对于事件型向量，测试图形块主要存储信号波形跳变数值与时间；而对于周期型向量，测试图形块主要存储周期变化的定时组号与测试向量。

STIL 格式例子如下：

```
STIL 1.0;
Header {
    Title "   TetraMAX (TM)   J-2014.09-i140825_152048 STIL output";
    Date "Tue May   8 20:42:44 2018";
    Source "   TetraMAX (TM)   J-2014.09-i140825_152048 STIL output";
    History {
        Ann {*    Thu Dec   8 14:43:16 2016    *}
        Ann {*         Uncollapsed Stuck Fault Summary Report *}
        ......
    }
}
Signals {
"IP_DSP1_Bootmode[3]" In; "IP_DSP1_Bootmode[2]" In; "IP_DSP1_Bootmode[1]" In;
"IP_DSP1_Bootmode[0]" In; "IP_uart_rx[4]" In; "IP_uart_rx[3]" In; "IP_uart_rx[2]" In;
"IP_uart_rx[1]" In; "IP_uart_rx[0]" In; "IP_UP_i[2]" In; "IP_UP_i[1]" In; "IP_UP_i[0]" In;
"IP_DOWN_i[2]" In; "IP_DOWN_i[1]" In; "IP_DOWN_i[0]" In; "IP_i_rxc[5]" In { ScanIn;
    } "IP_i_rxc[4]" In { ScanIn; } "IP_i_rxc[3]" In { ScanIn; } "IP_i_rxc[2]" In {
    ScanIn; }
    ......
    { ScanOut; } "OP_sm_adv_n" Out; "OP_axi_clk" Out;
}
SignalGroups {
"_pi" = '"IP_TEST_EN" + "IP_TestMode" + "IP_BISTMODE" + "IP_ScanEn" +
"IP_ATE_CLK" + "IP_DSP_TEST_EN" + "IP_DSP_WTEST_EN" + "IP_sys_clk" +
"IP_sys_rst_n" + "IP_RstIn_IOn" + "IP_ls232e_ejtag_tck" +

"_si" = '"IP_i_rxc[5]" + "IP_i_rxc[4]" + "IP_i_rxc[3]" + "IP_i_rxc[2]" +
"IP_i_rxc[1]" + "IP_i_rxc[0]" + "IP_i_rxd[5]" + "IP_i_rxd[4]" + "IP_i_rxd[3]" +
"IP_i_rxd[2]" + "IP_i_rxd[1]" + "IP_i_rxd[0]" + "IP_ad_DRDY[0]" +
"IP_ad_DIN[2]" + "IP_ad_DIN[1]" + "IP_ad_DIN[0]" + "IOP_m_data[0]" +
```

```
"IOP_m_data[1]" + "IOP_m_data[2]" + "IOP_m_data[3]" + "IOP_m_data[4]" +
"IOP_m_data[5]" + "IOP_m_data[6]" + "IOP_m_data[7]" + "IOP_m_data[8]" +
"IOP_m_data[9]" + "IOP_m_data[10]" + "IOP_m_data[11]" + "IOP_m_data[12]" +
"IOP_m_data[13]" + "IOP_m_data[14]"' { ScanIn; } // #signals=31
}
Timing {
    WaveformTable "_default_WFT_" {
        Period '100ns';
        Waveforms {
"IP_ATE_CLK" { 0 { '0ns' D; } }
"IP_ATE_CLK" { P { '0ns' D; '45ns' U; '55ns' D; } }
"IP_ATE_CLK" { 1 { '0ns' U; } }
"IP_ATE_CLK" { Z { '0ns' Z; } }
"IP_ls232e_ejtag_tck" { 0 { '0ns' D; } }
"IP_ls232e_ejtag_tck" { P { '0ns' D; '45ns' U; '55ns' D; } }
"IP_ls232e_ejtag_tck" { 1 { '0ns' U; } }
"IP_ls232e_ejtag_tck" { Z { '0ns' Z; } }
"IP_DSP1_ECLKIN_IN" { 0 { '0ns' D; } }
"IP_DSP1_ECLKIN_IN" { P { '0ns' D; '45ns' U; '55ns' D; } }
"IP_DSP1_ECLKIN_IN" { 1 { '0ns' U; } }
"IP_DSP1_ECLKIN_IN" { Z { '0ns' Z; } }
"_default_In_Timing_" { 0 { '0ns' D; } }
"_default_In_Timing_" { 1 { '0ns' U; } }
"_default_In_Timing_" { Z { '0ns' Z; } }
"_default_In_Timing_" { N { '0ns' N; } }
"_default_Out_Timing_" { X { '0ns' X; } }
"_default_Out_Timing_" { H { '0ns' X; '40ns' H; } }
"_default_Out_Timing_" { L { '0ns' X; '40ns' L; } }
"_default_Out_Timing_" { T { '0ns' X; '40ns' T; } }
        }
    }
}
```

```
UserKeywords ScanChainGroups;
ScanStructures {
    ScanChain "SoC_c0" {
        ScanLength 6302;
        ScanIn "IP_i_rxc[5]";
        ScanOut "OP_m_addr[15]";
        ScanInversion 1;
        ScanCells "top_pad.SNPS_PipeHead_IP_i_rxc_5__1.SI""top_pad.LOCKUP.D"
"top_pad.top.U0_CLK_PLL.snps_clk_chain_2.U_shftreg_0_ff_2_q_reg.D"
"top_pad.top.U0_CLK_PLL.snps_clk_chain_2.U_shftreg_0_ff_1_q_reg.D"
"top_pad.top.U0_CLK_PLL.snps_clk_chain_2.U_shftreg_0_ff_0_q_reg.D"
```

```
      ......
      ScanMasterClock "IP_ATE_CLK""IP_DSP1_ECLKIN_IN" ;
   }
      ......
 }
PatternBurst "_burst_" {
   PatList { "_pattern_" {
   }
}}
PatternExec {
   PatternBurst "_burst_";
}
UserKeywords ActiveScanChains;
Procedures {
"load_unload" {
      W "_default_WFT_";
      C { "OP_s_dqm[2]"=X; "OP_m_addr[7]"=X; "IP_ad_DIN[1]"=0; "IOP_m_data[6]"=0;
"IP_i_rxc[5]"=0;
"OP_m_addr[15]"=X; "OP_s_bank_addr[1]"=X; "OP_s_cke"=X; "OP_s_dqm[3]"=X; "OP_m_addr[8]"=X;
"IP_ad_DIN[2]"=0; "IOP_m_data[7]"=0; "OP_m_addr[9]"=X; "OP_m_addr[0]"=X; "IOP_m_data[8]"=0;
      ...... }
      Shift {            W "_default_WFT_";
         V { "_si"=\r31 # ; "_so"=\r31 # ;
"IP_ATE_CLK"=P; "IP_ls232e_ejtag_tck"=P; "IP_DSP1_ECLKIN_IN"=P; }
      }
   }
"capture_IP_ATE_CLK" {
      W "_default_WFT_";
      C { "_po"=\r268 X ; }
"forcePI": V { "_pi"=\r200 # ; }
"measurePO": V { "_po"=\r268 # ; }
      C { "_po"=\r268 X ; }
"pulse": V { "IP_ATE_CLK"=P; }
   }
   ......
}
MacroDefs {
"test_setup" {
      W "_default_WFT_";
      C { "IOP_DSP1_ED[31]"=Z; "IOP_DSP1_ED[30]"=Z; "IOP_DSP1_ED[29]"=Z;
"IOP_DSP1_ED[28]"=Z;
"IOP_DSP1_ED[27]"=Z; "IOP_DSP1_ED[26]"=Z; "IOP_DSP1_ED[25]"=Z; "IOP_DSP1_ED[24]"=Z;
"IOP_DSP1_ED[23]"=Z; "IOP_DSP1_ED[22]"=Z; "IOP_DSP1_ED[21]"=Z; "IOP_DSP1_ED[20]"=Z;
      ...... }
   }
}
```

```
Pattern "_pattern_" {
    W "_default_WFT_";
"precondition all Signals": C { "_pi"=\r19 0 \r32 X 00000XX00\r16 X 0XX\r12 0 \r12 X \r12 0 \r38
"_po"=\r268 X ; }
    Macro "test_setup";
    Ann {* chain_test *}
"pattern 0": Call "load_unload" {
"IP_i_rxc[5]"=
00110011001100110011001100110011001100110011001100110011001100110011001100110011001
1001100
00110011001100110011001100110011001100110011001100110011001100110011001100110011001
1001100
00110011001100110011001100110011001100110011001100110011001100110011001100110011001
1001100
00110011001100110011001100110011001100110011001100110011001100110011001100110011001
1001100
00110011001100110011001100110011001100110011001100110011001100110011001100110011001
1001100
00110011001100110011001100110011001100110011001100110011001100110011001100110011001
1001100
00110011001100110011001100110011001100110011001100110011001100110011001100110011001
1001100;

......
"OP_sm_we_n"=
HHLLHHLHHHLLHHLLLHLHLHHHHLLHLLLLHLLHLLLLLHLLLLHLHHHLLHHLLL
HLLHHHLHHLLLHHHLHHLHHHLLHHLLHLHHHLHHLH
LLLLLLLLLLHHHHLLHLLHHLLLHLHLHHHLHLLHHHLLHHHHHLLHLLHHLLLLLHLHH
HHLLHLHHLLHHHLLLLLLHLLHHHLHHHLHLHLHLLLL
HLHLLLLLLHHLLHHLLHLHLHLHHLLHHHHLHLLHHLHLHLHLLLHHHHLLLHLLHLLLHHH
HLLLLHLHHLHLLLLLLHLHHHLLHHHLHLLLLLLLLLLLL
HHHLHLLLHHLHHLHLHLHLLHHHHHLLHLHHHLHLLLLHLHLHHHLLHLLLHH
HHHLHHHLLLHHHHHLLHLHLHHHHLLLLLLLHHLLLLHH
LLLLLLHHLLLLLLLLLHHLHHHHHHHLLLHHHHLHLHLHHLLLHHHLHHLHLLLLLLLHHH
LLLLLLHHLHHHLLLHHHLLLHLLLLLHLHLHLHLHHL
; }
}
// Patterns reference 201 V statements, generating 321603 test cycles
```

7.5.2 常用的测试向量转换工具

在基于 ATE 的测试程序开发流程中，测试向量转换是一个重要步骤[277]。测试向量的格式转换主要是将面向事件的仿真向量分割成可供测试使用的周期性测试时序和测试向量。

国际上一些知名测试设备供应商在销售 ATE 的同时，也提供配套的测试向量转换工具，如美国 Agilent 公司的 Smar Test PG、日本 Advantest 公司的 CATVert等[278]，常见的测试向量转换工具如图 7-7 所示。还有一些第三方公司也提供类似的软件，如以色列 Test Insight 公司的 Wave Wizard、美国 Source Ⅲ 公司的 VTRAN、美国 Simutest 公司的 Verifier、美国 TSSI 公司的 TDS 等。

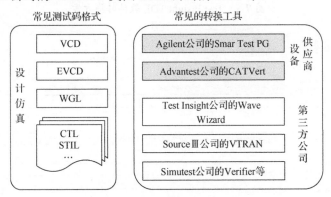

图 7-7 常见的测试向量转换工具

这些进口工具已经在行业内广泛应用，相对而言，国产工具还比较薄弱，它们所面临的核心问题是周期化算法及转换效率。

1. Test Insight TDL（Tester Data Link）转换工具

以色列 Test Insight 公司专注于开发从 EDA 到 ATE 的转换软件，这些软件通常都支持市场主流 ATE 的开放式文件格式转换。例如，Teradyne、Advantest、LTX-credence 等 ATE 机台所需的向量文件、时序文件、通道定义文件等，它们的通用性较好。

TDL 是 Wave Wizard 的升级版本，具有更为强大的功能和转换效率。目前一些主流 ATE 厂商都在设备测试软件中集成了 Test Insight 的软件转换工具。

Test Insight TDL 软件（见图 7-8）主要包括 VCD2STIL 和 ATEGen 两个部分。VCD2STIL 可以将 VCD 或 EVCD 格式转换为 STIL 周期化格式，实现从仿真文件到 STIL 的快捷转换；ATEGen 则可以将 STIL 格式文件进一步转换为 ATE 所需的程序文件。图 7-9 所示为 Test Insight TDL 软件的 Waver 功能。

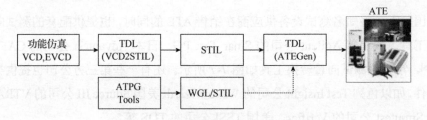

图 7-8　Test Insight TDL 软件转换方案

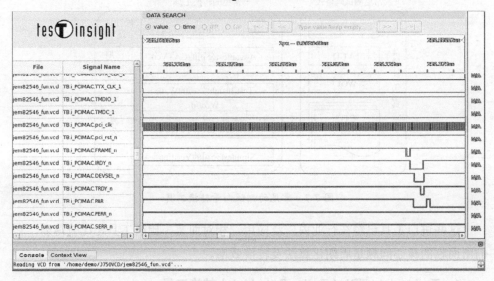

图 7-9　Test Insight TDL 软件的 Waver 功能

2. Source III 公司的 VTRAN 软件

美国 SourceIII 公司的 VTRAN 软件也是一款自动化测试向量转换工具，由于 VTRAN 提供了一整套批处理命令用于提高转换效率，其转换效率较高，得到了广泛的应用[279]。图 7-10 所示为 VTRAN 软件工具界面，VTRAN 的主要应用包括：

（1）将仿真数据文件转换为同其他仿真工具兼容的格式；

（2）将状态数据文件转换为同仿真工具兼容的文件；

（3）修改仿真数据文件，包括更改引脚顺序、引脚列表、时间偏移、时序和时间精度等文件内容；

（4）将仿真/ATPG 生成的向量转换为测试平台数据文件，再进行 Verilog / VHDL 仿真和验证；

（5）将仿真/ATPG 生成的向量转换为 ATE 使用的功能测试向量；

（6）充作图形波形工具的上一端，用于读取和显示向量数据文件。

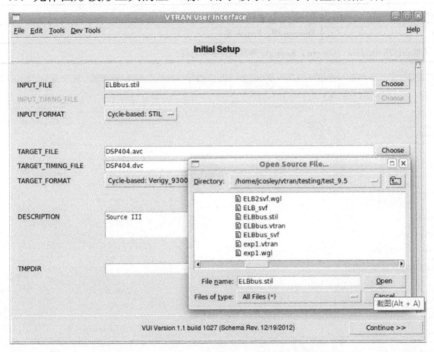

图 7-10　VTRAN 软件工具界面

3. TSSI TDS 转换工具

美国的 TSSI 是一家提供从电子设计到测试自动化全过程解决方案的公司，WGL 语言就是 TSSI 的主要贡献之一。Solstice-TDS 是一款测试程序开发软件，由 TSSI 公司开发，其主要功能是转换各种不同格式的 EDA-ATE 测试程序文件，Solstice-TDS 是一款支持市场主流 ATE 厂商的转换软件。Solstice-TDS 转换工具支持的测试平台如表 7-5 所示，图 7-11 所示为 Solstice-TDS 工具 WaveMaker Flow-Based 的转换流程。

表 7-5　Solstice-TDS 转换工具支持的测试平台

测试设备制造商	测试 平 台
Teradyne	J750 / Flex / UltraFLEX、Catalyst / Tiger、Eagle, NexTest
Advantest	V93000（SmarTest 7、SmarTest 8）
	T2000、T33xx、T66xx、T65xx、SZ Systems
National Instruments	6555/6556、STS 6570
Cohu	DiamondX、Fusion X
注：其他还包括 SandTek、Chroma、Keysight 等测试设备制造商	

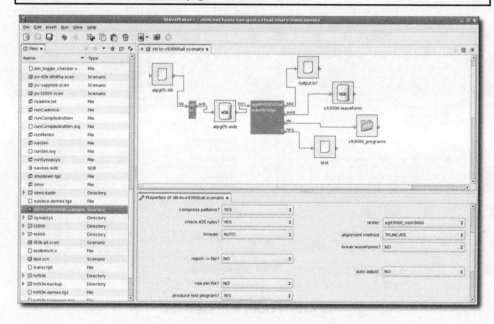

图 7-11　Solstice-TDS 工具 WaveMaker Flow-Based 的转换流程

Solstice-TDS 软件与其他向量格式转换软件相比，具有更高效可靠的图形化操作界面；具有功能丰富的波形读取和显示工具；转换速度快，转换效率高，并针对测试仪使用的资源和性能进行了优化；具有转换前后波形比较验证的功能等。

第8章

测试接口板设计技术

8.1 测试接口板概述

8.1.1 测试接口板基础

测试仪器接口板（Device Interface Board，DIB）的设计是 IC 测试流程中不可或缺的部分。DIB 作为连接测试机台与待测电路的"桥梁"，其设计的合理性会直接影响测试精度。不同的测试阶段、不同的测试类型，DIB 的设计、结构框架、ATE 机台资源选取等也各不相同。按照测试阶段分，DIB 可分为中测 DIB 和终测 DIB 两大类。

中测 DIB 应用于晶圆测试阶段，根据用途可细分为 3 大类：探针卡母板（Wafer Prober Interface Board，WPI）、探针卡（Prober Card，PC）和直接对接探针卡（Direct Docking Probe Card，DDPC）。其用途为连接晶圆（Wafer）到探针台。中测 DIB 应用如图 8-1 所示。

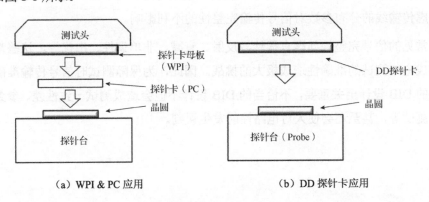

（a）WPI & PC 应用　　　　　　　　　　（b）DD 探针卡应用

图 8-1　中测 DIB 应用

终测 DIB 应用于成品测试阶段，根据用途也可细分为母板、子板和专板 3 大类，但常用 DUT 板代指 DB 和 LB，即 DUT 承载板。终测 DIB 应用如图 8-2 所示，主要是进行 DUT 与测试机台的电气连接。

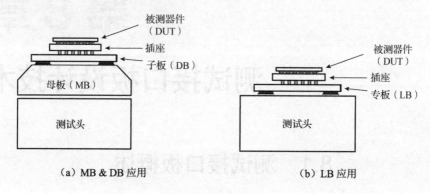

图 8-2　终测 DIB 应用

8.1.2　测试接口板设计的重要性

理想的集成电路测试环境是指测试机台发出的信号能够无失真的被被测器件 DUT 接收到，且从 DUT 发出的被检测信号能够无失真的被测试机台接收，这就对信号传递环节提出了严格的要求。DIB 作为信号传递环节的重要部分，其设计的合理性直接关系到信号传输质量。

随着 DUT 向高频、高速、高集成度、低功耗、小尺寸方向不断发展，要想提供更精确、更快速的测试已不再是简单提升测试机台性能的问题。在越来越高的信号频率下，DIB 上的电气连接已不能简单被认为是点对点的"透明"连接，需要考虑传输线的分布参数对信号传输完整性的不利影响。

常见的信号完整性问题有振铃、反射、衰减、非单调性、串扰等，这些都会对集成电路测试的准确性造成极大的挑战。因此，为保障测试时信号传输准确，合理的 DIB 设计至关重要，不恰当的 DIB 设计不但会造成测试一致性差、参数项无法测试等，甚至还会使人对电路性能发生误判。

8.2　测试接口板的设计与制造

8.2.1　测试接口板的设计流程简介

DIB 设计在集成电路测试流程中主要可分成通用 DIB 和专用 DIB 两类。通用 DIB 不因 DUT 的不同而变化，适用于多种集成电路测试，常见的通用 DIB 包括中测阶段的 WPI、CP 通用板，以及终测阶段的 MB。专用 DIB 随着 DUT 的不同而变化，常见的专用 DIB 包括中测阶段的 CP 定制板，终测阶段的 LB 和 DB，即 DUT。

无论是通用 DIB 还是专用 DIB，设计流程都包括设计需求分析、原理图设计、PCB 设计、工艺文件处理、DIB 发出制作这 5 个阶段。DIB 设计流程如图 8-3 所示。

图 8-3　DIB 设计流程

1. 设计需求分析

设计人员在此阶段要结合测试需求判断 DIB 的设计方向：如果是设计通用板，就要确定它应用于哪个测试阶段，对接何种测试机台，引出哪些测试资源等；如果是设计专用板，就要根据 DUT 的测试需求，判断其使用的测试资源、外围连接方式等，结合测试机台兼容性要求确定 DIB 的设计方案。

2. 原理图设计

确定过设计需求后，接下来的环节就是原理图设计。此环节需要使用的 EDA 工具与常用的版图设计 EDA 工具类似，如 Cadence、PADS、Altium Designer 等。原理图体现了集成电路测试设计需求，表明了 DIB 上各器件之间的工作原理及作用。在原理图设计阶段，生成网表（Netlist）以供后面 PCB 设计，生成物料清单（Bill of Material，BOM）表用来后续 DIB 制作。在该阶段中，需要遵循以下几个基本原则。

（1）良好的可读性：原理图设计要明晰清楚，能够让人一目了然地看出设计原理，以便于根据原理图进行后期电路测试。

（2）可测试性：为便于后期电路调试，SCH 设计需考虑测试便宜性，如增加关键测试点等。

（3）容错性/兼容性：在设计初期，测试方案认知程度不足时，可在原理图设计中预留冗余项，以提高 DIB 的容错性。

（4）一致性：在原理图绘制中，要做到基本符号统一，表述方式一致。

DIB 可以看作是一种特殊类型的 PCB。在其设计阶段的先行工作是准确无误地建立器件的封装库，导入网表后即可开始布局布线。在 PCB 设计阶段涉及结构要求、叠层规划、布局设计、信号完整性、测试机台资源分布等内容。

3. 工艺文件处理

此阶段包括 PCB 后处理、设计状态验证、加工文件输出三个方面。

1）PCB 后处理

PCB 后处理主要包含 3 个部分。

（1）丝印调整：调节到同一大小，同一方向，丝印无重叠现象，能准确示意器件。

（2）指示说明：将测试点、外接信号等标明信号类型名称，说明该 DIB 的测试电路名称、DIB 的版本等。

（3）尺寸标注：必要时需注明 DIB 结构参数尺寸，确认是否可顺利安装。

2）设计状态验证

设计状态验证主要检查是否存在未连接器件、网络；布线铜箔是否存在孤岛、未连接、未更新等情况；是否存在多余线段、过孔；DRC 检查是否存在问题。如确保以上检查均符合要求则进行加工文件输出。

3）加工文件输出

加工文件输出包括钻孔文件、光绘文件、IPC 网表、加工要求这四个必要性文件，还有 Placement 文件、结构文件等选择性文件。在发出加工文件前，必须确保文件正确无误，随后即可发出文件进行 DIB 制作。

8.2.2 通用 DIB 设计原则

通用 DIB 用于对接测试机台硬件资源，如电源模块、通用数字通道、继电器及其他特殊功能测试模块，集成测试机台所有的硬件资源接口适配于多种类型

DUT 板，故具有如下的特点。

（1）高密度：测试通道数量多，电源数量多，涵盖资源种类多。

（2）高适配性：能够尽可能适用于多种类型的 DUT，尽可能适配于多台测试系统。

（3）高可靠性：通用 DIB 使用时间长，环境条件恶劣，应做到不易毁坏、变形。

（4）高质量：在额定频率下保证信号质量无损，是通用 DIB 必不可少的要求。

通用 DIB 一般尺寸大，PCB 层数多，加工要求严格，有固定的 DUT 板对接位置。图 8-4 所示为通用 DIB 示例，它一侧直接对接测试机台资源，另一侧具有引出端子（中测为探针塔，终测为接插件）与 DUT 板连接。

（a）MB　　　　　　　　　　　（b）WPI

图 8-4　通用 DIB 示例

因此设计通用 DIB 时需要注意以下几点。

（1）结构准确性：不仅包含测试机台对 DIB 提出的结构要求，如测试机台 Pogo 针引出位置、机台定位销、DIB 尺寸等，还受 DUT 板结构影响。

（2）测试资源需求：不一定所有的测试机台资源一致，但最大化利用 DIB 又是需求所在。因此设计时需确定其承载的测试资源需求，以便使通用 DIB 具有高适配性。

（3）资源引出方式：在通用 DIB 设计中，如何分配测试资源位置，如何确定通用 DIB 与 DUT 板的连接方式直接关系到设计中的 SCH 设计与 PCB 布局。

（4）信号完整性：在通用 DIB 设计的全过程中都要考虑信号完整性问题，从叠层分配、布线方式到阻抗匹配，加工需求贯穿始终。

8.2.3　专用 DIB 设计原则

专用 DIB 用于承载 DUT，直接或间接对接测试机台资源，不同类型、不同型号的 DUT 具有唯一性，其设计同电路测试需求息息相关。区别于通用 DIB，专用 DIB 上的测试资源满足 DUT 测试需要即可。图 8-5 所示为专用 DIB 示例。

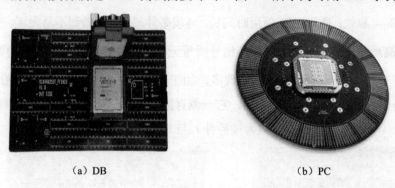

（a）DB　　　　　　　　　　　　　　　　　（b）PC

图 8-5　专用 DIB 示例

专用 DIB 受 DUT 测试需求限制，测试资源选择受 DUT 测试条件和测试机台资源要求所限制，尺寸受测试机台或通用 DIB 的限制，并且需要继电器、电容、电阻等外围器件。对于高频高速器件，为保证其测试准确性，通常采用 LB 进行测试。

8.2.4　DIB 的材料选择

随着电路向高频高速方向发展，通用的 DIB 材料（如 FR-4），已无法满足设计要求。DIB 的材料选择也是设计的关键因素之一。高频高速的 DIB 具有以下几个特点：传输损耗小、传输延时低；介电特性好、性能平稳，不易被环境所影响；严格的特征阻抗要求。

这也导致高性能 DIB 材料的成本会相应提高。因此，在 DIB 材料选择时需要找到满足设计需求、可量产、低成本三者之间的平衡点。DIB 组成材料包括板材、铜箔两大部分。

介电常数（Dielectric Constant，DK）和介电损耗因数（Dielectric Dissipation Factor，Df）是影响高速 DIB 板材特性功能的首要参数。不同的板材的 DK、Df 值也各不相同。DK、Df 越小，信号损耗越少。图 8-6 所示为不同板材的等级划分，以供参考。

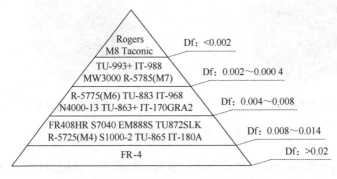

图 8-6　不同板材的等级划分

　　铜箔的选择主要有两个方面：铜箔的表面粗糙度和厚度。铜箔表面细小峰谷的不平整度一般用表面粗糙度表示，常见铜箔的表面粗糙度如表 8-1 所示。信号的能量耗损与铜箔的表面粗糙度成正比。对于标准铜箔，厚度越厚，表面粗糙度越高，即铜箔的厚度一定程度上会影响其表面粗糙度。除此之外，铜箔的厚度也会影响 DIB 的叠层设计、布线宽度等。常用铜箔的厚度一般为 0.5oz、1oz，对于电流较大的电源层可为 2oz。

表 8-1　常见铜箔的表面粗糙度

铜厚	类别			
	标准铜箔 THE	反转铜箔 RTF	低轮廓铜箔 VLP	超低轮廓铜箔 HVLP
1/3oz	3.0～7.0μm	2.5～5.1μm	2.0～4.0μm	1.5～3.0μm
1/2oz	3.0～7.0μm	2.5～5.1μm	2.0～4.0μm	1.5～3.0μm
1oz	4.0～8.0μm	2.5～5.1μm	2.0～4.0μm	1.5～3.0μm
2oz	6.0～12.0μm	2.5～5.4μm	NA	NA

8.3　测试夹具的选择

　　测试夹具安装在 DIB 上用于固定 DUT，常见为插座形式。插座可以根据实际用途分为两大类：老化插座和测试插座。

　　老化插座多用于老化测试阶段，一般采用注塑模具的方式生产，结构简单，成本低廉，加工周期短，使用寿命较短。图 8-7 所示为常用老化插座示例。

（a）翻盖型老化插座   （b）按压型老化插座

图 8-7　常用老化插座示例

测试插座用于电路的成品测试阶段，多为定制插座。其根据使用主体的不同分为人工测试插座和自动化测试插座两种类型。

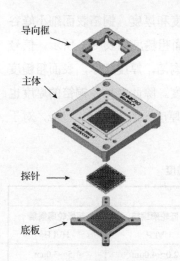

图 8-8　常用测试插座的主体结构

图 8-9　开尔文插座

测试插座的结构包括插座盖、测试底座、探针等。测试底座和探针共同组成了测试插座的插座主体。图 8-8 所示为常用测试插座的主体结构，主要由导向框、主体、探针、底板四部分构成。导向框的设计会直接影响插座与电路的匹配性，导向框偏大会造成电路接触不良、误接触等情况；偏小会造成电路引脚弯折、无法放置等情况。探针的选择包括材质、结构、类型等方面，对插座的频率、电流等都有着重要的影响。

频率、电压、电流是测试插座的重要电气参数。一般插座探针可以满足几百兆赫兹的测试频率要求，但随着电路频率越来越高，测试中的千兆赫兹要求越来越多。在高频下普通探针上信号衰减较为严重，测试准确度和可信性降低。有高频特性参数的产品应选择高频探针或导电胶等插座方案，而且射频插座还要考虑屏蔽性。对于电流参数，一般通用探针的最大通过电流约为 1A，电路需要过大电流时需要特别备注选用过载能力强的探针；对于低漏电参数测试要求，还可采用开尔文（Kelvin）插座（见图 8-9）。开尔文插座常用于模拟测试或数模混合测试中，它将单个电路引脚引出了两根探针，分别用作激励和反馈，形成开尔文接法，可弥补信号传输过程中大电流流过导通电阻和线电阻引起的电压偏差，提高信号测试精度，且其承载电流能力较强。

插座的材料选择也是关键因素之一，对插座的使用寿命、可靠性等具有重要影响。典型的材料特性包括防静电、密度、吸水性、洛氏硬度、屈服强度、热变形温度等。防静电是插座材料选择中的首要特性。吸水性与测试插座工作环境紧密相关，如果环境较为潮湿，插座极易被腐蚀，在选型时需根据具体使用情况选择。热变形温度，一般按照测试要求温度即可。常用制作基材有 PEI、PEEK、Torlon 4203、Torlon 4301、Torlon 5530、工程陶瓷等。常用插座材料简介如表 8-2 所示。

表 8-2　常用插座材料简介

材料名称	密度	吸水性	洛氏硬度	屈服强度	热变形温度
PEI	1.27 g/cm³	0.75%	M114	105MPa	190℃
PEEK	1.31 g/cm³	0.20%	M105	110MPa	160℃
Torlon 4203	1.41 g/cm³	2.50%	M116	120MPa	280℃
Torlon 4301	1.45 g/cm³	1.90%	M105	120MPa	280℃
Torlon 5530	1.61 g/cm³	1.70%	M120	120MPa	280℃
工程陶瓷	2.10 g/cm³	0.10%	M136	180MPa	500℃
PEEK EKH-SS11	1.31 g/cm³	0.20%	M125	155MPa	260℃
SCM5200	1.43 g/cm³	0.27%	M110	105MPa	230℃

8.4　信号完整性设计技术

信号完整性（Signal Integrity，SI）是指信号穿过传导媒介传播到达负载端时的信号性质。它是一个系统性问题，在板级 DIB 设计中，信号完整性会受到包括测试夹具性能、外围元器件选型、板材参数、元器件布局及信号布线等的影响。振铃、反射、串扰、非单调性是常见的几种 SI 问题。

8.4.1　传输线简介

单位长度导线上的分布电阻（R）、分布电感（L）、分布电容（C）和分布电导（G）可以描述传输线的电气特性，这些参数也称分布参数。尤其在高频电路中，分布参数的影响无法忽略。这里可以借助微积分工具更好地理解传输线性质。把传输线分割为许多个长度无穷短的微分段 dz，并假定每一个长度上电压、电流保持不变，图 8-10 所示为 dz 长度传输线的等效电路模型 RLCG，传输线的分布参数会因时间、位置的变化而受到影响。

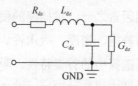

图 8-10 dz 长度传输线的等效电路模型 RLCG

传输线有两个基本特性：特征阻抗和传输延时。信号在传输线中进行传导时所受到的瞬时阻抗称为传输线的特征阻抗，其大小主要取决于传输线的几何结构和材料。在 DIB 设计时，可以利用阻抗计算工具（如 SI9000、Polar 阻抗计算器等）对传输线的特征阻抗进行计算。

传输延时 TD 即信号从传输端传送到接收端所需要的时间，主要取决于传输路径的长度 L 和板材的介电常数 ε，其计算公式为

$$\mathrm{TD} = \frac{L}{v} = L\sqrt{\varepsilon_0 \varepsilon_r \mu_0 \mu_r} \tag{8-1}$$

式中：v 为信号传输速度；ε_0 为自由空间的介电常数，$\varepsilon_0 = 8.89 \times 10^{12}\mathrm{F/m}$；$\varepsilon_r$ 为介质的相对介电常数；μ_0 为自由空间的磁导率，$\mu_0 = 4\pi \times 10^{-7}\mathrm{H/m}$；$\mu_r$ 为介质的相对磁导率。

为更好地理解传输延时对信号完整性 SI 的影响，建立传输延时拓扑结构（见图 8-11），输出激励为 1.8V，图 8-12 所示为三种传输延时仿真结果。从图 8-12 中可以看出传输延时较短（0.04ns）时，接收端信号与输出端信号基本保持一致。随着传输延时的增加，过冲、振铃等现象已经出现。增加到 0.5ns 时，典型反射现象已经可以看出。这也表明在高速高频电路的 DIB 设计时，需注意合理的布线策略，尽量减少布线长度。另外，板材的选择也是关键因素。

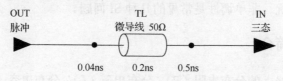

图 8-11 传输延时拓扑结构

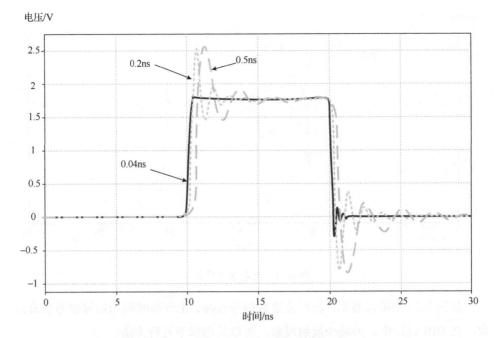

图 8-12　三种传输延时仿真结果

8.4.2　反射

瞬间阻抗在如过孔、连接件、拐角、封装等处会产生突然的变化。这导致部分信号在阻抗突变点被反射回去，这种现象称为信号的反射。阻抗不连续点的不匹配程度决定了被反射的信号能量的大小，阻抗不匹配的程度越高，被反射信号能量越大。信号反射会产生过冲和下冲。其反射系数 ρ_{load} 为：

$$\rho_{\text{load}} = \frac{Z_{\text{L}} - Z_{\text{O}}}{Z_{\text{L}} + Z_{\text{O}}} \qquad (8\text{-}2)$$

式中，Z_{O} 为传输路径的特征阻抗，一般为 50Ω；Z_{L} 为阻抗突变点的阻抗。反射拓扑结构如图 8-13 所示，其中 R1 代表测试机台的内部匹配电阻，其值通常也为 50Ω。在特征阻抗分别为 20Ω、50Ω、80Ω 的情况下得到的反射仿真结果如图 8-14 所示。

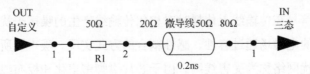

图 8-13　反射拓扑结构图

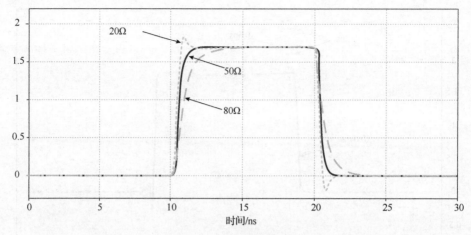

图 8-14　反射仿真结果

从图 8-14 中可以看出，反射会造成信号过冲、上升沿时间增加等信号失真现象。在 DIB 设计中，为减少反射现象，可以采用以下几种方法。

（1）设计时保证传输线的特征阻抗为 50Ω。

（2）反焊盘的应用：在过孔或封装等阻抗偏小的地方通过添加反焊盘减少阻抗突变。

（3）合理的布线策略：如"菊花链"布线方式、采用 45°拐角等，减少分支点和突变点的阻抗变化量。

（4）选用高频高速板材：由于"趋肤效应"的影响，为减少由于板材粗糙度造成的反射，可采用低粗糙度的铜箔、开纤等方式。

（5）对于实装测试，可采用信号匹配技术，如串联匹配、并联匹配、戴维南匹配、并联 RC 匹配等方式。

8.4.3　串扰

串扰是指信号在传输线上传播时对相邻传输线产生的噪声干扰，干扰主要以信号电流产生的电磁场通过容性、感性耦合的方式实现。噪声源所在网络称为攻击线网，被干扰网络称为受害线网。由于芯片引脚密集化和板布线的高密度化，传输线间距越来越小，串扰问题对于高速数字电路 DIB 设计的影响越来越大，主要体现在两方面：

（1）影响系统时序与电路的信号完整性，造成测试误判或无法检测；

（2）干扰相邻传输线，降低其信号质量。

图 8-15 和图 8-16 所示的分别是串扰仿真拓扑图及串扰仿真结果。

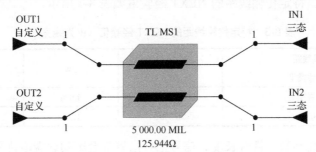

图 8-15　串扰仿真拓扑图

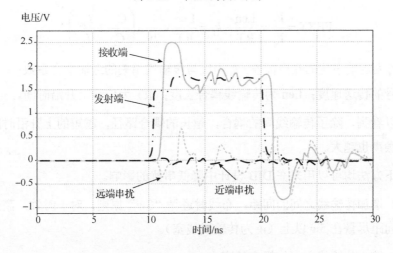

图 8-16　串扰仿真结果

串扰可分为远端串扰（FEXT）和近端串扰（NEXT）两类。为区分这两个末端的远近，可采用参考信号的传导方向进行判定，"近端"为信号的传导方向的"后方"，即距离噪声源最近的位置；"远端"为信号传输方向的"前方"，即距离噪声源最远的位置。

近端串扰系数会受传输线间的互容、传输线间的互感的影响，其计算公式为

$$\text{NEXT} = \frac{V_b}{V_a} = k_b = \frac{1}{4}\left(\frac{C_{ml}}{C_L} + \frac{L_{ml}}{L_L}\right) \tag{8-3}$$

式中：$\text{NEXT} = k_b$ 近端串扰系数；V_b 和 V_a 分别为噪声幅值及传输线无损电压；C_L、C_{ml}、L_L、L_{ml} 分别为单位长度的电容、互容、电感和互感。互容和互感都负相关于传输线的间距。特定传输线距的 NEXT 经验值如表 8-3 所示。

表 8-3 特定传输线距的 NEXT 经验值（w 为线宽）

传输线距 传输线类型	w	$2w$	$3w$
表层线	4.4%	1.9%	1.0%
内层线	6.5%	1.9%	0.57%

传输线本征参数、耦合长度、信号上升沿等都会影响远端串扰系数，其计算公式为

$$\text{FEXT} = \frac{V_f}{V_a} = \frac{\text{Len}}{\text{RT}} \times k_f = \frac{\text{Len}}{\text{RT}} \times \frac{1}{2v} \times \left(\frac{C_{ml}}{C_L} + \frac{L_{ml}}{L_L}\right) \tag{8-4}$$

式中：V_f 为远端串扰的噪声幅值；k_f 为仅与传输线相关的远端耦合系数；v 为传输线中信号的传送速度；Len 为传输线耦合长度；RT 为信号上升沿时间。

可以看到，除了传输线间的耦合，越长的耦合路径，越短的上升沿时间，远端串扰噪声也越大。

以下方法均可以用来在 DIB 设计中降低串扰的影响。

（1）增加传输线之间的间距：布线时遵循"$3w$"原则，对于时钟，高速高频信号线间距尽量在 $5w$ 以上（w 为传输线线宽）。

（2）缩小传输线之间的耦合长度。

（3）使用介电常数较低的板材。

（4）在 DIB 的内层进行布线，即采用带状线。

（5）如两条传输线的隔离度要求非常严格，可将其布在不同层上。

8.5　电源完整性设计

电源完整性（Power Integrity，PI）主要研究电源从何而来及目的端的电压和电流是否符合需求。由于其稳定性和可靠性，IC 测试中的供电电源通常由电源分配网络（Power Distribution Network，PDN）来提供。PDN 可以是覆盖完整的 DUT 的线网。许多的电路引脚都连接在线网的上面。线网各部分的变化将影响整个系统。在测试集成电路时，网络完整性要求 PDN 确保网络电压符合设定值并始终保持恒定。

测试机台一般直接提供集成电路测试的电源，经过 DUT 板连接到插座[280]，进而传导到电路引脚。图 8-17 所示为电源分配网络模型。电源中的插座、机台的电源端和 ATE 通信电缆的等效电阻是设计中无法改进的固有属性部分。

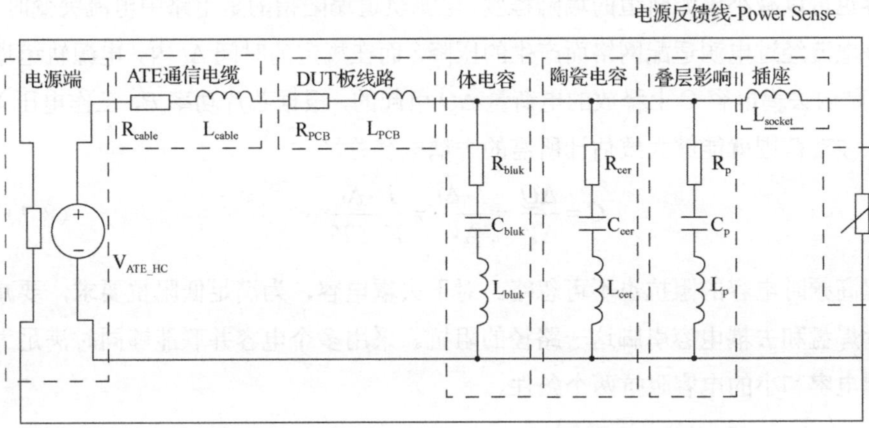

图 8-17　电源分配网络模型

器件在高速开关状态下，电流回路中存在分布参数，叠加上过大的瞬时交变电流是电源完整性受到影响的最根本的原因。从表现形式上有同步开关噪声（Simultaneous Switch Noise，SSN）、非理想状态下的电源的阻抗影响和边缘效应及谐振三类。站在设计的角度，电源完整性缺失的主要因素有：电容器去耦设计不合理、多层的电源和地划分不合适、接地层级设计差、高频率下的趋肤效应等。

电源电压在正常的工作条件下，波动范围不超过±5%。例如，一个最大瞬间电流为 1A 的 10V 电源，其最大电源阻抗应为：

$$Z = \frac{电源电压 \times 波动范围}{最大瞬间电流} = \frac{10V \times 5\%}{1A} = 0.5\Omega \tag{8-5}$$

然而，目前集成电路的设计趋势是电压变小，最大瞬间电流变大，由式（8-5）可知这会导致最大电源阻抗减小，这就要求减小电源阻抗，并且还要考虑在高频时的交流阻抗（主要是电感的感抗）。

另外，在时钟的上升沿与下降沿信号变化迅速，电流也会产生瞬时变化，相应的电源电压也受到影响，产生波动：

$$V_{drop} = iR + L\frac{di}{dt} \tag{8-6}$$

式中，d 为单位时间内的电流变化量。

为了尽可能保证电源电压的稳定性，也需要减小电源阻抗，并且足够大的去耦电容也可以减小电源轨道的塌陷程度。电源轨道塌陷指的是电路中电流突变时，这部分电流经过电源适配网络而产生的压降。而在规定的时间 Δt 内，电源轨道塌陷 ΔV 是由去耦电容 C 上释放的电荷量 ΔQ 引起的，根据芯片功率 P、工作电压 V 和允许波动范围就能够大致估计所需的去耦电容总量。

$$C = \frac{\Delta Q}{\Delta V} = \frac{I \cdot \Delta t}{\Delta V} = \frac{P \cdot \Delta t}{V \cdot \Delta V} \tag{8-7}$$

但高频时电容的阻抗也不可忽略。对于去耦电容，为满足低阻抗要求，要减小芯片焊盘和去耦电容引脚这一路径的阻抗。采用多个电容并联能够同时满足大的去耦电容和小的电容阻抗两个条件。

综上，降低电源阻抗的方式有以下几种。

（1）叠层的合理设计：紧邻地平面的电源层可以使电源和地紧密耦合。

（2）PCB 布线的设计：利用电源平面替代电源线，降低供电网络上的电感和电阻。

（3）合理分配去耦电容：选择电容的类型、数量及放置位置。

为保障待测芯片的电压按照设定值加载，测试机采用了反馈线（Sense）设计。反馈线是高阻线，也称电源反馈线（Power Sense），它用于监测芯片引脚上加载的电压值并将其反馈回探针端，测试机则根据反馈值进行相应调节。反馈线的设计也是测试机中电源完整性设计中的一个重要部分，图 8-18 所示为反馈线的设计说明，设计时应遵循以下规则。

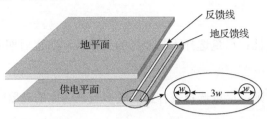

图 8-18　反馈线的设计说明

（1）反馈线应与供电平面平行，且不能直接短接到供电平面。因此为了保证反馈电压是芯片端加载的电压，应在 DUT 端将两者相连。

（2）为了最大限度地减小反馈电压的误差，应该尽可能让反馈线、供电平面和地反馈线在同一个层上。

（3）反馈线的间隔要大于等于 $3w$（w 为反馈线线宽），防止信号串扰，以保证电源纯净。

8.6　测试接口板的可靠性设计

测试接口板 DIB 能够保持稳定和正常运行的程度被称作 DIB 的可靠性，可靠性是 DIB 的质量在时域下的特性体现。其性质由许多的因素所决定，既包括存在于测试系统中的电气干扰，也包括 DIB 的设计、部件选择、安装、制造工艺和外部环境条件，涉及 DIB 设计制造的包括元器件生产、工程安装、采购、检验、设计、维护等环节。

8.6.1　元器件选型

DIB 是由元器件构成的，因而 DIB 整体可靠性的基础就是元器件的可靠性。在集成电路测试过程中，为了确保选用到的元器件满足质量要求并且其可靠性指标符合设计的需求，一般有以下几个原则。

（1）环境适应性：测试环境温度有着-55～125℃（军工级）的剧烈变化，在 DIB 上安装的元器件选型时需要注意耐温性及在高温环境下的寿命是否达标。

（2）普遍性原则：选用的元器件都是经过验证且广泛使用的，易于购买、采购周期短。

（3）持续发展性：尽量选择不易停产的元器件，防止后期由于停产等因素导致无法维护。

（4）兼容性原则：尽量选择兼容封装较多且已备库的元器件，更换方便。

（5）降额考虑：为了降低基础的故障率，要选用工作应力低于额定值的元器件，从而保障元器件的可靠性。

8.6.2　电磁兼容性设计

干扰是影响 DIB 可靠性的一个很重要的因素，提高 DIB 的抗干扰能力是 DIB 设计中需要考虑的重要课题，而电磁干扰则是最常见的干扰之一。

电磁兼容性可以用来描述系统在特定电磁环境中准确有效地工作的能力。好的电磁兼容性使 DIB 可以抑制任何外部电磁干扰，从而在一定的电磁环境中可以正常工作，减少 DIB 本身可能对其他电子设备造成的电磁干扰。接地、屏蔽技术、去耦电容的配置、滤波技术等都可以作为提高电磁兼容性的方法。

1. 接地

接地是消除电磁干扰问题的主要方法。这里的"地"种类多种多样，有安全地、信号地（又包括数字地、模拟地等）、电源地等。在 DIB 设计之初，设计人员就需考虑"地"的处理方式。系统的基准参考电位可以理解成，为系统提供一个等电位面，也就是接地。地线设计要遵循以下几点要求。

（1）加粗接地线：接地线的粗细与地线的阻抗成反比。接地线越粗，则信号电平越稳定，抗噪声性能越好。因此应尽量采用平面铺设方式设计接地线。

（2）将接地线构成闭环：若 DIB 上所有元器件对应的"地"统一，为提高抗噪能力，可以将接地线做成闭环回路。

（3）分隔数字地和模拟地：DIB 板上的数字、模拟电路对应的数字地和模拟地应尽量分开，从而防止模拟线路中耦合了数字噪声。

（4）正确选择接地方式：单点接地、多点接地两种接地方法是 DIB 中常见的接地方式。

（5）单点接地不适合用于高频场合：由于多点接地方式的接地线短，大面积接地为多点接地的表现方式之一。

2. 屏蔽技术

屏蔽技术允许利用金属对电磁波的吸收和反射能力来隔离和抑制电磁干扰。屏蔽技术切断了传输路径，从而降低了电磁辐射，抑制了电磁噪声在空间中的传播，屏蔽是抑制辐射干扰的有效方法。

DIB 设计可采用布设信号防护线、安装金属屏蔽罩等屏蔽方式，减少辐射干扰。

3. 去耦电容的配置

被测 DUT 负载的变化也可能导致电源噪声。例如，在数字电路中，当信号在高电平和低电平之间跳跃时，会产生较大的尖峰电流并且形成瞬间的噪声电压。为了消除内部状态变化而产生的噪声，可以配置去耦电容，这是 DIB 的常规可靠性方法，配置要点如下。

（1）电源输入端跨接电解电容器，电容值为 $1\sim10\mu F$，主要滤除低频噪声。

（2）DIB 上每个有源器件的电源和地之间配置陶瓷电容，电容值一般为 $0.01\sim0.1\mu F$，其作用是过滤掉高频段的回路噪声，且在器件进行高速运行时，补充需要的尖峰电压。

（3）去耦电容的引线不宜过长。

注意，滤波时电容器的容量并不是越大越好。滤波的目的在于过滤掉附加在电源上的交流扰动。DIB 上使用过多的大容量电容对滤除高频干扰并无帮助，还会增加上电时电流对电源的冲击，引起电源电压迅速降低、接插件打火、板内电压变化缓慢等问题。

8.6.3　DIB 的尺寸与器件的布置

DIB 的尺寸不应太大或太小。尺寸过大，则传输线增大，阻抗增大，这不仅降低了抗噪声的能力，同时也增加了成本；尺寸过小，散热性能差，易受相邻线路影响。DIB 的尺寸也受到测试仪和对接板的限制。DIB 尺寸还需遵循一致性原则，该一致性涵盖两个方面：一是行业一致性，部分 DIB 的尺寸业内已标准化，设计时需要遵循；二是公司一致性，对于 DB、部分 LB 等公司内部会有统一尺寸选择，按照需求选择即可。

在器件放置过程中，可以将相关的器件放置在尽可能靠近的位置，以提高噪声防护。例如，晶振和时钟发生器都是容易产生噪声的器件，在布置时要靠近放置。除此之外，对于噪声敏感设备，必须尽可能远离重要信号线。

8.6.4 热设计

DIB 的热设计包括两个方面：DIB 上的散热处理和 DUT 的测试环境要求。温度作为集成电路测试的一个重要条件，常用专用热流罩对 DUT 实现温度的精确控制，但需注意：

（1）在热流罩覆盖范围内，DIB 的顶层禁止布放温度敏感型器件和超高器件，以防止环境温度变化对外围器件的影响和无法使用热流罩的情况发生；

（2）大功率元器件在结构、空间允许的情况下，尽量靠近 DIB 布置，以减少对其他元器件及 DUT 的影响；

（3）易发热的器件和散热器在布置时，要与温度敏感器件相互分隔开。

第9章

集成电路测试设备

集成电路测试设备属于高端精密测试设备，为了保证集成电路具有较高的可靠性、稳定性和一致性，对测试设备的要求自然也逐渐提高。集成电路的测试设备主要有测试机、分选机、探针台等（见图9-1）。其中测试机用来检测芯片的功能和性能；分选机和探针台配合测试机实现芯片的引脚与测试机的功能模块的连接，实现批量芯片的自动化测试[281]。

测试机　　　　　　　　分选机　　　　　　　　探针台

图 9-1　集成电路测试设备的示意图

三大测试设备的核心是测试机，而测试机的核心则是集成电路测试系统。集成电路测试系统主要用于测试集成电路的直流参数、交流参数和功能等。经过多年发展，集成电路测试系统集计算机技术、自动化技术、通信技术、精密电子测试技术和微电子技术等于一体，因此知识密集和技术密集的集成电路自动测试系统（Automatic Test System，ATS）的相关产业发展水到渠成。在超大规模集成电路生产的过程中，一块芯片需要经过几十甚至上百步的工艺，包含成千上万的单元电路[282]，只有采用自动测试系统，才能对这样的芯片进行详尽的测试而不出错。除此之外，由于产业成熟、芯片产量大、人工测试的成本也较高等原因，集成电路自动测试系统在传统的中、小规模集成电路中应用同样十分广泛。三种集成电路测试设备的技术难点分析如表 9-1 所示。

表 9-1　三种集成电路测试设备的技术难点分析

设　备	技 术 难 点
测试机	随着集成电路应用的方向越来越广泛，需要测试的集成电路参数种类越来越多，对测试机不同功能模块的要求也随之越来越高
	随着集成电路产品性能的不断提高，客户对集成电路测试精度的要求越来越高（如对测试机时间精度的要求提高到 μs 级），从而提高了测试机测试精度的要求
	降低测试成本是客户不变的需求，即要求越来越高的测试速度（如要求将测试源的响应速度提高到 μs 级）
	随着大数据、智能制造等技术的应用，生产流水线对测试状态监控、生产质量数据分析等方面有了新的需求，从而对测试机的数据存储、采集、分析等方面都提出了新的要求
分选机	随着集成电路结构趋向小型化和集成化，对分选机的高速可重复定位控制能力和压力测压精度的要求越来越高（要求误差精度在 0.01mm 内）
	高速重复作业的前提是设备具有高稳定性，即对每小时运送的集成电路数量和故障停机的比率都有很高的要求
	由于集成电路封装形式多种多样，因此对分选机的柔性化生产能力及适应性提出了较高的要求
	部分集成电路测试需要在比较严苛的外部测试环境下进行，如-55~150℃的温度、无磁场干扰、多种外场叠加的测试环境等
探针台	探针台的定位精度要求十分严苛，重复定位精度要求在 1μm 以内。为了达到更高的定位精度，探针台需具备多种不同的视觉精密测量及定位系统，并能够实现多种视觉系统间相互标定和坐标系相互拟合的功能
	晶圆检测对于设备稳定性要求较高，晶圆损伤率要求控制在百万分之一内
	与绝大部分高精密设备一样，对传动机构有较高的低粉尘要求，因而对设备工作环境洁净度提出了高要求，并且还需具备气流除尘等特殊功能

9.1　数字集成电路测试系统

9.1.1　数字集成电路测试系统概述

数字集成电路测试系统是专门用于测试数字集成电路的设备系统。由于测试性能上的差异，数字集成电路测试系统通常可以分为三种类型：简易型、专用型和通用型。简易型测试系统一般成本比较低，使用手动或固定/半固定编程的方式，只能进行简单的合格/失效的判断，或有限数据的处理；专用型测试系统一般只适应一种类型电路的测试需求，如半导体存储器测试系统等；通用型测试系统配置灵活，能满足任何电路的测试要求，一般有性能优异的软硬件和配套的测试程序，与之配套的有计算机或服务器、激励和响应单元、DUT 接口等功能模块。

9.1.2　数字 SSI/MSI 测试系统

数字 SSI/MSI 测试系统是一种简易型测试系统，其可以满足一般小规模的数字集成电路测试需求。

1. 数字 SSI/MSI 测试系统结构

典型的数字 SSI/MSI 测试系统功能框图如图 9-2 所示。该系统主要由系统控制部分和测试仪组成，其中测试仪包括程控电源、参数测量单元（PMU）和引脚电子，而系统的控制部分由系统控制器、输入/输出部分和软件系统组成。控制器的 I/O 扩展槽口中插有专门用于开发的测试接口板，测试仪通过总线电缆与该接口板相连，从而使控制器对它实现控制。除此之外，测试仪通过引脚电子与 DUT 相连，从而实现测试仪对 DUT 的测试与测量。

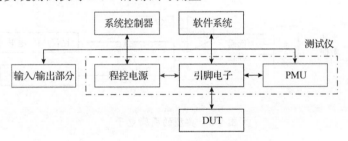

图 9-2　典型的 SSI/MSI 测试系统功能框图

2. 引脚电子

引脚电子是测试系统中的重要元件，是连接 DUT 与测试系统的唯一接口。数字 IC 测试系统的技术规范约束范围一般止于引脚电子接口处，即 DUT 引脚不受任何规范限制，作为用户的应用接口使用。DUT 引脚包括输入引脚、输出引脚、输入/输出引脚、电源引脚和接地引脚，在使用过程中 DUT 引脚可能是其中的任意一种或多种，可能需要时钟或施加负载配合，也可能用于比较或测量。为了适应 DUT 引脚功能的多样性，需要将引脚电子设计成通用型，以允许引脚进行任意测试。

典型的引脚电子如图 9-3 所示，K1～K7 开关为继电器开关，A～E 为场效应晶体管（FET）。当 DUT 引脚用作输入引脚、输出引脚或输入/输出引脚时，K3 始终接通。当 DUT 引脚作为电源引脚或接地引脚时，K1 和 K3 接通，引脚连接到偏置电源供电。如果是输入引脚，C 提供驱动高低电平的低阻通道，高低电平的选择由 A 和 B 控制；如果是输出引脚，C 为高阻，K7 接通，该引脚接电压比较器，D 和 E 分别接通，DUT 的输出电平与对应的高低比较电平进行比较。在实际应用中，一般比较器会同时使用高电平比较器和低电平比较器。需要注意，比较器由屏蔽信号控制，只有当 DUT 引脚输出需要测量时，屏蔽信号断开，DUT 引脚的输出数据才能在选通时间内进行比较。

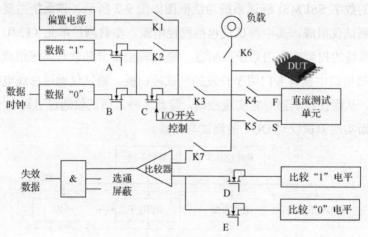

图 9-3　典型的引脚电子

A、B、C、D、E 是由功能测试数据 1 和 0 控制的。例如，如果测试向量是输入数据 1，则 A 接通；如果测试向量周期的期望数据为 0，则 E 接通；如果 DUT 引脚为时钟引脚，K2 将接通，C 短路，确保输入时钟信号具有低阻抗和快速的波形边沿。对于高速 I/O 模式下的 DUT 测试，C 还需具备高速切换能力。DUT 引脚还可以通过 K6 与外部负载相连。

利用引脚电子进行集成电路测试时，需要注意以下几点。

（1）直流参数测试。直流参数测量单元通过图 9-3 中的 K4、K5 与引脚电子相连，从而进行电流/电压的施加和测量。连接线分别称为施加（F）线和读出（S）线。

（2）交流参数测试。交流参数测试一般不需要额外的仪器，而是通过设定比较器的选通（屏蔽）时间来进行事件判断和参数测量。举例而言，如果要测试从低电平到高电平的延时时间，可以以测试周期起点（T_0）为测试的时间基准，假设 DUT 从低电平转变为高电平的延时时间为 t_1，则设定比较器的选通时间为 t_1，则可以通过比较器的输出结果确认在时间 t_1 内 DUT 是否已经转换为高电平，即从低电平到高电平的延时时间是否为 t_1。更进一步，可以通过逐次逼近法测量 DUT 实际转换到该状态的准确时间值。由此得出，交流参数测量的准确度由比较器选通的分辨力、测试系统定时准确度及引脚电子阻抗等因素决定。一般选通的定时分辨力为 100ps 左右，对应时间准确度为 1～2ns。若交流参数测试需要达到亚纳秒级别，则需要配置专门的仪器。

（3）功能测试。功能测试的方法主要有两种：窗口比较选通和边沿比较选通。测试系统选通如图 9-4 所示，选通时间为 $A\sim B$，DUT 输出为低电平信号时，将逻辑比较阈值设定为 S。对于窗口比较选通法，脉冲信号在区间 $A\sim B$ 内有一个高于阈值 S 的尖峰，判断测试结果失败；对于边沿比较选通法，在时间点 A 处，脉冲信号低于阈值 S，即可判断测试结果合格，无须担心噪声的干扰。边沿比较选通还可以采用双选通模式，在时间点 A 和 B 都进行阈值比较，从而确保测试结果的准确性。

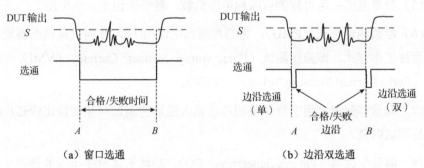

（a）窗口选通　　　　　　　　　（b）边沿双选通

图 9-4　测试系统选通

9.1.3　数字大规模集成电路自动测试系统架构

随着集成电路产业发展到数字大规模集成电路（LSI/VLSI）阶段，数字 SSI/MSI 测试系统已经无法满足高集成度、高复杂度的 LSI/VLSI 测试需求。因此，LSI/VLSI 自动测试系统得到了迅速发展。LSI/VLSI 自动测试设备对测试通道数有较高的要求。一般数字集成电路自动测试机的测试通道数超过 100 个，而高端自动测试机的测试通道数超过 1 000 个。例如，中国 SandTek 的 Adaptstar 系列 ATE 最多可提供 1 152 个测试通道；日本爱德万的 V93000 系列 ATE 可提供 8 192 个数字通道。

1. 数字 LSI/VLSI 自动测试设备系统

数字 LSI/VLSI 自动测试设备系统一般由控制处理器、时序模块、格式模块和参数测量单元（PMU）模块组成。控制处理器作为设备的大脑，不仅控制整个测试过程，还与其他模块保持通信；时序模块定义集成电路所需的时钟边缘；格式模块定义测试向量的时序信息和格式信息，并指定芯片引脚信号应用的信号状态；PMU 模块为芯片提供测试电流/电压，并测量相关的电流和电压。从硬件组成来看，测试设备主要包括以下部分。

（1）I/O 通道：为芯片的输入信号和输出信号提供传输的通道。

（2）驱动电路：为被测芯片提供逻辑"0"或逻辑"1"。

（3）比较器：比较判断被测芯片输出信号电平的高低状态。

（4）动态负载：也可称为可编程电流负载，能够输出正、负电流。

（5）参考电压：也可称为可编程电压负载，能够输出正、负电压。

（6）参数测量单元（PMU）：为芯片施加电流/电压，并提供高精度测量。通常有两种工作方式，即施压测流（Force Voltage Measure Current，FVMI）和施流测压（Force Current Measure Voltage，FIMV）。

（7）向量存储器：用于存储被测芯片输入激励的测试向量和待比较芯片输出响应的测试向量。

（8）向量生成器（Pattern Generation，PG）：功能测试时序指令的译码及执行模块。

（9）时序生成器（Timing Generator，TG）：测试中时序设置的存放和产生。

自动测试机典型架构如图 9-5 所示，它主要包含以下几个部分。

（1）系统控制板：实现 ATE 和 PC 之间的数据交换和系统控制。系统控制板作为自动测试机的核心，可以进行协调测试向量读/写、数据收发等操作的同步控制。

（2）测试通道板：测试过程的实际执行者，包含测试向量读/写、TG、测试结果处理、波形比较记忆、PMU 等子模块。

（3）器件电源板（DPS）：为器件工作提供电源。

（4）系统主板：为系统提供通信总线、数据总线等。

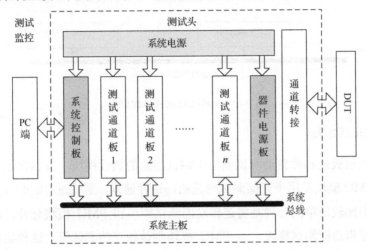

图 9-5　自动测试机典型架构

1）系统控制板

系统控制板是芯片自动测试设备的核心控制模块，功能涵盖系统初始化、系统自检、加载测试激励向量及处理响应向量等。控制板与 PC 主机通过高速总线协议进行通信，可以实现高效的系统同步和触发。从 PC 端下载测试向量到控制板，向量数据经过控制板处理器地址解码后存储到测试通道板的向量存储器中，得到完整的测试控制流程。测试相关模块准备就绪后，一旦接收到开始信号，即可启动测试工作。在整个测试过程中，控制板实时接收并统计测试通道板上的结果数据，如果测试合格，则发出下一个向量测试命令，否则提前终止测试流程，将测试结果传回 PC 端，系统返回待测状态。控制板测试状态控制图如图 9-6 所示。

控制板具备通用接口（如 GPIB/RS-232 等），可以通过通用接口与探针台、机械臂等外接设备进行通信，实现芯片自动测试设备和其他设备的协同运作。

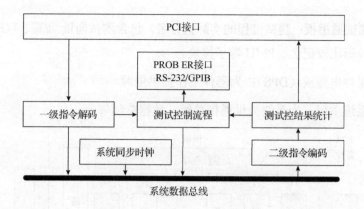

图 9-6　控制板测试状态控制图

2）测试通道板

测试通道板是芯片自动测试设备中测试功能的执行模块，其包含了若干个测试通道、PMU 模块及用于存储测试向量的高速存储器。测试通道板的设计架构有多种，其中比较简单的一种是将逻辑功能测试模块和 PMU 模块分开，测试通道板上只有逻辑功能测试模块，而 PMU 模块则是独立的测试板。这种架构可以同时容纳更多的通道，但系统集成性能较差。

测试通道板的高速 FPGA 芯片是其控制核心，负责控制电路、测试向量产生、存储读/写及通道控制电路等。测试序列信息由计算机设置的指令码、操作数、状态位等实时控制信号产生，以配置通道的输入/输出状态，控制其他功能电路的正常运行。向量的合成由高速计数器生成寻址位长度，读/写控制电路完成向量所需参数的数据调度，循环指令的生成由循环计数器完成。

测试通道板包含多个 PMU 模块，能够满足晶圆快速测试和并行测试的要求。单个 PMU 模块由控制电路、数控电源、驱动电路和测量电路组成。PMU 不仅能提供 4 量程的电流负载，而且有相应的精密电流测量能力。

3）器件电源板

器件电源板（DPS）为被测芯片提供高精度高质量的工作电源，根据不同设备型号其性能各有差别。一般情况下，DPS 不提供电流负载，也不具备电压测量单元电路，只提供施加电压的能力，因此不具备 PMU 功能。但在实际系统设计过程中，在特殊测试条件下，可以扩展 DPS 的测量功能以达到充分利用自测试设备的目的。

也有设计将 DPS 模块集成在数字通道板上，同时提供了电压和电流测量能力，并且利用钳位电流技术间接实现了电流负载能力，拓展了传统 DPS 的应用范围。当然，也可以方便地切换至同一个 PCB 上的 PMU 模块，实现更加快速和精准的电流负载配置。将 DPS 和 PMU 集成到数字通道板上，还能利用板内的触发时序控制，实现与测试向量严格同步的电压电流动态驱动和测量，将多种工况下的测试集中于一个测试项，节约测试时间。

为了应对不同类型芯片对于电源电压和电流的需求，传统测试机（如 V93000）提供了一系列的 DPS 型号，有些提供高电压范围（电流驱动范围小），有些提供大电流（电压调节范围小），有些提供更多通道（电压、电流范围都有限）。新型的测试机（如 AdaptStar）采用更加灵活的设计，同样的 DPS 通道，既可以满足多通道的分布式需求，也可以并联起来实现更高的电流驱动能力。集成在数字测试板卡上的 DPS 通道和 PMU 通道都是浮动接地的资源，可以在单一机台内通过堆叠（Stack-Up）实现高压 DPS 和高压 PMU，扩展了 DPS 的应用范围。

4）系统主板

系统主板利用插槽对系统不同的功能模块进行整合，从而实现不同板间子系统的互连通信。

系统主板上分布有系统电源、通信总线、同步参考时钟等。自动测试机各个测试板的工作电源都由系统电源提供。系统电源主要组成部分是 AC-DC 变换电路，其将 220V 交流电源通过变压器转换成系统所需的直流电源（一般为 48V 或 24V）。系统电源具有一定的精度和功率要求，可以确保测试机系统稳定工作。高速同步时钟可以保证测试过程中数据的实时采样处理和高速通道同步操作。各个功能模块的参考同步时钟由系统主板提供。

2. 逻辑功能测试单元设计

逻辑功能（Logic Function）测试单元主要包含以下几个部分：向量存储器、向量控制器、时序生成器（TG）、电平转换驱动、时序窗口比较器及程控器件电压源等。向量控制器由本地存储器（Local Memory，LM）和测试处理器单元（Test Processor Unit，TPU）组成。微控制指令用 LM 存储，而向量时序功能由 TPU 实现，同时实时反馈系统执行过程中的状态给上位机。

逻辑功能测试单元生成测试向量的同时，在图形控制器的控制下，将存储在向量存储器中的逻辑功能测试向量依次读入 TG 中，转换成芯片逻辑功能测试所需的各种驱动波形，然后通过电平转换驱动电路转换成与被测芯片电平兼容的实际测量波形，并输入 DUT 通道。而在接收测试向量时，DUT 产生的响应向量被读入窗口比较器，并与按照时序格式预先设定的参考向量进行比较，从而判断测试结果。

程控器件电压源分别为 DUT、电平转换驱动和窗口比较器提供可程控的电源电压及逻辑电平。功能测试单元结构原理图如图 9-7 所示。

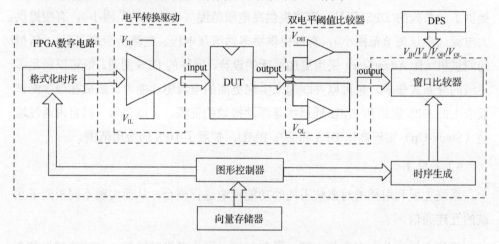

图 9-7　功能测试单元结构原理图

图 9-8 所示为一个实际的测量波形，需要设定波形格式、测试周期及测试周期的开始和停止时间、V_{IH}、V_{IL} 等信息。测试周期的最小时间设定单位由自动测试设备的系统时钟频率决定。例如，时钟频率为 100MHz 的自动测试设备，测试周期的最小时间设定单位为 20ns。自动测试设备常用以下四种波形：无格式波形（No-Format，NF）、归零波形（Return To Zero，RTZ）、归一波形（Return To One，RTO）、补充波形（Surround By Complement，SBC）。

3. 直流参数测试单元设计

直流参数测试是评价芯片性能的关键测试之一，测试结果一般以数据列表的形式呈现。在自动测试设备中，通过 PMU 模块对芯片的直流参数进行测试。直流参数测试对 PMU 的测量精度要求较高。一般来说，电压优于毫伏水平，电流优于微安水平。在一些模拟芯片测试中，甚至要求电压达到纳伏级，电流达到皮安级。

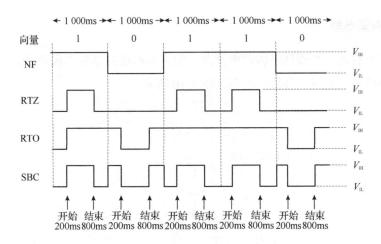

图 9-8　实际的测量波形

PMU 系统由 CPU（数据管理及控制）、DAC、ADC 和驱动程序等部分组成。硬件电路主要以 FPGA 芯片为控制及数据处理的核心，由程控电源、量程选择电路、FVMI/FIMV 模式控制电路、参数测量电路和开尔文反馈回路组成。

参数测量电路的电流测量范围一般分为±20μA、±200μA、±20mA、±200mA 等量程，量程的选择由量程选择电路自动切换。施压测流（FVMI）和施流测压（FIMV）是 PMU 模块的两种基本测试方法，它们分别由 FVMI 模式控制电路和 FIMV 模式控制电路进行控制。除此之外，它还支持单独的强制电压（Force Voltage，FV）、强制电源（Force Current，FI）工作模式。PMU 和测试头之间的通道采用了开尔文反馈回路的连接方式，以保证施加和测量参数的准确度。PMU 系统的原理框图如图 9-9 所示。

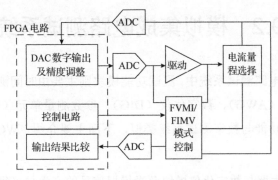

图 9-9　PMU 系统的原理框图

4. 有源负载

有源负载是一个线性可编程电流源，配合换向缓冲器和二极管桥，可以产生输出电流或吸入电流，其原理框图如图 9-10 所示。

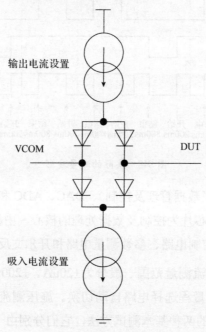

图 9-10　有源负载原理框图

当 DUT 的电压高于预设电压 VCOM 时，有源负载吸入电流，当 DUT 的电压低于预设电压 VCOM 时，有源负载输出电流。

9.2　模拟集成电路测试系统

在模拟集成电路测试系统中，测试功能模块则主要由时间测量单元（TMU）、任意波形发生器（AWG）、数字化仪（DIG）、参数测量单元（PMU）等部分组成。大部分模块功能与数字测试系统类似，下面主要介绍 AWG 和 DIG 的设计与组成。

任意波形发生器与数字化仪模块负责模拟信号的产生与采集存储，其原理框图如图 9-11 所示。其包含了总线接口、控制处理单元、存储器、ADC、DAC、输出驱动电路（包含输出通道调理和输出端口控制）、输入通道调理电路及输入通道的校准/补偿。

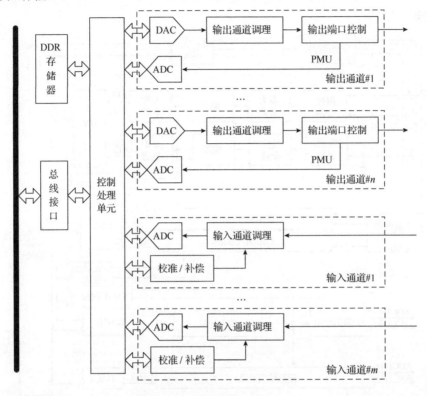

图 9-11　AWG 和 DIG 原理框图

控制处理单元主要完成输出信号的生成和驱动电路的控制及外部输入信号的采集存储和信号调理电路的控制。为满足高速采集与存储的需要，应采用基于硬件的方式实现 FIR 滤波、FFT 转换、参数计算等，降低系统控制处理器的处理负担，提高系统整体效率。为降低存储器和 FPGA 工作速率，应采用多个数据并行存储传输，再通过并串转换方法，获得高速串行数据流输出，由此降低了器件的性能要求。为了提高输出信号质量，应采用宽带信号调理等设计方法。采用 DDS技术合成输出波形并结合预处理滤波技术改善输出信号的质量。驱动电路按照要求驱动输出满足电气特性的信号。

AWG 与 DIG 模块通道框图如图 9-12 所示，包括 ADC、DAC、模拟输入/输出通道及 ADC/DAC 校准模块等部分。模拟输入通道将不同输入范围的信号调节到 ADC 输入要求的范围，由阻抗变换、放大衰减、信号调偏和 ADC 驱动电路等组成。ADC 校准模块产生的标准信号配合存储控制模块内部算法从而实现 ADC 的校准。

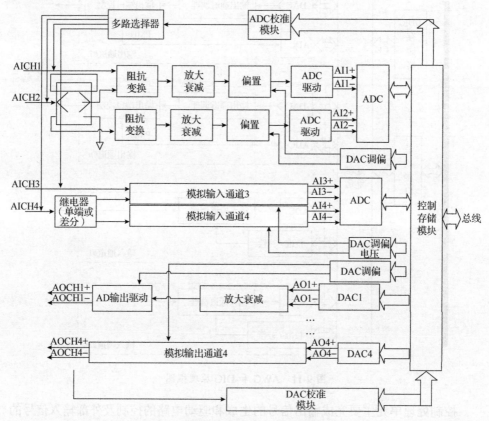

图 9-12　AWG 和 DIG 模块通道框图

模拟输出通道将 DAC 的输出信号调节到所要求的输出信号范围，并进行浮动调偏后输出。DAC 校准模块配合控制模块实现 DAC 的校准及提高输出信号的纯度。

9.3　数模混合集成电路测试系统

9.3.1　数模混合集成电路测试系统的结构

作为集成电路测试设备的一种，数模混合集成电路测试系统以计算机为核心控制器，基于测试设备的基本框架，搭配各种功能模块而构成，能够同时自动测试数字和模拟混合信号。图 9-13 所示为数模混合集成电路自动测试系统的典型结构框图。

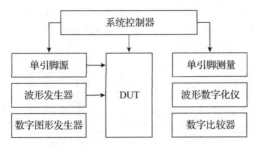

图 9-13 数模混合集成电路自动测试系统的典型结构框图

当系统同时配置数字比较器、数字图形发生器、单引脚源（数字）、单引脚测量（数字）、波形发生器、波形数字化仪、单引脚源（模拟）和单引脚测量（模拟）模块时，整个系统就构成了一个完整的数模混合集成电路测试系统，具备测试数模混合信号的能力，否则根据配置数字或模拟模块，只能相应地完成全数字或全模拟引脚的集成电路测试。

9.3.2 数模混合集成电路测试系统的体系

当前很多数模混合集成电路测试系统的结构基于标准化、模块化及总线概念形式，其中总线的形式包含自定义和标准两种。

测试系统开发的早期还未建立标准总线的概念，各大测试系统厂商的测试系统内部由自定义总线互连而成，这些测试系统厂商围绕自定义总线开发了大量资源模块，比如最先模块化的 DPS、PMU 等。

大部分测量仪器和复杂的数字功能测试通道能够被集成在板卡内，从而实现了数字测试的全面模块化。通过在由自定义总线构成的数字测试系统上添加数模混合测试必需的测试模块，可以构成自定义总线结构的数模混合集成电路测试系统。其原理框图如图 9-14 所示。

1）主控计算机

主控计算机需要配置与探针测试台、自动分选机等设备相应的接口。它由工作站或微型计算机构成，主要用于控制混合信号电路的测试。混合信号电路测试时涉及大量的后台计算处理工作，因此主控计算机需要配置高速、大内存、大容量的工作站或微型计算机。

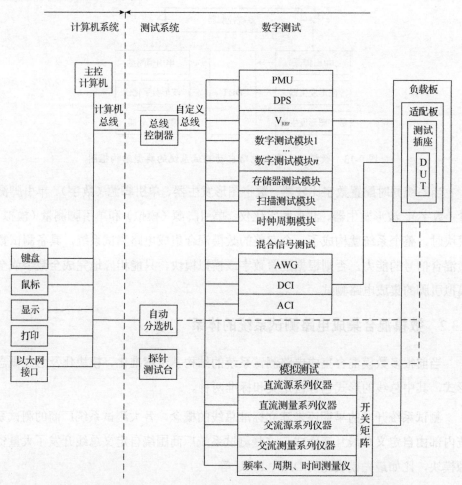

图 9-14　自定义总线结构的数模混合集成电路测试系统的原理框图

2）总线控制器

总线控制器是连接主控计算机与测试系统的数字逻辑部件，用于进行计算机总线和测试系统自定义总线之间的通信与控制。

3）数字测试

数字测试主要包括以下几部分。

（1）精密测量单元（PMU）：数模混合集成电路测试系统包含多个 PMU。PMU

的量程范围及精度都远大于数字模块内的 PPMU。

（2）器件电源（DPS）：DPS 用于管理自动测试设备的电源。其所需数量由电源种类和测试工位的数量决定。例如，一个 8 工位双电源的测试系统总共需要 16 台 DPS。

（3）参考电源（V_{REF}）：参考电源为数字测试按引脚提供比较高低电平（V_{OH}/V_{OL}）、驱动高低电平（V_{IH}/V_{IL}）、参考电流（I_{SK}/I_{SC}）及动态负载参考电源电压（V_{LH}/V_{LL}）等，从而保证准确度。例如，一个 8 工位测试系统应配备 8 套参考电源，以保证各工位设备在相互完全独立的情况下，能同时测试。

（4）数字测试模块：数字测试模块是数字功能测试中的一个关键模块。它是整个混合信号测试模块化的基础。目前，数字测试模块的一块板卡中能够集成驱动器、定时器、定时开关、格式器、比较器及动态负载、m 引脚对应的图形产生器、总线接口、转接开关及参考电源（V_{REF}）、PMU 等电路，从而形成一个完整具有 m 个通道的数字测试仪。其中，m 可根据需要取 16、22、48、64 等。

（5）存储器测试模块：测试电路中的内嵌存储器（一般内嵌在混合信号电路）。

（6）扫描测试模块：扫描测试模块要求芯片内每个 IP 核都具有符合标准的扫描链。对于复杂的系统级芯片，扫描测试模块可利用扫描链，通过外部的扫描测试口实现对芯片内部任意 IP 核的内建自测试或扫描测试。

（7）时钟周期模块：时钟周期模块提供整个数模混合集成电路测试系统的时基标准，用来产生高稳定、高准确度的主时钟信号。在时基驱动下，模块中的周期产生器可以产生时钟周期信号。为了保证各工位设备能同时测试并相互完全独立，多工位测试系统要求各工位的测试周期完全独立，以实现多时域测试的要求。

4）混合信号测试

作为混合信号电路测试系统的核心。混合信号测试部分的关键仪器包括任意波形产生器（AWG）、数字波形捕捉仪（DCI）、模拟波形捕捉仪（ACI）。

（1）任意波形产生器：利用直接数字频率合成技术产生频率、相位和幅度可调且准确度较高的斜波、三角波、正弦波或其他复杂周期波形等，最高频率可达 1GHz。

（2）数字波形捕捉仪：频谱分析仪与数字捕捉仪的结合体，具备高速数字信号的比较、捕捉存储、接收和 DSP 处理等功能，也包含数字接口和同步控制电路等部件。

（3）模拟波形捕捉仪：频谱分析仪与数字化仪的结合体，其中包含抗混叠滤波器、DSP 处理器、模数转换器、同步电路、捕捉数据存储器和数字接口等部件。

5）模拟测试

（1）直流源系列仪器：主要有高压直流源、通用直流源等。

（2）直流测量系列仪器：主要有高精度皮安表、直流电压表等。

（3）交流源系列仪器：主要为正弦信号产生器。

（4）交流测量系列仪器：主要用来测量峰值、平均值、有效值、向量等参量，包括各种类型的电压表。

（5）频率、周期、时间测量仪：主要进行周期、频率、时间相关参数的测量。

（6）开关矩阵：主要进行各种模拟仪器的引脚分配。

6）负载板

负载板是测试系统各仪器与 DUT 之间的一个接口，其要求如下：

（1）通过定位装置和接触盘将弹簧针连接到负载板上；

（2）安放 DUT 的测试插座，以连接测试系统与 DUT；

（3）DUT 的测试插座和弹簧针接触组之间的负载板平面上安放有测试时所必需的辅助电路，如电源的滤波电路，运放测试环路等；

（4）负载板上的辅助电路及信号的布线设计是影响测试质量的重要因素。测试系统准确度的参考以弹簧针接点为准，不良的布线设计则会降低测量的准确度。良好的布线设计需要满足信号最佳、信号干扰和反射最小两个条件。

7）适配板

为了进行 DUT 与负载板间的适配，需要在负载板和 DUT 之间额外增加一层辅助电路板，也称为适配板。它能够使负载板具有通用性。对不同 DUT 进行器件测试时，只需要更换适配板，即可满足测试需求而不用更换负载板。适配板的选用不仅降低了测试的成本，同时还加快了测试的进度。

在一定程度上，适配板的使用会降低测量的性能，信号传输质量会因为额外增加的信号转接而下降，所以适配板仅在频率较低及准确度要求一般这两种情况下使用。

9.3.3　数模混合集成电路测试系统实例

数模混合集成电路测试设备由测试头（主要为测试仪）、主控计算机和器件接口板（DIB）组成。图 9-15 所示为数模混合集成电路自动测试系统框图。

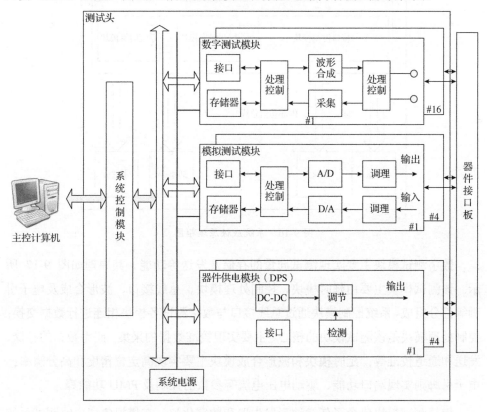

图 9-15　数模混合集成电路自动测试系统框图

主控计算机通过万兆网口与测试仪连接来实现高速通信，并控制测试过程。主控计算机主要负责运行测试程序及显示测试结果。测试仪通过 DIB 板与 DUT 相连，测试仪内部具有嵌入式计算机系统，可以运行仪器控制程序，完成相应的测试功能和结果输出。

系统底板原理框图如图 9-16 所示，其主要完成内部通信总线的转换，接口控制模块主要具有将 PCIe 数据转换为内部总线、同步触发模块产生系统同步触发信号、系统时钟模块产生系统同步工作时钟等功能。同步触发、时钟模块主要用于产生同步时钟、触发等信号来保证系统的运行同步。

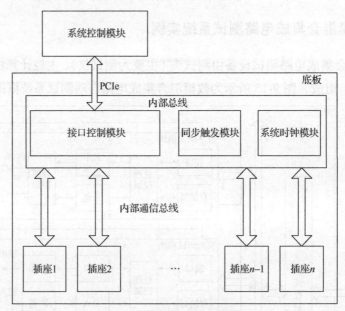

图 9-16 系统底板原理框图

数字测试模块主要实现测试向量的存储及发送等功能。其原理如图 9-17 所示。该测试模块主要由延时模块、控制处理模块、总线接口、波形合成及电子引脚等部分组成。系统控制模块通过总线接口与数字测试各模块相连进行数据交换；控制处理模块是该测试模块的核心，主要实现校准数据的采集、码型数据的存储、发送和通道校准等；延时模块和波形合成模块主要实现高定位精度和高分辨率；电子引脚则实现端口功能、驱动电压电流等参数的控制及 PMU 功能等。

模拟测试模块包含了任意波形发生器和数字化仪，在模拟集成电路测试系统中已有介绍，这里不再赘述。

电源测试板实现可调电源的输出和监测，实现输出电源电压与电流的调节和控制，完成负载端电压与电流的测量。电源测试板通过多路并联可以提供大电流[283]。其主要组成部分包括总线隔离接口、隔离的 DC-DC、控制单元、输出通道、电压与电流检测通道等，其原理框图如图 9-18 所示。

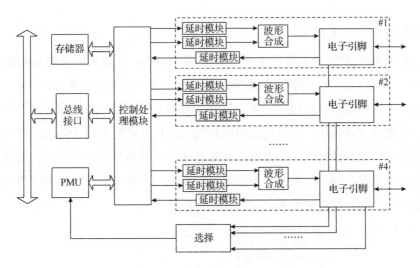

图 9-17　数字测试模块原理

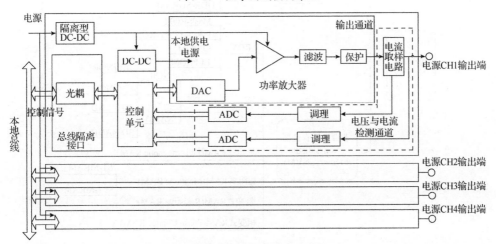

图 9-18　电源测试板原理框图

9.4　存储器测试系统

存储器（Memory）用于存储各种数据和指令。存储器的物理媒介称为存储单元，其定义一般为具有两种稳定状态（"0"和"1"）的物理器件[284]。在集成电路产业中，采用半导体材料制造的半导体存储器占据主导地位，并广泛应用于信息、安全、国防等领域。产业界对信息存储的需求，伴随着大数据、云计算这些新兴起技术的诞生呈爆炸式增长。除了不断提高存储器的产量，提高存储器的性能也

221

是信息技术重要发展方向之一。

存储器按结构或功能等分类繁多（见图 9-19），目前采用浮栅结构的闪存（Flash）存储器是主流。浮栅结构是指场效应管除了常规的控制栅极，还有一个浮空栅极，可以捕捉并储存电子，从而间接实现信息的存储。特征尺寸的缩小是浮栅闪存发展的主要体现，现阶段浮栅闪存的特征尺寸可缩小到 16 nm。浮栅闪存目前发展主要遇到的问题是：器件的可靠性还会受到特征尺寸的影响，特征尺寸缩小造成存储器存储单元减少，导致可靠性降低；串扰效应会发生在栅极高度远大于器件间距的相邻存储单元之间；介质击穿等。

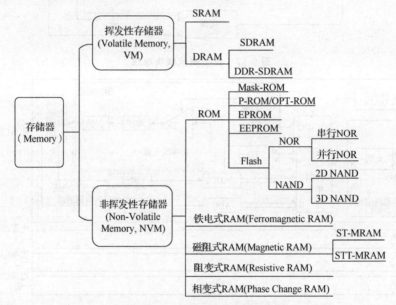

图 9-19　存储器的分类情况

于是，新型存储器应运而生，如 FRAM、MRAM、RRAM、PCRAM 等。其中，RRAM 指的是利用电阻转变效应这一原理进行信息存储的阻变存储器（Resistive Random Access Memory）[285]。电阻转换效应是指在电场的影响下，由于离子反应和电子在高电阻和低电阻之间的运动，金属-介质-金属结构的电阻可以逆变。相较于传统的膜浮栅器件，RRAM 在器件结构、存储速度、可微缩性和三维集成等方面具有更高的性能。目前，经过十多年的发展，RRAM 显示出巨大的市场前景，是下一代最有应用前景的存储器之一。

9.4.1 系统测试总体结构

存储器也是一种数字集成电路，可以采用数字集成电路测试系统对其进行测试[286]，同样可以采用标准的数字集成电路测试向量设计的方式来进行存储器测试向量的设计，只是这种方式太过复杂，通常不被采用。在测试系统的设计上，先有数字集成电路测试系统，而后才发展出了专门的存储器测试系统，或者换句话说，在数字集成电路测试系统上增加存储器测试单元，即可使其具备存储器测试能力。例如，泰瑞达 J750 测试系统在 HSD 系列数字测试模块上配备的 MTO 存储器测试单元。

因而，存储器测试系统的硬件结构与数字集成电路测试系统类似，其具备数字集成电路测试系统的基本功能和能力[287]。例如，从硬件资源来看，具有 I/O 通道、驱动电路、比较器、PMU、向量存储器、向量发生器、时钟发生器等。

存储器测试系统与数字集成电路测试系统最大的不同在于其图形发生器的不同。

9.4.2 存储器测试系统测试图形算法的生成

在存储器测试技术一节中已经介绍过，根据存储器的特点，其测试图形是通过算法生成的。仅需少量的数据测试源程序，通过算法图形发生器（Algorithmic Pattern Generator，ALPG）即可生成大量的数据测试向量[288]，在节约了大量存储空间的同时使得算法的生成和测试工作可以同时进行。

算法图形发生器是整个存储器测试系统的核心，算法图形发生器功能框图如图 9-20 所示。

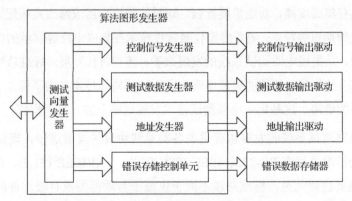

图 9-20 算法图形发生器功能框图

算法图形发生器接收上位机发送的指令，由测试向量发生器按照指令要求生成测试向量。根据实际的测试需求，将测试向量分别生成如下信号。

（1）被测存储器的控制信号（如并行存储器的"片选""读/写"等）。

（2）测试数据（与地址匹配的"0/1"序列）。

（3）存储单元地址：能够按照需求分别生成 X/Y 方向的地址，配合控制信号可以实现分块地址。

（4）错误控制：与从被测存储器读取回来的数据进行对比，记录错误数据的地址等信息。可以记录的类型有：错误数据、所有数据、选定的周期数据、错误的 X 和 Y 地址等。

目前主流的存储器测试系统可以生成任何最常用的内存算法，包括全 0 全 1 图形算法、棋盘图形算法、齐步图形算法（又称 March 算法）、乒乓算法、蝴蝶算法等。

9.5 基于标准总线的集成电路测试系统

9.5.1 系统应用概述

如前所述，基于总线结构的集成电路测试系统分为自定义总线结构和标准总线（Standard Bus）两种类型。基于标准总线的测试系统无论是技术特点还是在实际应用中，都具有明显优势，比如通用性等，这项技术目前取得了重大的进展。

该系统可以兼容多种标准接口、采用开放式的体系结构、配套有适用的软件平台，所以具有集成度高、功能扩展性强、随时按照用户需求修改系统配置、技术更新快和开发周期短等特点。随着虚拟仪器软件技术在集成电路等领域的多角度渗透与普及应用，从集成电路测试系统的发展来看，随着时代发展，标准总线的测试系统技术也在飞速发展，传统的集成电路测试系统结构和技术走向了标准、模式和开放同步发展的道路，这是集成电路测试技术发展道路上的一座里程碑。

集成电路测试系统的发展也促进着各类总线协议的发展进步，现阶段，人们普遍使用的标准总线有 RS-232、IEEE 488(GPIB)、VXI(IEEE 151.5)、PXI、LXI、PCI 等。需要注意的是，标准总线不同于仅限于有限范围或有限部件间连接使用的专用总线（Dedicated Bus），其具有通用性特征，给计算机和自动测试系统内部各种不同的功能模块之间互连提供了标准接口。站在开发者的角度来说，在开发接口时，只需要按照总线标准的要求实现接口的功能即可，不必考虑标准接口另一侧的接口方式，大大降低了开发难度[289]。图 9-21 所示为基于某种专用总线/标准总线标准的 STS 测试系统功能框图。系统包括工业标准部分和 STS 测试系统部分。其中，工业标准部分采用的是通用计算机标准；而 STS 测试系统部分采用的是 STS 标准，包含数字和测试两个子系统。

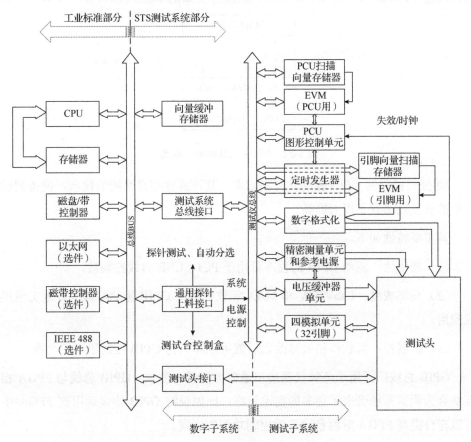

图 9-21　基于某种专用总线/标准总线标准的 STS 测试系统功能框图

9.5.2　虚拟仪器应用

在虚拟仪器技术诞生之前，集成电路测试行业的技术进步受到测试准确性和自动化数据分析的挑战。随着美国国家仪器（NI）公司引入 LabVIEW 软件和虚拟仪器技术的概念，集成电路测试系统在高精度数据采集和高级数据分析和操作方面取得了重大进展。基于高精度硬件设备的虚拟机技术，利用计算机 CPU 强大的计算能力，使高精度的数据采集、分析和处理成为可能[290]。

LabVIEW 目前最常用的接口总线协议为 IEEE 488.2（GPIB）通用总线，IEEE 488.2 是在 1987 年定义通过的控制器和仪器通用方法标准，进一步完善了其前代规格（IEEE 488.1）。GPIB 仪器控制流程图如图 9-22 所示。

图 9-22　GPIB 仪器控制流程图

NI 公司提供的 GPIB 驱动具有高效率、高可靠性和高性能的优点，使得测试系统的研发效率有了很大提高。

其主要特性如下。

（1）通用性：驱动 GPIB 的程序可用于 PCI、USB 总线控制器。

（2）高集成度：LabVIEW 和 MAX 等软件借助 GPIB 驱动可以很好地实现集成应用。

（3）扩展性：对软件稍做修改之后就可以和其他 GPIB 控制器互相交换。

GPIB 总线广泛用于各种仪器接口通信的测量与测试。GPIB 总线与 FPGA 相互结合为测试系统带来了更多的实现策略：比如说将 GPIB 协议运用到 FPGA 中可以充分提高 FPGA 对测量设备的控制功能的研发。

测试系统的软件控制系统有：总控制部分和分支部分。分支模块有：串口 I/O、仪器 I/O、数据的转换存储、用户界面等模块。用户界面的主要组成部分有：测试方式的选择；测试频率的选择；复位、开始、暂停、结束等按键；通信接口的端口号、速率等参数的显示；数据的存储路径等。软件控制系统结构图如图 9-23 所示。

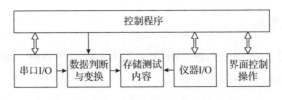

图 9-23　软件控制系统结构图

9.5.3　基于标准总线的通用集成电路测试系统案例

图 9-24 所示的是一个用标准总线实现的高性能混合信号电路测试系统[291]。该测试系统基于开放的 VXI 体系结构标准和 LabVIEW 软件，同时能有效集成符合 IEEE 488 标准的仪器或模块。混合集成电路测试系统配置的灵活性和扩展性是不受具体约束的，当用户的测试需求不相同时，它们可以随时方便地更改系统的相关配置。这种系统又称现场拼盘自动测试系统，是一款开放性强、可重构性高的测试系统。混合集成电路测试系统提供可与 ATS 配套使用的分析诊断软件：

（1）可测性分析程序（设计工程师工具）；

（2）诊断设计程序（测试工程师工具）；

（3）诊断程序（产品工程师工具）。

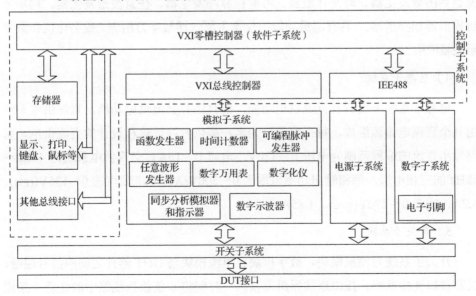

图 9-24　高性能数字模拟混合信号电路测试系统框图

1. 基本系统组成

测试系统主要由控制子系统、数字子系统、模拟子系统、电源子系统、开关子系统、软件子系统六个子系统组成。

1）控制子系统

控制子系统由内嵌计算机、外存储器、操作显示器和控制终端、打印机和各种标准的总线接口等组成。控制子系统配置了不同的总线接口，如 RS-232 总线接口、IEEE 488 总线接口、并联总线接口、以太网总线接口等，可以满足绝大部分用户接口的需求。

2）数字子系统

数字子系统在混合测试系统中具有数字测试的功能，包含定时控制模块和数字 I/O 口模块。数字子系统提供了 304 个普通 I/O 引脚（其中 288 个为 TTL 引脚，16 个为可以编程的引脚）。系统的同步 TTL 引脚数允许扩充到 1 152 个。

3）模拟子系统

模拟子系统由两个具有激励或测量功能的仪器组成。具有激励功能的仪器主要包括函数发生器、时间计数器、可编程脉冲发生器、任意波形发生器、同步分析模拟器和指示器。具有测量功能的仪器主要包括数字万用表、数字化仪和数字示波器[292]。

4）电源子系统

电源子系统不仅具有直流供电功能，而且还有交流供电功能。直流供电系统由几个直流电流源组成，每个机箱可为客户提供六路可编程设计的直流供电，每路输出直流的编程范围为电压 0～320V、电流 0～15A。交流供电系统为 45Hz～5kHz 的三相电源，每相输出功率范围为 0～500V·A，交流源可选 0～135V(rms)、3.7A，或者 0～270V(rms)、1.85A。

5）开关子系统

开关子系统为模拟模块、数字模块、电源模块与 DUT 器件之间的信号通道，又称接口连接器组。接口连接器组可以同一时间将 8 条模拟线路中的任意 4 条模拟线路连接到 DUT 的 120 个引脚，拥有较高的灵活性。

6）软件子系统

软件子系统可以使测试系统具有并行开发和执行能力，主要包括以下功能模块。

（1）测试程序开发：计算机采用的是 Linux 系统。Linux 系统为用户提供了图形用户界面、图形化编程语言、图形编辑器、多任务处理能力、器件库、附加的应用工具包等功能支持。

（2）测试的调试和诊断：开发测试程序的诊断程序是测试系统中的重要一环[293]。本系统诊断程序已经集成到运行环境中，有需要的用户可以直接使用这个程序。自动诊断程序可以节约用户的测试成本。

（3）校准软件系统：系统搭载的 PATEC 校准验证软件源自美国空军研制的便携式自动测试设备校准器（PATEC），而且凭借系统配置性能参数，ICA 可以对ATS 进行现场校准验证和性能规格验证位置（分析模拟器/指示器等）并修改系统中的其他仪器规格。

（4）自测试程序：系统配置的测试程序可以在测试/测量单元（仪器）级实现故障检测和定位。系统在全面维护时，维护人员必须拥有自测试程序和电子技术手册。

2.　测试系统选件

1）RF 子系统

根据测试要求原则上可以构建 RF 子系统，而且借助 ATS 系统灵活的架构和丰富的接口可以支持宽范围 RF 的功能需求。RF 子系统结构既可以很复杂和庞大，也可以设计得非常简单，灵活多样。

2）电子技术手册

电子技术手册（ETM）允许用户直接从测试系统生成电子技术文档。电子技术手册包含有关产品技术参数的信息，这些信息可以直接在测试程序中生成，也可以使用 ETM 选项中的生成器程序生成。系统还提供了类似的创建功能，完全可以在线生成技术手册及捕获系统上已经存在的技术手册。

3）中央大容量存储系统

中央大容量存储系统（CMSS）是一个用以太网通信的选件包，可以将测试程序从中央计算机传送到任何一个与之相连接的测试系统。CMSS 可以将所有测试程序存储在中央测试程序库里面，同时确保 ATS 通过网络提出的要求立即被接受和执行任务。CMSS 还具有测试程序的及时更新和测试程序的选择等先进功能。

9.6 可靠性相关测试设备

除了上述的测试机基本分类及设计结构，对于集成电路测试设备而言，还有两大核心设备，即分选机与探针台。

9.6.1 分选机

分选机是通过转换和取放等方式完成电路芯片的加工、测试和分选的设备。分选机广泛应用于集成电路的封装和测试，为提高流水线生产效率、产品稳定性及电路测试的可靠性和质量提供了重要保证。根据不同 IC 封装类型和测试参数的要求，分选机有多种形式的物料运动，如振动进料方式和重力滑动进料管方式。

国内外有很多分选机供应商。分选机的主要海外供应商有新加坡 STI、美国 Icos、日本上野精机、瑞士 Ismeca 等；在国内，有金海通、格兰达、上海中艺、深圳远望、鸿锦、Chroma[294]。国内外分选设备的部分参数如表 9-2 所示。

表 9-2 国内外分选设备的部分参数

项　　目	Chroma 3160A	Epson 8080	HT-9046	Epson NX1032XS
Socket 间距	4 工位	8 工位	16 工位	32 工位
	4 工位 40mm	2*4、2*2、1*4	(1*2)*Pitch：80mm (1*4)*Pitch：60mm (2*4)*Pitch：60mm (2*8)*Pitch：30mm	1～2×8、4×8
Index Time	0.38s	0.36s	0.48s	0.42s(2×4、2×8) 2.05s(8×4)
UPH	9 000	8 300	>12 000(100% weild)	20 000/10 500(高温)
真空来源	—	真空泵	真空发生器	—
更换 KIT 时间	<15min	<21min	<20min	<17min
侧压力	80±1kgf	—	Max：160kgf	Max：480kgf

从表 9-2 可以看出，分选机设备参数的发展趋势包括测试工位越来越多，压力和测量温度可选，设备 UPH 性能会逐步提高。目前，分选机正朝着高速、高精

度、大功率的发展方向不断前进，设备的开发周期也只会越来越短。随着分选机的高速、高精度发展，对测压结构的性能要求也会不断提高，测压精度、测压结构的稳定性需求也在不断提高，还会要求缩减测压流量时间。

1. 测压结构技术发展现状

分选机的测压结构是关键部件，主要完成电路取放、循环和降压测试功能。测压结构模块主要分为结构支撑模块、YZ 导轨模块、水平驱动模块、垂直驱动模块。垂直驱动模块和水平驱动模块相互配合可以使测压臂沿 YZ 的方向移动，从而对电路芯片进行测试。测压结构模块如图 9-25 所示[295]。

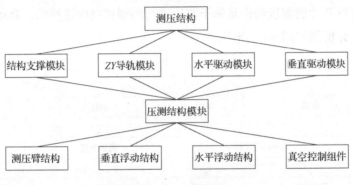

图 9-25　测压结构模块

测压结构取放电路的动作流程如图 9-26 所示。待测电路芯片暂存于 Shuttle 内，测压臂将待测电路芯片从放料梭（Shuttle）吸出并将其放置在测试区，然后测压臂下压，进行测试。压力测量结构必须保证电路引脚和测试插座引脚可靠连接，并且在测试过程中压力测量位置保持稳定。测试仪根据给定的测试程序和测试方法说明情况，完成对电路各项参数和综合性能的测试，并反馈得到的测试结果。电路测试充分完成后，测压臂向上移动，将电路芯片移出测压区。测压臂来到放料梭位置，释放电路芯片，让被测电路进入放料梭，测试完成。依次循环测试过程。

图 9-26　测压结构取放电路动作流程

测压臂的运动流程可以概括为三个关键运动：吸取、搬运和压力测试。为了满足压力测量结构的核心功能，提高电路测试的稳定性和效率，压力测量结构必须具有良好的运动布局设计、较高且较好的结构精度和可靠性、良好的稳定性和较高的测试效率[296]。

2. 测压结构关键技术

结合分选机测压结构的发展现状和发展趋势，以及分解测压结构的三个核心动作要求，可以总结出测压结构设计的两大主要性能要求：测试精度和测试稳定性。其中，电路芯片的取放动作及搬运动作是基于测压结构的测试稳定性向前进行的，而电路芯片的测压动作是基于测压结构的测试精度进行的。具体的测压结构研究层次分析图如图 9-27 所示。

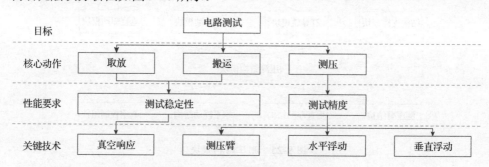

图 9-27　测压结构研究层次分析图

测压结构关键技术的提高方向有以下四个方面。

1）测压臂结构刚度和强度提高

如果测压臂的结构刚度和强度不够大，工作载荷过大会引起变形的问题。这会影响电路测试的准确性和稳定性[297]。通过对传动、测重结构和驱动方式设计、配重臂结构的工作量和局限性等问题的分析，研究如何提高测重臂的刚度和强度性能，提高电路测试的准确性和稳定性。

2）测压水平浮动结构参数最优设计

在将测试芯片压在测试头下的过程中，要确保电路引脚与测试插座引脚接触良好，保证电路性能测试的可靠性。需要合理设计水平浮动结构参数，从而提高压力测量结构的测试精度。

3）测压垂直浮动输出力稳定性提高

当测压臂垂直下压拉动电路并且执行测试程序时，电路的引脚与测试插座引脚接触后，测压臂将继续按下指定的行程次数，在触针之间产生压力从而保证电路和测试插座之间接触的可靠性。当垂直浮动输出力不稳定时，芯片可能会被压碎。通过垂直浮动轮廓分析，提高了垂直输出力的稳定性，提高了压力测量结构的测试精度和稳定性。

4）真空组件性能提升

在压力测量结构中，被测试芯片的处理、拾取和放置需要真空组件。可提高该真空组件的真空产生与破坏时间、真空度等一系列指标参数的性能，避免在做搬运和取放动作时发生被测试芯片粘连、掉落等重大风险。真空组件响应性能的提高可以大大提高电路吸取的可靠性，又能降低真空组件的故障率，从而提高压力测量结构的测试稳定性。

9.6.2　探针台

探针台又叫自动探针测试系统，主要应用在晶圆级电路测试方面[298]。大部分硬件是由运动控制模块和存储模块组成的。运动控制模块可以控制工作平台的平移运动，以满足自动化测试的要求。手动操作和平台零位校准数据采集模块用于收集和保存测试相关数据，方便数据的后处理。

1. 探针台结构原理

探针台的技术指标大概可以概括为以下两点。

（1）在两点之间高频高速往返的操作过程中，测试探针需要准确无误到达测试区域的预定位置并在那里停留一定时间，以满足测试时的运动控制要求。

（2）在满足上述预定位置精度和停留时间精度的条件下，可以准确有效地测量探头阻力和压力数据，尽可能缩短数据采集时间，以提高测试效率。

根据上述具体要求，探针台可以分为运动控制部分、电阻数据采集部分和压力数据采集部分。

（1）运动控制部分：主要由运动控制器具体实现[299]。运动控制器接受上位机的运动指令，通过运动控制器的内部算法，探头将指令转换为"脉冲"+"方向"

信号输出方式，这时伺服驱动器驱动电机，然后实现对运动准确无误的运动控制。

（2）电阻数据采集部分：采用线材测试机，先连接低电阻电子线和安装有探针的测试治具，然后进行电阻测试，并将数据上传至计算机。

（3）压力数据采集部分：由数据采集卡和压力传感器完成。

2. 运动控制系统结构

运动控制系统设计较为灵活，主要由计算机、运动控制器、伺服电机、电机驱动器、执行机构等部分组成[300]。计算机与运动控制器之间采用 PCIe 总线相互连接，运动控制器与电机驱动器及其他外部信号则采用光耦接口相连。运动控制系统的结构框图如图 9-28 所示。

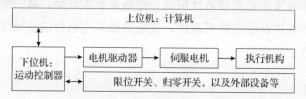

图 9-28　运动控制系统的结构框图

运动控制系统方案采用上位机结构和下位机结构。计算机是上位机，运动的位置、速度等参数可通过软件设置，并可实现信号显示和实时监控功能。运动控制器是下位机，接收上位机发送的控制数据后，对其应用相关动作，如脉冲和方向信号的输入和输出；加减速、归零、回位、限位等信号的检测[301]；电机驱动由运动控制器引导，然后驱动伺服电机旋转，实现机械平台的运动。外部设备，如限位开关和归零开关直接连接到运动控制器可进行坐标定位，防止轴位移，防止误操作引起的碰撞。

3. 数据采集系统结构

1）电阻数据自动采集结构

探针台电阻数据自动采集实现主要采用了线材测试仪，大多数采用二端子法和四端子法测量。二端子法是一种传统的电阻测量方法，将测量回路的电路连接到信号源的电路上，通过测量回路上的电流来计算电阻。这种方法相当简单易行，不能排除由接触电阻引起的测量误差，所以当电阻值非常准确时，不能使用二端子法。

四端子法电阻测量将测量电路与源电路隔离，信号源电路负责测量电路的电流，测量电阻值使用四端子法可以消除接触电阻的影响，获得更准确的测量结果[302]。

2）压力数据自动采集结构

探针台自动采集的压力数据主要由数据采集卡和压力传感器感知。压力传感器直接安装在探头下方，当探头被按下时压力传感器接收来自探头的压力信号，经调制器放大调整后发送至接收卡，然后数据采集卡将信号转换为压力数据，并上传到计算机软件，计算机软件根据传感器灵敏度曲线计算得到压力数据。在测试期间，通过采集程序可以实现压力数据采集的自动化[303]。

4. 探针台的工作流程

探针台的工作流程图如图 9-29 所示，系统启动后，首先通过回零开关控制工作台移动回坐标源，保证行程坐标准确；然后需要确定探头临界压缩点的额定值来控制探头压力的移动；最后由线材测试仪采集电阻数据。采集卡将采集到的电压数据反馈给计算机[304]。

运动控制部分与数据采集部分在整个探针台的测试流程中共同协作。运动控制系统的精确定位需要数据采集系统的反馈，是采集真实数据的保障；数据采集的实现必须得到运动控制模块的定位支持，这也是运动控制精度的最终检验。

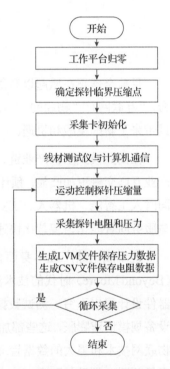

图 9-29　探针台的工作流程图

第10章

智能测试

目前全球正在掀起以智能工厂、智能生产、智能物流为核心的新一轮工业革命，"互联网+""物联网""大数据""云计算"等新业态层出不穷，为集成电路测试带来了新的挑战和机遇。

在商业模式上，产业链、供应链促使测试服务向规模化、专业化方向发展，产业互联交融更加凸显，预计更多区域性整合型、多元整合型测试平台将会出现，同时人工智能、机器人、工业互联等新业态和新技术将不断引入，促使测试技术与服务向智能化、智慧化快速转型，得到更开放、更灵活、更快速的测试服务。

就集成电路产业本身而言，随着"后摩尔"（Post Moore）和"超越摩尔"（Beyond Moore）时代的技术演进，先进工艺节点不断引入新的测试需求、复杂的器件设计层出不穷、测试数据呈几何级数量递增、测试工程技术日益复杂、平台设备规模快速膨胀，这些都加剧了测试服务对新技术的需求。利用先进的互联网、物联网技术和强大的数据管理技术，实现全流程全周期产业链测试监控，良品率、产量预测，是目前和未来一定时期内集成电路行业面临的巨大挑战之一。

"互联网+智能生产+集成电路测试服务"势必成为未来集成电路产业发展的必然趋势。

10.1　测试大数据

测试大数据的数据来自实验室、工艺线晶圆接受测试（Wafer Acceptance Test，WAT）、晶圆测试、成品测试、系统测试、失效分析等环节；各环节获取测试数据源的设备来自不同的测试服务商或机构部门，这些设备特点不同、数据处理的能力不同、输出的数据格式也不同，数据之间的交互机制尚不存在统一标准，导致数据价值无法得到体现。通过信息技术（Information Technology，IT）基础设施、数据标准、传输标准、信息安全机制、分析预测手段等方式，打破"数据信息孤岛"，以"数据驱动"为趋势，形成"大数据价值链"是测试技术的核心。

10.1.1　以"数据"为核心的产业趋势

集成电路工艺不断提升，从 55nm 发展到现在的 5nm 甚至 3nm，从紫外线到深紫外线再到极紫外线，从 CMOS 到 SOI 再到 FinFET，每片晶圆都要经过无数道的制造程序，在制作过程中会产生数以万计的监控数据及样本，其具有大数据的"4V"特性，即大量、多样、高速、价值。在大数据时代，我们可以有效地将各种各样的数据加以整合及挖掘，对整个集成电路制作的流程加以管控和提升。

现在越来越多的头部企业已经认识到了大数据的重要性，在各自的领域开始对各种数据进行追踪、监控、挖掘和分析，可以在正式量产前找到设计或工艺上的缺陷，从而降低量产后带来的风险和损失，提升产品的良品率和性能。测试数据分析包括以下几种。

1. 失效 Bin 的趋势追踪

当某个失效 Bin 在一段时间内失效的比例突然或渐渐发生明显变化的时候，要深入调查变化的原因，以便获取产品的变化特性、规律及解决措施。

2. CP/CPK 值分析

很多测试项都可以显示出具体的数值，通过对大量的数值进行分析，查看 CP/CPK 值是否大于某个预定标准，以判断产品的品质管控能力是否达到预期。

3. 一致性分析

通过对不同设备（如测试机或探针卡等）硬件进行一致性对比，可以及时发现某些硬件上的问题，如果只关注整体良品率，就很可能忽略这些异常硬件，使得问题持续发生，直接导致经济成本上的一系列损失。

4. 晶圆图（Wafer Map）分析

晶圆测试是以单片晶圆为单位的，但其测试结果数据不仅是每个芯片（Die）的测试结果，而且通过叠加一个完整批次的晶圆图，还能体现以批次为单位的整个批次的测试情况。这些测试结果能直观地反映晶圆工艺的整体趋势和某些缺陷，为提升晶圆工艺质量打下坚实的数据基础。

（1）优化调整晶粒排列：为了在一片晶圆上产出尽可能多的合格晶粒，可以利用数据分析来改变晶粒排列方式，同时对低合格率的晶圆进行分类，通过分析低合格率的制程工艺、产品特性、设备共性、时间规律、人为操作因素等可能原因，改善任一环节的缺陷，最终提高晶圆的合格率。

（2）缩短晶圆生产周期：随着电子产品更新换代的周期越来越短，集成电路芯片的有效价值也随着时间推移快速降低，因此尽快推出成熟并可稳定量产的产品变得尤为重要。结合集成电路制造过程中产生的大量数据，分析各个制造环节中影响时间的因素，并调整对应的工艺参数找到一种合格率和制造时间的最优解，保证了制造流程的可持续运转，最终实现缩短生产周期的目的。

（3）晶圆制造自动化：自动化进程的发展应分为三个阶段，即拟人化、无人化和超人化。拟人化是指利用机器学习和人工智能大量模拟人的行为。无人化是指将重复性和机械性的工作用机器来替代人。超人化是指制造一个真正能取代人类大脑思考、判断和决策的智能系统，指挥整个制造流程。晶圆制造自动化将最终提升晶圆制造的效率，并且能降低人为因素造成的损失。

10.1.2 测试数据类型

集成电路产业的测试数据分为两大类，即结构化数据和非结构化数据。

1. 结构化数据

结构化数据是指有其固定的格式定义及其对应字符长度限制的数据。结构化数据在集成电路测试领域最常见的就是标准测试数据格式（Standard Test Data Format，STDF）。它是一个二进制文件，通过不同的数据记录类型和索引来定义不同内容的数据。由于 STDF 具有高转换效率和标准格式的优点，并且可以在不同操作系统上使用，很多 ATE 都已经采用 STDF 作为其标准的测试数据。目前比较常见的 ATE 机台，如 J750/J750EX/J750HD、V93000、Eagle、AdaptStar 等均能产出 STDF 文件。

STDF 文件中必须包括一个文件属性记录（FAR）、一个主信息记录（MIR）、一个或几个部分记录（SDR/ATR/RDR 等），最后以一个结束记录（MRR）结束整个文件，目前常见的格式为 FAR-MIR-SDR-MRR 或 FAR-ATR-MIR-SDR-MRR。如果没有 MRR 这条记录，则说明 STDF 文件不完整，记录过程中出现了异常。

STDF 文件中常用的数据记录类型和索引如下所述。

（1）FAR（File Attributes Record）：主要包含 STDF 版本信息。

（2）MIR（Master Information Record）：包含产品名、批号、程序名、测试机编号、测试机软件版本等关键信息。

（3）SDR（Site Description Record）：主要包含位置（Site）排列信息、探针卡编号等。

（4）PMR（Pin Map Record）：将引脚和对应的通道联系起来。

（5）PIR（Part Information Record）：一个下压（Touch Down）数据的开始，每个位置以一行表示。

（6）PTR（Parametric Test Record）：直流参数信息，包含位置、通过/失败、测试值、测试项名字、上下限、单位等。

（7）FTR（Functional Test Record）：功能测试信息，包含位置、通过/失败、测试项名字等。

（8）DTR（Datalog Text Record）：用户自定义打印出的详细数据信息。

（9）PRR（Part Results Record）：一个下压数据的结束，包含位置、通过/失败、硬件码（Hard Ware Bin）、软件码（Soft Ware Bin）、XY 坐标、下压数据测试时间等。

（10）HBR（Hardware Bin Record）：包含位置、码号、码数量、通过/失败等。

（11）SBR（Software Bin Record）：包含位置、码号、码数量、通过/失败等。

（12）PCR（Part Count Record）：包含位置、测试数量、通过数量等。

（13）MRR（Master Results Record）：包含测试完成的时间、用户自定义的一些特殊描述等。

还有一种结构化数据格式为 ATDF（ASCII Test Data Format），它是从 STDF 文件转化过来的，常用的 SEDana 工具就可以实现 STDF 到 ATDF 的转换，由于 ATDF 文件是文本文件，所以可以直接打开查看，ATDF 每行会以记录类型开头，后面记录对应的数据内容。对于数据分析而言，ATDF 文件会比 STDF 更直观和简单。

2. 非结构化数据

非结构化数据是指不定长、无固定格式的数据，如 Test Map、Summary、Datalog、Rawdata 等。

（1）Test Map。此数据是测试机操作界面（Operator Interface，OI）产生的测试图，不同测试机生成的测试图都不相同，有文本格式的文件，也有图片格式的文件，对于这些数据我们只能"看看"，无法进行数据处理。

（2）Summary 数据。此数据是测试机操作界面产生的统计数据，不同测试机生成的统计数据格式各不相同，并且这些数据中往往会包含复测的数据，与最终的数据会有偏差，无法直接使用。

（3）Datalog 数据。此数据是测试机操作界面产生的详细数据，类似于 STDF，里面包含了测试坐标、测试数值、码号等，但没有固定格式，不同测试机的格式不相同，并且这些数据非常巨大，非常占硬盘空间，无法通过简单的索引查找想要的数据，分析起来非常麻烦，因此这种数据只在工程测试时才会生成，供工程分析使用，在规模量产测试时往往会关闭。

（4）Rawdata 数据。此数据是以文本格式展示的测试图（TestMap）的原始数据，可以包含一些头信息（如产品名、程序名、探针卡号、Pad 的尺寸），也可以没有。具体数据内容为每一行代表一个芯片的数据，可以包含 X 坐标、Y 坐标、Hardware Bin、Software Bin、Site 信息、当前芯片的测试开始/结束时间等。每个参数之间可以用不同的分隔符分割，如分号、空格等，预留给每个参数的长度也可以不同，如坐标设为 4 个字符，测试时间设为 20 个字符等。这个数据需要经过分析和处理才能被使用，可以转化成 Excel 表格，让人直观地看到整个测试图的通过/失败情况；可以统计成统计数据（Summary），得到每个码的个数和位置差异；也可以根据客户要求生成固定格式的报告，方便客户查看。

非结构化数据分析起来非常麻烦，要针对不同的数据制作不同的分析工具将非结构化数据转化成结构化数据，以节省开发不同工具的时间。每种测试机都有自己的操作界面，通过修改操作界面会生成一种类似于 Rawdata 的数据，但其规则是固定的，统一使用相同的分隔符和字符长度；将 Datalog 中的 XY 坐标、数值等参数提取出来，生成一种新的数据文件，存放到数据库中，方便索引和节省硬盘空间。非结构化数据和结构化数据的关系如图 10-1 所示。

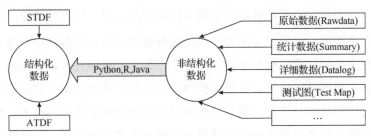

图 10-1　非结构化数据和结构化数据的关系

10.1.3　测试大数据分析及挖掘

数据分析只是在已定的假设、先验约束基础上将数据转化为信息，而这些信息如果需要获得进一步的认知，转化为有效的预测和决策，最后应用到实际生活中并转变为人类的智慧，就需要数据挖掘。数据分析是把数据变成信息的工具，数据挖掘则是把信息变成认知的工具。

测试大数据分析及挖掘的步骤如下。

1. 数据采集

集成电路的制作流程非常复杂，产生的数据非常多且杂，大部分数据是非结构化的，这时需要对这些非结构化的数据进行整理和清洗，提取最核心的数据，变成结构化数据。

2. 存储

大数据的特点就是数据量非常大，并且集成电路从设计制造到封装测试往往需要几个月的时间，所以数据需要存储半年或数年，以便追溯。长时间存储海量数据便需要合理的管理方式，NoSQL、MongoDB 等都是最近几年很火的数据库工具，可以用来存储不同类型的数据。

3. 分析与挖掘

在其他行业里，数据分析与挖掘是一个"被动"的过程，而在集成电路行业里，这种"被动"就可能会造成大量的损失，无法挽回。因此要将数据分析及挖掘由"被动"变为"主动"。并且集成电路行业中的数据价值是有时效性的，越早分析数据，分析结果越有价值，在每天产生的大量数据中，工程师要结合以往的经验和知识，不断分析和挖掘，尽早发现测试中的问题，并及时报警。

基于人工智能、机器学习的新一代集成电路测试数据挖掘和分析技术，一方面研究分布式并行计算、机器学习、深度学习等人工智能技术，对集成电路测试中的海量异构数据进行计算、分析和挖掘，并应用于实际的量产测试中；另一方面研究多元检测技术与深度机器学习在测试及故障诊断中的应用技术，利用缺陷分布自动调整采样点，用最少的采样成本获得最多的数据信息，体现测试大数据的分析、挖掘和预判能力。

数据分析及挖掘最重要的是其算法，对于相同的数据，在不同的时期可能采用的算法也不尽相同。需要考虑模型对数据集的适用性，并结合数据集的内在特征确定算法模型。

在晶圆测试过程中，往往通过复测的方式来挽回那些因某种因素造成的测试不稳定而导致失效的芯片（Die）。在良品率分析中，不能简单地用合格数除以总测试数，而应用复测的结果替换之前的结果；在回复率分析中，则需要获取复测过程中的合格数；而在测试稳定性分析中，则需要将复测前后的数据进行对比，判断其稳定性。

数据分析及挖掘最直观、最清晰的表现形式是数据可视化，通过交互式视觉呈现的方式来探索、整理和理解复杂且无序的数据。可视化的图表能够清晰地展现出数据的特性和趋势，从一堆复杂的数字中找到相应的变化规律，帮助用户提炼真正有用的数据价值。

图 10-2 所示为良品率、回复率等数据表格，这是经过一段时间的数据分析与挖掘后得到的一串数字，包括最初良品率、最终良品率、复测率、回复率，用户很难快速地从这些数字中找到其规律。但如果将它变成图 10-3 所示的良品率、回复率等线性图的样子，人们就能直观地得到很多有用信息。最终良品率基本没有区别，最初良品率低的回复率普遍偏高，说明最初良品率低是由误测引起的。接着继续挖掘的话，可以得到图 10-4 所示的回复率箱状图。找出具体哪个测试项及哪个测试工位引起的误测，从而对症下药解决相应的测试问题，这就是数据可视化的价值所在。

	FinalYield	FirstYield	RetestYield	RecoverYield
0:E8P229/E8P229-01-A6/1	98.6364	98.4722	1.19928	0.164285
1:E8P229/E8P229-03-F4/1	98.8172	98.5379	1.28142	0.279284
2:E8P229/E8P229-04-A4/1	98.4064	97.4043	2.23427	1.00214
3:E8P229/E8P229-05-C7/1	98.6693	96.205	3.64712	2.46427
4:E8P229/E8P229-06-F2/1	98.7679	93.56	6.2921	5.20782
5:E8P229/E8P229-07-A2/1	98.16	92.1965	7.57352	5.96353
6:E8P229/E8P229-08-C5/1	97.9136	95.3343	4.51782	2.57927
7:E8P229/E8P229-09-F0/1	98.7022	96.7472	3.07212	1.95499
8:E8P229/E8P229-10-C5/1	98.8172	96.4843	3.25283	2.33284
9:E8P229/E8P229-11-F0/1	98.7022	96.665	3.18712	2.03713
10:E8P229/E8P229-12-A0/1	98.8007	95.285	4.59997	3.51569
11:E8P229/E8P229-13-C3/1	98.6529	97.3222	2.31641	1.3307
12:E8P229/E8P229-14-E6/1	99.0307	97.9957	1.88927	1.03499
13:E8P229/E8P229-15-H1/1	98.7514	98.0943	1.54427	0.657138
14:E8P229/E8P229-16-C1/1	98.8664	97.6507	2.16856	1.21571
15:E8P229/E8P229-17-E4/1	98.7022	97.5686	2.21784	1.13356
16:E8P229/E8P229-18-G7/1	98.7514	97.7329	2.11927	1.01856
17:E8P229/E8P229-19-B7/1	98.7022	97.5357	2.1357	1.16642
18:E8P229/E8P229-20-G7/1	98.9157	98.62	1.24856	0.295712
19:E8P229/E8P229-21-B7/1	98.85	98.735	1.06785	0.114999
20:E8P229/E8P229-22-E2/1	98.7843	98.505	1.3307	0.279284
21:E8P229/E8P229-23-G5/1	98.7514	98.62	1.24856	0.131428
22:E8P229/E8P229-24-B5/1	98.9157	98.8007	1.01856	0.114999
23:E8P229/E8P229-25-E0/1	98.8336	98.6529	1.00214	0.180713
24:E8Q795/E8Q795-01-B5/1	98.0943	97.9957	2.00427	0.0985707
25:E8Q795/E8Q795-02-E0/1	98.3407	98.0614	1.93856	0.279284
26:E8Q795/E8Q795-03-G3/1	99.0471	98.7514	1.24856	0.295712

图 10-2　良品率、回复率等数据表格

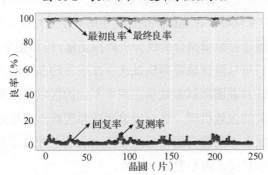

图 10-3　良品率、回复率等线性图

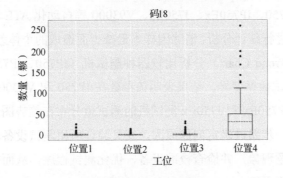

图 10-4　回复率箱状图

10.2 测试数据分析方法及工具软件

10.2.1 测试数据分析方法

采用自动测试设备进行集成电路晶圆和封装后测试将生成大量的测试数据，工程师对测试数据进行统计分析不但可以发现芯片制造、封装过程中的缺陷，也可以发现测试过程中是否存在测试稳定性不够、一致性不足等情况，快速定位问题原因。从而提出解决方案和改善的建议，提升测试产品的良品率和效率。因此要持续对测试数据进行提取和分析，不断优化分析方法，并进行研究扩展，挖掘有价值的数据，更准确且更有效地提升芯片在制造、封装、测试全流程过程中的良品率。

芯片制程过程中的工艺波动、材料批次的差异、设备的精度等都会造成芯片存在缺陷和不足，采用统计学的方法在对大批量的测试数据分析统计后，测试参数的结果往往会反馈出制造过程中各个环节的异常波动情况，设计人员可以清楚知道芯片性能、功耗各个方面在不同工艺条件下的运行情况，从而有针对性地进行工艺改善和提升。对某款芯片在晶圆测试过程中的数据进行统计分析（见图 10-5），分开单独对某片晶圆进行数据拟合曲线分析都很正常，但将整个批次的 25 片晶圆放在一起分析，我们可以清楚地看到该批次存在明显的晶圆间差异问题，该批次前 12 片和后 13～25 片晶圆测试参数值在两个不同的区域呈现差异分布，工程师通过分析该参数相关的失效机理，进一步追溯在晶圆前道制造过程中的工艺参数设置、条件和设备状态，明确问题发生的原因，从而进行修正和改善，有效地提高了工艺的稳定性和后续晶圆参数的一致性。

图 10-6 所示为一个产品在多种测试平台上的特定电流参数测试值的分布。本产品测试采用 IP750、IP750Ex、J750Ex、V93000 等自动化 ATE 测试平台，对收集到的测试数据进行统计分析，消除因样本量减少而造成的个体差异和数据失真。用长期趋势图（Trend Chart）分析比较四种测试机（IP750、IP750Ex、J750Ex、V93000）上的测试数据差异。结果表明该参数在 IP750 和 V93000 测试机的测试数据相对稳定。IP750Ex 和 J750Ex 测试机的测试值分布在趋势图上存在很大的波动。测试公司进一步跟进确定问题原因，交叉验证所用测试设备的数据一致性和相关性，重现问题现象，并检查校准设备，优化测试程序，从而提高测试机之间的一致性和测试稳定性。

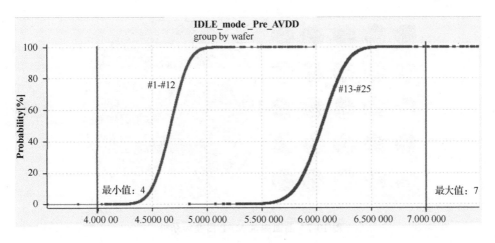

图 10-5　统计分析

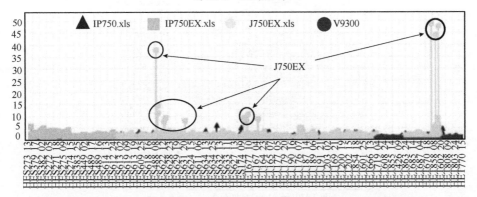

图 10-6　一个产品在多种测试平台上的特定电流参数测试值的分布

　　晶圆与基于封装后的芯片的测试数据最大的区别在于，晶圆测试是以完整的一个晶圆为基本单位，每个晶圆的芯片（Die）在 X 和 Y 坐标上是唯一的。结果数据不仅是每个芯片（Die）的测试结果，还包括由许多芯片（Die）构成的整个晶圆或整批数据的分布信息。整批晶圆测试完成后，使用统计分析工具创建直观的统计图表，如 Bin Map 图和参数化晶圆图。这些数据统计分析能直观地反映各个批次晶圆加工的工艺条件变化，可以给设计和工艺工程师及制造商提供进一步分析的数据。晶圆测试具有大量与工艺相关的数据和信息，是及早发现问题并提高芯片制造工艺良品率的最佳步骤。图 10-7 所示为晶圆测试 MAP 图叠加分析，用于分析批次间的故障分布。图 10-8 所示为晶圆测试参数分布。图 10-9 所示为晶圆测试 8 工位参数箱型分布图。

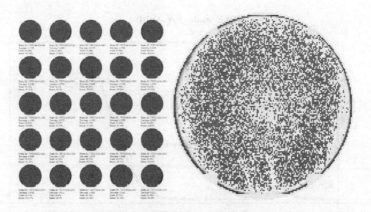

图 10-7　晶圆测试 MAP 图叠加分析

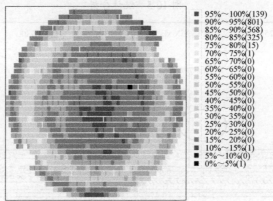

Min:2.47911～Max:2.60806

图 10-8　晶圆测试参数分布

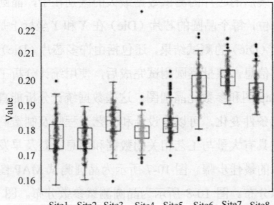

图 10-9　晶圆测试 8 工位参数箱型分布图

测试数据统计分析的目的是通过数据采集、清洗和分析，发现参数可变性并进行量化评估，以更好地识别制造过程中存在的细微问题和潜在缺陷。基于自动化测试系统的集成电路测试数据在分析单条数据时可能会出现混乱和不规则的情况，但成千上万的芯片收集在一起，经过清洗、分析、可视化处理，并以各种公式进行统计计算提炼，是可以发现规律性和趋势，以及潜在的数据价值的。常用的测试数据可视化分析方法包括均值分析、方差分析和 CPK 参数分析等。

1. 均值分析

均值分析是最基础、最常用的分析方法，它是对测试结果的平均值进行分析。分析时需要剔除异常数据、缺少数据的结构信息，它只适用于简单、快速的分析工作。图 10-10 所示为一个均值分析图，其中约含 3 000 个数据，平均值为 4.091V，而剔除掉异常点后，平均值变为 4.125V。

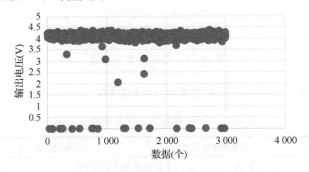

图 10-10 均值分析图

2. 方差分析

方差分析（Analysis Of Variance，ANOVA）的目的是检验"两个或多个总体的均值都相等"这一假设。方差分析通过比较不同因子水平下的响应变量均值来评估一个或多个因子的重要性。均值分析和方差分析的区别在于：方差分析假设数据服从正态分布，而均值分析可以用于服从正态、二项或 Poisson 分布的数据；方差分析的适用前提很苛刻，实际案例往往不能符合。

3. CPK 参数分析

CPK 也称制程能力指数、工序能力指数或过程能力指数，是指工序在一定时间里处于控制状态（稳定状态）下的实际加工能力。它是工序固有的能力，或者说它是工序保证质量的能力。

$$CPK = Min\left[\frac{USL - M}{3\sigma}, \frac{M - LSL}{3\sigma}\right]$$ （10-1）

式中：USL 为预设的规范上限值；LSL 为预设的规范下限值；M 为规范中心值；σ 为标准差，反映数值相对于平均值的离散程度。

CPK 参数分析图如图 10-11 所示。

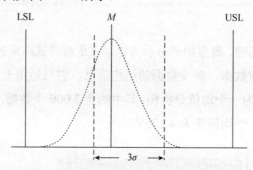

图 10-11　CPK 参数分析图

CPK 参数与工序质量对应案例如表 10-1 所示。

表 10-1　CPK 参数与工序质量对应案例

CPK 区间	测试结果接受度	处 理 建 议
CPK≥2.0	特优	可以考虑成本的降低
2.0>CPK≥1.67	优	应当保持
1.67>CPK≥1.33	良	能力良好状态稳定，应尽力提升
1.33>CPK≥1.0	一般	状态一般，制程因素稍有不良的危险
1.0>CPK≥0.67	差	制程不良较多，必须提升能力
0.67>CPK	不可接受	能力太差，应考虑重新整改设计制程

4. 直方图分析

直方图是数值数据分布的精确图形表示，通过对收集到的貌似无序的数据进行处理来反映数据的分布情况，是对一个连续量（定量/变量）的概率分布的估计。它将整个值的范围分成一系列间隔，然后计算每个间隔中有多少值，显示了属于不同间隔中个体的比例。正常的分布应该是一个标准的钟形分布，如果是其他的分布图形，则说明数据可能出现了问题，像陡峭型、偏心型都是异常的图形。常见的直方图如图 10-12 所示。

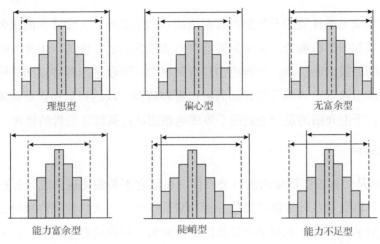

图 10-12　直方图

5. BinMap 分析

在数据分析中利用最新的 IT 技术和软件工具将会带来显著的效率提升，如利用 Python 脚本语言可以方便且有针对性地进行可视化分析，它主要使用了 Pandas、Numpy、Matplotlib 等开源库，可进行 BinMap 分析、饼图分析、正态分布分析等可视化分析。

例如，图 10-13 所示为 BinMap 图，它是利用 BinMap 图进行晶圆失效分析的，图中的黑点代表失效芯片。BinMap 图可以更直观地反映出晶圆上的工艺缺陷失效数量和分布情况，在中测应用广泛。

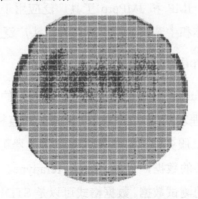

图 10-13　BinMap 图

10.2.2　测试数据分析工具软件

随着集成电路性能的不断提高和制造成本的不断降低，设计和测试公司要升级和优化其数据分析能力，以提高其竞争力和数据的潜在价值。因此数据分析软件的开发随着技术的进步，变得更加复杂和精细，可以进行各种详细分析，可以生成与集成电路各节点相关的详细分析报告和数据，以达到更加直观高效的过程数据管理。下面介绍的是一些适用于集成电路测试数据统计分析的软件。

1.　Excel

Excel 是一款被广泛使用的办公软件。虽然它不是最先进的统计分析解决方案，但它可以提供多种数据可视化分析和简单统计，生成数据报告和自定义图形非常方便简单。许多个人和企业计算机上都安装了相应的办公软件，且很多人都知道如何使用 Excel。直观的界面、强大的计算能力和图形工具使其成为许多只有数据分析基础知识的人的常用工具。

2.　JMP

JMP 是 Statistical Analysis System 公司推出的交互式可视化统计分析软件，是一款针对不同应用需求的强大统计分析工具。通过数据表格、图形、图表和报告与数据交互，实现对数据信息的更详细分析。JMP 融合了半导体制造的行业特性，加入质量统计理论和数据可视化技术，以多种简单易懂的图表和可视化方式呈现复杂的统计分析结果，显著提升了工程师分析问题和解决问题的能力。JMP 通过多年的更新发展，逐渐发展成为一套行业标准工具，可帮助半导体工程师进行产品设计改进、工艺优化。JMP 和 JMPpro 工具广泛应用于集成电路制造行业，被英特尔、美国国家半导体和中芯国际等全球芯片巨头广泛采用。

3.　YieldWerx Enterprise

YieldWerx Semiconductor 公司是测试数据分析软件的头部公司，该公司可以提供具有预处理和后处理功能的端到端自动化分析和监控解决方案。YieldWerx Enterprise 架构由数据库、服务器、客户端和 Web 浏览器可视化报告界面组成，可以管理来自各种测试设备的数据，包括 Cohu、Teradyne、Juno 和 Advantest 等企业自动化测试系统生成的测试数据。数据格式可以是 STDF、ATDF、XML、ASCII、

Excel、EDL、CSV 等，工具还支持台积电、联电、GlobalFoundries、中芯国际等代工企业输出的多种特定格式等[305]。

10.3　云测试

云测试是一种基于移动互联网技术、虚拟化技术、安全技术、绿色技术等提供的一整套远程监控、调试、测试服务，动态调配测试资源，按需实现实时测试控制、交互协同、数据溯源、节点查询，建立芯片测试与设计、制造、封装等产业链连接，共享测试软硬件资源和信息，提供专业测试知识服务，实现高端芯片安全可信、可管可控的集成电路快速高效测试。它是面向产业的平台技术，包含集成电路测试产业的基础和共性技术。

测试资源包括虚拟资源及实体资源。其中虚拟资源包含测试系统离线环境、测试数据分析系统环境等，主要用于开发验证阶段测试程序仿真开发、测试软件编译及测试数据离线分析。其实体资源包含测试系统硬件控制软件、测试系统在线环境、测试数据实时分析系统等，主要用于开发过程中的在线调试、测试服务、测试参数监控等。

10.3.1　远程实时控制

远程实时控制需要格外重视信息安全性，通常可采用用户绑定、多重审核、系统巡查等安全机制，通过远程实时控制，满足多级测试平台、多终端调试、监控及互动的需要。

在远程实时控制系统中用户、管理员和测试资源的关系如下。

（1）用户。远程接入需要保证用户身份确认，避免出现用户之间程序、数据的相互访问，这是所有用户都不希望见到的。每个用户都有一个用户权限表，限定了他的访问范围及使用权限。每个用户需要先接入测试系统的中心系统，在用户登录系统后，可根据自身的需要向系统申请所需的测试资源，如虚拟资源对应的测试开发系统或实体测试资源具体的硬件需求。系统根据用户需求分配当前可以使用的虚拟测试资源或实体测试资源。

（2）管理员。根据当前系统的使用情况，如果有适合用户使用的测试资源则可以灵活分配每个用户使用的测试资源。

测试系统中心网络拓扑如图 10-14 所示，所有的用户都通过测试系统中心管理拓扑到测试资源，管理员通过测试系统中心分配虚拟或实体测试资源给每个不同用户，不同的用户再连接到管理员分配的测试资源上。这样通过测试系统中心分配给不同的用户不同的测试资源，实现了不同用户之间互不干扰的使用，确保了用户的利益。

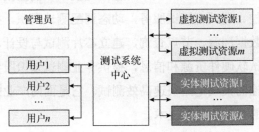

图 10-14　测试系统中心网络拓扑

在传统的测试中，如需进行离线开发，需要使用一台安装了测试资源专用软件的计算机。这样，每台专用计算机只能给一个用户使用，而且每个用户只能在该专用计算机前操作，在使用上有很大的局限性；如需进行在线开发调试或查看测试结果，则需要到实体测试资源专用工作站使用，无法在任意时间、任意地点直观看到测试结果。

使用远程实时控制系统后，用户可以使用任意的终端，如手机、计算机、平板电脑等，通过测试系统中心访问系统分配给该用户的资源，消除了不同终端、不同测试系统之间操作系统等差异带来的不便。即使需要实时查看实体测试资源的测试结果，用户也可以在任意时间、地点，使用任意终端登录测试系统，第一时间获取想要的测试结果，方便调整测试程序。

测试系统还能根据每个用户的特定需求，对测试数据进行分析处理，筛选出客户真正关心的核心数据，通过邮件、手机客户端等在第一时间推送到用户手中，用户可以随时查看实时测试结果[306]。

对于管理员来说，统计每个用户的测试资源使用量之后就可以合理分配所有的测试资源，如果测试系统负载达到一定峰值，还能及时增加测试资源，更好地管理并最大化地利用测试资源。

表 10-2 列出了云测试和传统测试的区别。采用云测试可以集中管控资源，更好地调度有限的测试资源，给用户极佳的使用体验，这是测试产业发展的必然趋势。

表 10-2　云测试与传统测试的区别

项　目	传 统 测 试	云 测 试
终端	专用计算机	任意终端
使用地点	专用地点	任意地点
使用时间	指定时间	任意时间
使用申请	人工分配	管理员自动分配
使用率统计	人工统计	系统自动统计
测试结果	人工处理	系统自动处理

10.3.2　自适应测试

自适应测试是指在预定规则的制约下对测试进行动态优化，达到降低测试成本，提高测试产量，获得更高的测试质量和可靠性的目的。典型应用实例包括动态测试流程、测试在线双向管控、产业链数据整合、产量/良品率预判预警等。通过研究自适应测试实施模型、基础设施、终端到终端供应链数据集成等关键技术，制定相应的流程规范，整合多来源及多形式的数据源，实现全周期全过程反馈可追溯。

国际半导体路线图组织（International Technology Roadmap for Semiconductors，ITRS）在 2008 年确定了对自适应测试技术的需求[307]，以降低测试的总体成本。这一措施将产业重点从仅仅减少测试时间转移到优化全局测试操作，以实现产量、生产率和效率的全面提升。高级自适应测试技术使用了被测器件的所有知识数据，包括晶圆图、批次、产品和工艺，并将当前测试结果与先前设计、工厂和工厂自动提供的历史数据相结合提供更具价值的测试服务。

如今的集成电路越来越复杂，所需要的测试成本也越来越高，而消费者对产品的成本非常敏感，消费者总是希望所购买的产品越来越便宜。而测试时间与测试成本关联性非常高，通常来说，测试时间越长，测试成本就越高，测试时间越短，单位时间内的测试产量也就越高，因此需要我们不断地缩短测试时间来提高测试产量。

而缩短测试时间的传统方法是使用多工位并行测试[308]。通常来说，同时测试的工位数越多，测试时间越短[309]，但工位数增多需要的测试资源也会增加，带来了测试成本成倍增加。另外，工位数越多，不同工位之间的一致性也会变差，当其中某些工位差到无法测试时，会导致整体测试均无法进行。

而使用自适应测试的方法，则可在使用有限的测试资源的前提下尽可能利用现有的测试资源，优化测试流程。自适应测试有以下两种优化方式。

（1）优化测试流程。在较大的测试量下，所有的芯片测试趋于稳定，失效测试项的比例也趋近于稳定。此时，可以通过调整测试项的顺序，将测试时间与失效数量综合考虑，动态调整测试流程（见图 10-15）。这种优化方式通过统计学方法动态改变测试流程，使得失效较多的测试项在较早的时间进行测试，依靠最前的几个测试项就能发现失效项，这样可以尽可能快地发现失效项，提早结束测试，节约了测试时间[310]。

（2）优化测试参数。如果芯片生产工艺趋于稳定，则一批芯片的参数分布也遵循一定的规律。在测试时，将参数条件放宽到比较宽松的状态进行测试，在进行一定量的测试之后采用统计分析后得出 CP/CPK 参数。如果 CP/CPK 参数稳定且大于 1.33，则可以通过改变测试参数的上下限，最快地筛选出所有的合格芯片，来提高被测芯片的良品率。优化测试参数如图 10-16 所示，优化测试参数方式通过统计学方法动态地修改测试参数的上下限，提高了被测产品的良品率，提升了被测产品的产出。

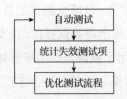

图 10-15 优化测试流程

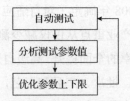

图 10-16 优化测试参数

这两种方式基于大量稳定可靠的测试结果进行自动优化。测试时实时自动优化，以最优的方式进行测试，达到最高的测试效率及最高的产出。在测试失效时，测试过程立即停止，最大限度地节约测试时间。

自适应测试优化后，如果有多个测试环节数据需要处理、分析，还可以整合前后各个环节的测试数据，做到所有测试环节的数据都可以溯源。人们可以对比各个环节的测试结果，判断测试结果是否稳定可靠。

10.4　未来的测试

随着人工智能的飞速发展，全自动驾驶控制、信息娱乐系统和"车联网"技术等新型汽车技术高度集成，这促使着 2.5D、3D 系统级封装大量推广应用，也给测试带来了新的要求。因此本书以集成自动驾驶、追求零缺陷的高可靠性汽车电子测试来介绍未来系统级测试的重点技术趋向。

10.4.1　汽车电子测试

1. 汽车电子的功能安全特性

得益于各种先进安全功能的整合，汽车中采用的电子器件数量在快速增长，而自动驾驶技术的引入将进一步增加车内电子器件的数量。最近的报告表明，高端车型中已集成数百种半导体组件，汽车中的电子器件列表如表 10-3 所示。采用人工智能算法实现自动驾驶功能后，这些组件将变得越来越复杂。有别于消费电子的测试，汽车电子强调高可靠性，这些与安全相关的设备必须遵守最高的质量和可靠性要求。汽车电子与消费电子测试条件对比如表 10-4 所示。

表 10-3　汽车中的电子器件列表

类　别	功　能	技　术
ADAS 高级驾驶员辅助系统（Advanced Driver Assistance Systems，ADAS）可自动化驾驶过程的某些方面，如停车辅助、车道定位等	自适应巡航控制 碰撞警告 车道保持辅助 停车助手	CMOS 图像传感器 毫米波雷达 激光雷达
底盘电子 底盘是机动车辆的结构框架，车身（和所有相关部件）安装在机架上	制动，悬架和转向控制	惯性，压力和其他传感器 A/D 和 D/A 转换器 收发器
动力总成 动力总成指发动机、变速器和驱动轴等主要部件，其任务是产生动力并将其输送到车辆成功运行所需的地方	引擎计算机 燃油喷射	MCU 传感器，收发器和连接器 （CAN/LIN，以太网总线）

类　　别	功　　能	技　　术
主体电子 车身中央控制系统管理车辆上的所有安全、电源管理和诊断系统	气候控制 门/座椅 进入/退出 照明	LED 和 LED 驱动器 电源管理 IC NFC 和连接器（CAN / LIN，以太网总线）
信息娱乐和远程信息处理 汽车使用各种硬件和软件产品，有助于增强驾驶员和乘客的体验，并实现安全和连接功能	显示（面板和抬头显示） 导航 汽车连通 音频	LED 驱动器 触摸屏控制器 电源管理和 RFIC 传感器 音频和视频编解码器
安全 提醒驾驶员注意危险条件或潜在危害的汽车传感器系统，对安全驾驶至关重要	安全气囊 胎压监测系统	MCU 传感器 放大器

表 10-4　汽车电子与消费电子测试条件对比

参　　数	消费电子	汽车电子
工作温度	−65～150℃	−65～175℃
工作寿命	1～3 年	长达 15 年
容许故障率	<10%	目标：零缺陷
供应质量	2～3 年	长达 15 年
湿度	30%～85%	0%～100%
温度循环/冲击	低	高
振动	低	高
冲击	低	高
电磁兼容（电磁干扰）	不需要	恶劣
测试温度	不需要	低温/常温/高温
量产监控	不需要	需要

　　汽车电子分为集成电路、分立元器件、被动组件三大类别[311]，依据 AEC-Q100（用于集成电路）、AEC-Q101（用于分立器件）、AEC-Q102（用于离散光电）、AEC-Q104（用于多芯片组件）和 AEC-Q200（用于无源器件）规范进行汽车电子可靠性测试。此外，与汽车电子相关的标准和工作指引还包括 ISO/TS 16949、ISO 26262 等定义的各种汽车安全完整性级别，以帮助将可接受的风险级别映射到开发流程、开发工作和产品内功能。汽车电子基本要求说明如图 10-17 所示。

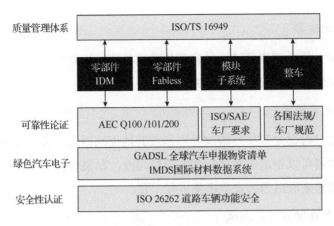

图 10-17　汽车电子基本要求说明

2. 汽车电子 SoC 芯片设计的特点

汽车电子 SoC 芯片通过特定的硬件提供诊断覆盖能力，以确保符合功能安全需求。这些片上功能安全机制包括纠错码（ECC）和对数据链路与内部存储器的奇偶性保护、通过智能互连结构智能复制处理元件、内置自测试（BIST）和错误报告机制等技术。以下是用来提高芯片安全性、可靠性的几个设计案例。

1）冗余关键硬件模块

关键片上的模块如处理器、DMA 控制器、内部时钟发生器和通信外围设备通过冗余可以提高可靠性，如果一个主要硬件模块在车辆运行时失去功能，系统通过内置错误检测机制和在线切换到冗余硬件可以减轻对乘客安全的威胁。

但是，冗余的硬件结构会带来芯片面积增加和功耗增加，通过智能选择需要在硅片中复用哪些功能，可以最小化面积损失；通过在冗余模块中采用电源和时钟门控，可以最大限度地降低功耗[312]。一些冗余模块可以在互锁步骤实现，其中主模块和冗余模块处理相同的输入，互锁模块的输出不匹配表示任一模块中存在缺陷，系统可以自行关闭或采取适当的安全措施以避免任何实时故障。冗余硬件应该放置在远离主硬件模块的芯片中，以避免两个模块一起被篡改。

2）自校正硬件

利用 SoC 芯片硬件监视器来检测故障，可以监视如 PLL 失锁、温度突变、时钟频率变化、信号/电源电压电平变化等故障。SoC 芯片可以智能地监控这些故障并采取自我纠正措施来保护用户。

3）毛刺滤波器

输入引脚上的毛刺信号可能导致芯片功能故障。如复位、中断等关键引脚通常可加入毛刺滤波器来阻止噪声和瞬态尖峰进入。

4）看门狗定时器

SoC 通过计时器定期执行检测处理器或其他控制器的任务，以确保芯片的安全状态。计时器可以指定需要执行任务的时间段，如果该任务未在预设的持续时间内执行，则需采取适当的安全措施进行干预。

5）逻辑和存储器自建测试

自建测试也将是汽车安全芯片的一部分[313]。在转换到功能模式之前，它会通过逻辑和存储器自建测试确保芯片没有遇到任何制造或老化故障。可以利用芯片实现硬件监视器等关键模块的自建测试，以检测任何休眠故障；也可以内置控制器来控制和管理自建测试操作。

6）纠错码和循环冗余校验

数据完整性是车辆网络安全的基本要求。循环冗余校验（Cyclic Redundancy Check，CRC）机制在系统内部和外部提供可靠的数据通信。而纠错码（Error Correcting Code，ECC）机制不仅提供数据传输中多位错误的检测，而且还能够纠正较少的位错误[314]。

3. 汽车电子 SoC 的测试趋势

综合汽车电子的可靠性、安全性的设计趋势，测试领域的主要趋势在以下几方面。

1）更多模块的自建测试功能

考虑到汽车电子需要的自检能力和纠错能力，在相对成熟的逻辑、存储自建测试技术外，需要拓展解决如 PLL 锁相环、I/O 端口、电源管理单元、模拟和数模混合模块等的内建自测设计能力。

模拟/混合信号的可测性设计技术和自建测试技术滞后，目前尚缺乏经过验证的、基于性能的模拟测试的替代方案，还需要进行基础研究，以确定能够降低测试仪器复杂性或消除外部仪器需求的技术。

2）更精确的量化测试完整性

基于更精确的量化测试完整性要求，建立集成电路的完整故障模型并且设计测试覆盖率计算方法变得极为迫切。

IEEE 1450 将 DFT-ATE 接口标准化，包括测试向量和参数。现在有不同类型的故障覆盖模型来评估每个核心模块的测试质量，如固定故障、转换延迟故障或极小延迟故障，未来需要研发统一的评估方法对整体测试质量进行评估，另外还需要开发核心模块间或核心模块接口的自动化测试[315]。

3）容错/弹性操作

为了满足汽车电子的高安全性要求，可以在设计中加入可预见的容错/弹性设计。例如，精心设计避免各种因素的临界值（如电压、时序、版图灵敏度等）；更多采用多核体系结构，如果一个核心失效，芯片将自我纠正，维持正常工作；在使用过程中动态调整芯片电压或时钟频率，以避免边际故障；极端而智能地收集、分析数据，用于报警。

如果检测到故障，则系统可以通过以下方式调整故障：基于校正算法校正误差；再次执行操作，希望出现的是一次性故障；改变发生错误的功能块的操作条件，使得功能块开始正确操作并产生正确的结果；禁用故障功能块并将信息旁路到其他地方进行处理。只有在尝试所有可能的恢复选项失败后，设备或系统才会出现故障。

这些容错/弹性设计能最大限度地避免功能模块出现故障，但对于测试却是一个极大的挑战。为了充分评估功能模块，测试中必须能够禁用或降低容错/弹性设计的恢复机能。

10.4.2　系统级封装测试

1965 年，戈登·摩尔提出了著名的"摩尔定律"，即每一个芯片的晶体管数量每 18 到 24 个月增加一倍，而集成电路基本一直遵循这一趋势发展。针对未来的持续技术进步，业界提出了两个不同的概念，一个是"更多摩尔"（More Moore），这表明技术将继续遵循比例理论进步，另一个是"超越摩尔"（More Than Moore），它强调功能的演进和多样化。

业界普遍预期，延伸系统小型化和集成化的主要技术路径可以分为三类。

（1）硅晶圆嵌入解决方案：通过晶圆制造工艺实现，如在单片硅芯片上嵌入新器件类型（如 MRAM 或 RRAM 存储器）。

（2）封装嵌入解决方案：通过封装工艺实现，如在单个封装中集成各种无源元件，如集成无源器件（Integrated Passive Devices，IPD）或玻璃上无源器件（Passives-On-Glass，POG）。

（3）系统级封装解决方案：通过晶圆制造和封装工艺相结合，如通过硅通孔（3D TSV 堆叠）将多个芯片集成或在一个管壳中组装多个芯片（2.5D 集成）[316]。

目前人们期望系统级封装类型的产品通过新的集成技术实现，如"2.5D"或"3D"集成，利用硅制造工艺和封装工艺的结合，通过封装环节实现 PCB 或系统级别上更高的集成密度，提高每单位体积功能和降低每个功能实现的成本，而不需要增加晶体管密度。

对于系统级封装的测试也需要进行革命性创新。图 10-18 所示为一个系统级封装的实例，在一个封装管壳中集成多个来源的、不同特性的裸芯片，形成了一个系统芯片。针对这种系统芯片需要明确集成的每个裸芯片的质量如何；提供每个裸芯片的企业是否提供了完整的测试资料以进行完整全面的系统芯片测试；系统集成商是否可以保证和管理裸芯片的产量、质量和可靠性，以及整体测试流程应该如何实施。

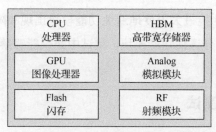

图 10-18　一个系统级封装的实例

图 10-19 所示为一个 2.5D 封装设备的测试流程，极端情况下，测试需要的工序将超过 10 个。

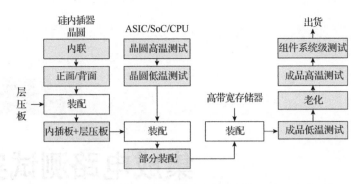

图 10-19　2.5D 封装设备的测试流程（有阴影的为测试步骤）

在这些测试步骤中，需要重点关注晶圆级 KGD 测试（包括晶圆高温测试、晶圆低温测试、老化等），晶圆级的裸芯片质量和可靠性水平要相当于裸芯片的单芯片封装[317]。随着封装中来自不同企业的芯片数量的增加，若任何一个芯片有缺陷，都意味着系统级封装后的产品不合格[318]，从而给返修率、成品率、研制费用、生产周期造成直接影响。在半导体工艺中越早进行老化，可以缩短生产周期，更快地反馈产量/缺陷等信息，并且可在封装之前去除有缺陷的器件，减少基于固有缺陷的封装成本。随着芯片级封装和多芯片模块技术的发展，晶圆级 KGD 测试在逐渐成为主流技术。

晶圆级 KGD 测试的内容包括裸芯片电特性的全速全功能测试及可靠性测试。其中 ASIC、SoC、CPU 进行全速全功能测试时面临的挑战在于探针系统物理特性和电特性是否支持测试所有项目。例如，裸芯片压垫尺寸（<20μm）和间距（<40μm）及探针数量（>30 000）和电流密度；噪声测试（如未封装状态下外部环境复杂的全面测试）；高于 28Gbit/s 的高速测试或外部环回测试；高于 40GHz 的射频频率测试要求，等等。

保证晶圆级测试可靠性还依赖于晶圆级老化技术（Wafer Level Burn-In，WLBI），但目前 WLBI 尚没有标准定义。WLBI 要求全晶圆接触，器件工作于"正常"模式时施加电压应力，在足够长的时间内施加足够高的温度以激活热缺陷。有部分芯片允许通过可测性设计（如扫描或内建自测）将 WLBI 用于微控制器或 SoC。如何量化衡量这些措施的有效性，制定 WLBI 的标准及用于确认此晶圆级处理有效性的方法是目前尚待解决的问题。例如，DRAM 是一种非常适合 WLBI 的器件，但如何为晶圆提供老化环境，在同样成本下提供与封装级老化一样有效的功能却是一个挑战。

附录 A

集成电路测试实验

A.1 实验目的

(1) 理解芯片 HD74HC04P 的原理、结构及技术指标；

(2) 掌握芯片 HD74HC04P 测试的一般方法；

(3) 掌握芯片 HD74HC04P 测试激励的产生及对结果进行分析的方法；

(4) 掌握软件操作环境中实验相关的配置与使用方法。

A.2 实验内容及步骤

在 CT1000P 机台上完成芯片 HD74HC04P 的测试。测试步骤如下所述。

(1) 查看芯片数据手册；

(2) 提取待测芯片 HD74HC04P 测试指标；

(3) 编写与调试芯片 HD74HC04P 的测试程序；

(4) 完成芯片 HD74HC04P 测试；

(5) 输出保存测试结果。

A.3 测试平台介绍

CT1000P 是电子科技大学研制的一款基于 PXIE 的小型集成电路测试系统，通过配置不同种类和数量的测试模块，可以实现数字、模拟及混合集成电路的测试。CT1000P 可提供 32 个数字测试通道、4 个模拟采集与任意波产生通道，以及若干 DPS 电源测试通道，可快速全面测试通用逻辑芯片、存储器、处理器、可编程器件、ADC、DAC 等集成电路的功能和参数。

整个系统主要包含 CT1000P、配套的 DIB 板及相应的测试板。系统外形如图 A-1 所示。

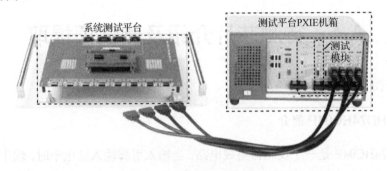

图 A-1 系统外形（便携式）

也可以通过配置更大的机箱，实现测试通道的扩展，适应量产测试的需求，CT1000P 系统外形如图 A-2 所示。

图 A-2 CT1000P 系统外形（扩展式）

其中测试模块的种类包含数字码型模块、模拟采集与任意波产生模块、DPS电源模块等，它们分别如图 A-3、图 A-4、图 A-5 所示。

图 A-3 数字码型模块　　图 A-4 模拟采集与任意波产生模块　　图 A-5 DPS 电源模块

A.4 待测芯片介绍及测试项提取

A.4.1 待测芯片介绍

1. HD74HC04P 简介

HD74HC04P 是一个反相器集成电路，当输入引脚输入低电平时，输出才会为高电平，即 1A 输入低电平，1Y 才会输出高电平。HD74HC04P 功能图如表 A-1所示。

表 A-1 HD74HC04P 功能图

输　　入	输　　出
nA	nY
L	H
H	L

Note:

H = 高电平；

L = 低电平；

n=1，2，3，…（与前文描述的 1A、1B、1Y、…对应）。

2. 引脚信息

HD74HC04P 引脚功能图如表 A-2 所示。

表 A-2　HD74HC04P 引脚功能图

引 脚 符 号	引 脚 编 号	引 脚 功 能
1A to 6A	1，3，5，9，11，13	data input
1Y to 6Y	2，4，6，8，10，12	data output
GND	7	ground (0 V)
VCC	14	supply voltage

本实验所采用的芯片封装类型为 DIP14，总共 14 个引脚。HD74HC04P 引脚信息如图 A-6 所示。

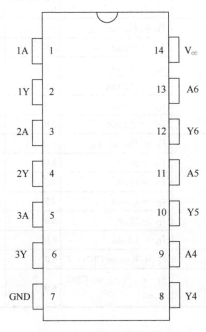

图 A-6　HD74HC04P 引脚信息

3. DC 参数

此处只列举常温下推荐的直流参数取值，其他条件下直流参数的取值请参考 HD74HC04P 芯片手册。HD74HC04P-DC 参数如表 A-3 所示。

表 A-3　HD74HC04P-DC 参数

符　号	参　　数	测　试　条　件		最小值	典型值	最大值
		其　　　　他	V_{CC} /V			
		$T_{amb} = 25℃$				
V_{IH}	输入高电平电压/V	—	2.0	1.5	1.2	—
			4.5	3.15	2.4	—
			6.0	4.2	3.2	—
V_{IL}	输入低电平电压/V	—	2.0	—	0.8	0.5
			4.5	—	2.1	1.35
			6.0	—	2.8	1.8
V_{OH}	输出高电平电压/V	$V_I = V_{IH}$ or V_{IL}	—	—	—	—
		$I_O = -20\,\mu A$	2.0	1.9	2.0	—
		$I_O = -20\,\mu A$	4.5	4.4	4.5	—
		$I_O = -4.0\,mA$	4.5	3.98	4.32	—
		$I_O = -20\,\mu A$	6.0	5.9	6.0	—
		$I_O = -5.2\,mA$	6.0	5.48	5.81	—
V_{OL}	输出低电平电压/V	$V_I = V_{IH}$ or V_{IL}	—	—	—	—
		$I_O = 20\,\mu A$	2.0	—	0	0.1
		$I_O = 20\,\mu A$	4.5	—	0	0.1
		$I_O = 4.0\,mA$	4.5	—	0.15	0.26
		$I_O = 20\,\mu A$	6.0	—	0	0.1
		$I_O = 5.2\,mA$	6.0	—	0.16	0.26
I_{LI}	输入漏电流/μA	$V_I = V_{CC}$ or GND	6.0	—	0.1	±0.1
I_{CC}	电源静态电流/μA	$V_I = V_{CC}$ or GND; $I_O = 0$	6.0	—	—	2

4. AC 参数及波形

HD74HC04P-AC 参数如表 A-4 所示。

表 A-4　HD74HC04P-AC 参数

参　　数	从　输　入	到　输　出	V_{CC}	最小值	典型值	最大值
		$T_{amb} = 25℃$				
t_{pd} / ns	A	Y	2.0	—	25	85
			4.5	—	9	17
			6.0	—	7	14

HD74HC04P 波形信息如图 A-7 所示。

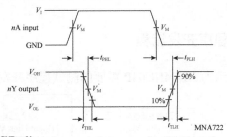

For 74HC04: V_M=50%; V_I=GND to V_{CC}。
For 74HCT04: V_M=1.3V; V_I=GND to 3.0V。

图 A-7　HD74HC04P 波形信息

更详细内容可以参考 HD74HC04P-datasheet。

A.4.2　测试项提取

根据芯片简介，HD74HC04P 的测试点如表 A-5 所示。

表 A-5　HD74HC04P 的测试点

测 试 名 称	测 试 点
连接性测试	测试引脚与 V_{CC} 引脚逻辑电路
	测试引脚与 GND 引脚逻辑电路
功能测试	1. 当 1A～6A 输入为高时，1Y～6Y 输出为低；
	2. 当 1A～6A 输入为低时，1Y～6Y 输出为高；
	3. 随机情况
DC 参数测试	I_{IL}（漏电流）测试
	I_{IH}（漏电流）测试
	V_{OL}（输出低门限）测试
	V_{OH}（输出高门限）测试
AC 参数测试	输入端到输出端从高到低的传输延时
	输入端到输出端从低到高的传输延时
电源测试	ICCH 测试
	ICCL 测试

A.5　测试程序开发

A.5.1　测试程序开发流程

图 A-8 所示为 HD74HC04P 需要的测试程序开发流程图。

图 A-8　HD74HC04P 需要的测试程序开发流程图

各流程如下。

Pin Map：设置引脚的定义。

Channel Map：设置引脚的对应关系。

Pin Level：设置不同的电平参数。

Time Set Basic：设置每个通道的时序集。

Connection Test：连接性测试。

Function Test：功能测试。

Input High Voltage Test：输入高电压测试。

Input Low Voltage Test：输入低电压测试。

Output High Voltage Test：输出高电压测试。

Output Low Voltage Test：输出低电压测试。

Leak Current Test：漏电流测试。

AC Timing Test Propagation Delay Time：输出延迟时间测试。

A.5.2　测试程序开发步骤

1. 项目创建

1）打开测试开发软件

双击桌面图标（软件桌面图标如图 A-9 所示），打开 CT1000P 集成电路测试系统的软件。

2）新建工程

新建工程的主要方式有以下三种。

（1）快捷方式（Alt + N）。

图 A-9　软件桌面图标

（2）单击菜单栏中"测试工程"下的"创建新工程"，进入"新建工程"的对话框，具体如图 A-10 所示。

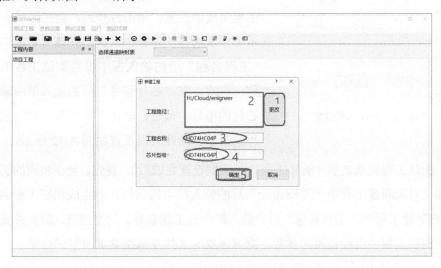

图 A-10　菜单栏新建工程

（3）单击工具栏中的第一大类的第一个图标，进入"新建工程"的对话框，具体如图 A-11 所示。

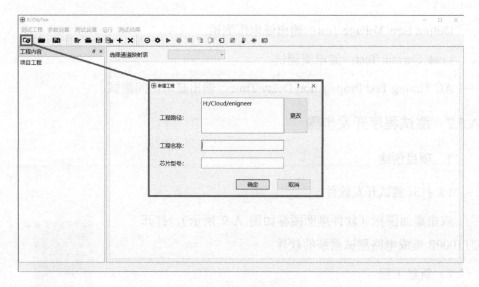

图 A-11　工具栏新建工程

新建工程的实现步骤如下所述。

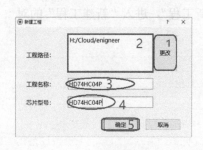

图 A-12　新建工程设置

首先,在该对话框中单击"更改"按钮打开路径选择的对话框,在该对话框中选择测试工程生成的位置,单击打开后,会在区域 2 显示上一步选择的路径;其次,在该对话框中的"工程名称"后的输入框中设置测试工程的名称;再次,在"芯片型号"后的输入框中输入芯片的型号;最后,单击"确定"完成测试工程的新建。新建工程设置如图 A-12 所示。

新建工程完成之后(新建工程的对话框设置完成后),首先,会在相应的工程路径(对应新建工程中"工程路径"后的输入框中的路径)下生成相应工程名称(对应新建工程中"工程名称"后的输入框中的工程名称)的文件夹,该文件夹中包含测试工程中已经设置的参数、测试需要的文件及每次测试的测试结果。

其次,新建的工程会显示在工程目录栏中,其中,工程目录栏中工程的名称与新建时设置的工程名称相同,新建完成一个项目之后,会在项目工程栏中显示工程的名称、各种表格的类型及创建完成工程之后自动生成的表格,由图 A-13 所示的新建工程完成界面可知，默认创建的表格有 Pin Map（引脚表格）、Global Specs（全局参数表格）、Channel Map（通道映射表格）、Flow Table（测试流程表格）、Tester Instance（测试实例表格）。

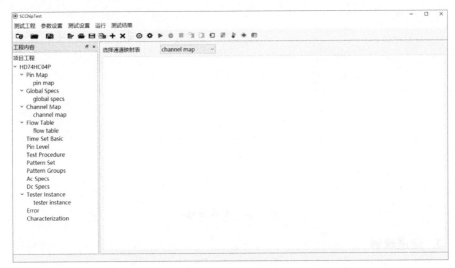

图 A-13　新建工程完成界面

2. 引脚定义

根据 HD74HC04P 的数据表格来定义相应的引脚，并对引脚进行分类。

引脚表格在新建一个项目后会自动生成，所以不需要新建引脚表格，添加一个引脚的具体操作如下所述：

（1）双击项目名称中"Pin Map"类型中已存在的表格"pin map"，单击工具栏中的"＋"按钮，在该表格中新增一行；

（2）在此行中的"引脚名"列设置引脚的名称；

（3）在此行中的"引脚类型"列中选择引脚的类型（双击引脚类型的空白框，在出现的下拉列表中设置引脚的类型）；

（4）在此行中的"引脚组名称"列设置引脚的分类。

重复以上操作，直到 HD74HC04P 所有的引脚都添加进引脚表格中（由于芯片的 GND 引脚直接连接在板子上，故不用添加 GND 引脚到该表格中），最后的引脚表格如图 A-14 所示。

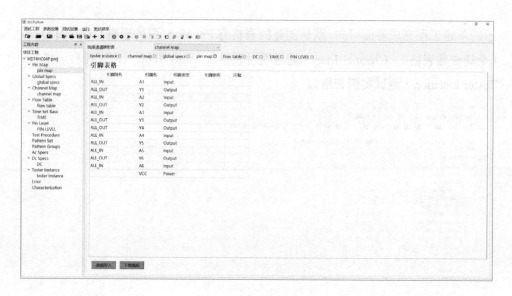

图 A-14　引脚表格

3. 通道映射

在被测器件（DUT）中用到的引脚定义完成后需要对每个引脚进行通道映射，一个引脚对应一个通道；它的作用就是将 DUT 与测试设备相连，它将设备的引脚与测试系统的通道和电源对应起来。

通道类型映射关系如表 A-6 所示。

表 A-6　通道类型映射关系

通 道 类 型	解　　释	通道对应关系
Input	向目标引脚输入数字信号	0～31
Output	目标引脚输出数字信号	0～31
I/O	向目标引脚输入数字信号，或者目标引脚输出数字信号	0～31
Power	应用电源电压	0～1

在将引脚表格定义完成之后，双击项目名称中"Channel Map"类型中已存在的表格"channel map"打开通道映射表格，表格中的"引脚名称"和"类型"这两列数据会依据已定义的引脚名和引脚的类型自动填写完成；该表格只需对引脚的"站点 0"进行设置，该列的设置需要根据芯片每个引脚对应的通道进行设置（其中该列表中的 DPS 类型的引脚对应 pin map 中的 Power 引脚）。本实验对应使用的 DIB 板如图 A-15 所示。

图 A-15 DIB 板

注意：芯片插入座子的方式；插入 DIB 板时需要确定电源引脚、输入/输出引脚、GND 的位置，如果插入的方式错误，可能会导致芯片的损坏！

根据图 A-15 填写完成的通道映射表如图 A-16 所示。

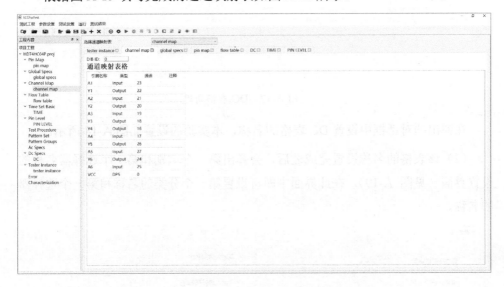

图 A-16 通道映射表

4. 电平集的设置

引脚电平表格用于定义不同条件下各个引脚的电压条件。

由于芯片测试涉及的测试条件比较多，为了方便用户使用，界面提供了 DC 参数表，在该表格中可定义多个参数名，每个参数可设置多个值，用户若是想使用某一个具体的值，只需要在测试实例表格中选择该值对应的分类和选择器即可调用该值。DC 表格的创建步骤如下所述。

（1）在项目工程的"DC Specs"类型中右击鼠标，弹出相应的"菜单栏"，在该菜单栏中选择"新建表格"，具体步骤如图 A-17 所示。

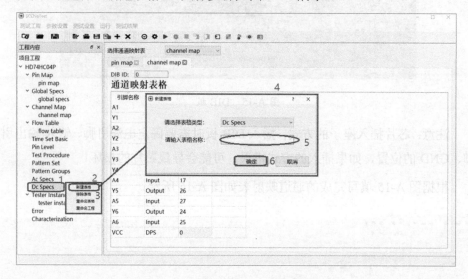

图 A-17　DC 表格新建

在弹出的对话框中设置 DC 表格的名称，本实验的设置如图 A-18 所示。

（2）该表格的名称设置完成之后，会弹出第一个类别和第一个选择器名称的设置界面（见图 A-19），在此界面中即可设置第一个分类的名称和第一个选择器的名称。

图 A-18　DC 表格新建设置

图 A-19　DC 表格选择器/类别设置

（3）若要多个选择器和分类，则可通过 DC 表格中的"添加类别"按钮实现；该表格可通过功能按钮中的选择器的下拉框来设置每个选择器对应种类中的某个值。具体操作如图 A-20 所示。

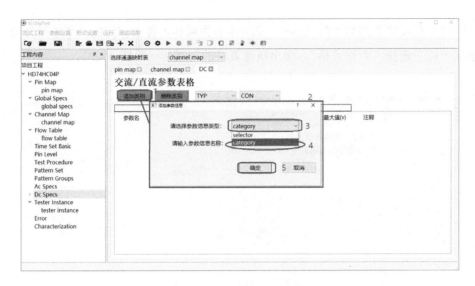

图 A-20　DC 表格新增选择器/类别

该表格可通过功能按钮中选择器的下拉框来设置每个选择器对应某一个种类中的值（TYP，MIN，MAX）。本实验涉及的 DC 表格参数设置如图 A-21 所示。

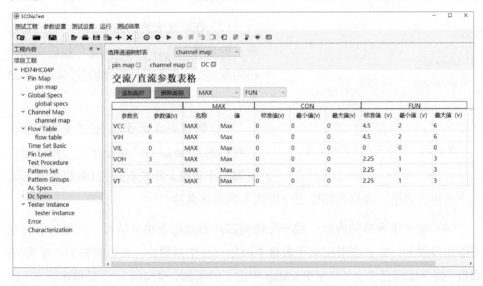

图 A-21　DC 表格参数设置

DC 参数表格设置完成之后，即可通过电平集配置输入、输出、电源等引脚的电平，具体实现步骤如下所述。

（1）在项目工程的"Pin Level"类型中右击鼠标，弹出相应的"菜单栏"，在该菜单栏中选择"新建表格"，弹出新建表格的对话框（见图 A-22）。

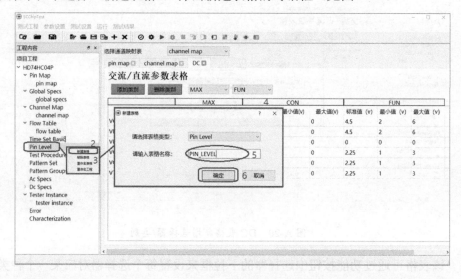

图 A-22　电平集表格新增

图 A-23　电平集表格新建设置

（2）在新建表格的对话框中，首先输入表格的名称，然后单击"确定"按钮完成表格的新建。电平集表格新建设置，如图 A-23所示。

（3）创建完成表格后，会在左侧的项目工程栏的"Pin Level"中显示上一步创建的引脚电平表格，并在右侧的 tab 栏中显示上一步新建的表格，表格名称即上一步输入的表格名称。

（4）电平集表格的内容一般按照待测芯片的数据表格来填写。此表格引脚电平添加步骤为：首先在引脚电平表格中添加一行空白数据，在该表格的"引脚/引脚组"列中填写已定义（即在 Pin Map 中定义的引脚、引脚组），之后单击回车（或其他空白处），系统会将"引脚类型"列依据"pin map"中引脚的类型自动补全，并将该类型引脚必需的"参数"显示出来，最后参数对应的一些默认值填写进"值"这一列中（这些默认值对应的参数可进行修改）。空白电平集设置和电平集新增内容分别如图 A-24 和图 A-25 所示。

图 A-24 空白电平集设置

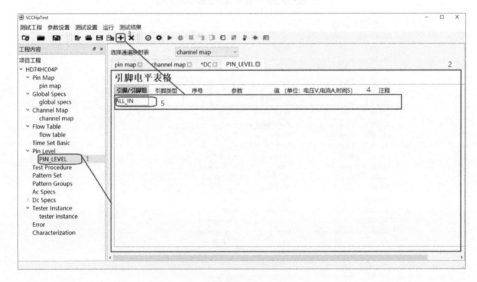

图 A-25 电平集新增内容

注意：填写过程中，引脚或引脚组的名称必须是在引脚表格中定义好的，否则会报错。

（5）将电平集的表格中各个引脚的属性配置完成之后，即可调用 DC 表格中的各项参数，具体的调用方法为"=_"（等号和下划线）+"参数名"。电平集内容补全和电平集参数设置分别如图 A-26 和图 A-27 所示。

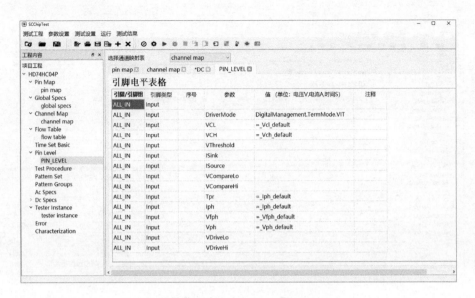

图 A-26 电平集内容参数补全

引脚电平表格

引脚/引脚组	引脚类型	序号	参数	值 (单位: 电压V,电流A,时间S)	注释
ALL_IN	Input		VDriveHi	= _VIH	
ALL_IN	Input		VDriveLo	= _VIL	
ALL_IN	Input		Vph	= _Vph_default	
ALL_IN	Input		Vfph	= _Vfph_default	
ALL_IN	Input		Iph	= _Iph_default	
ALL_IN	Input		Tpr	= _Iph_default	
ALL_IN	Input		VCompareHi	= _VOH	
ALL_IN	Input		VCompareLo	= _VOL	
ALL_IN	Input		ISource	0	
ALL_IN	Input		ISink	0	
ALL_IN	Input		VThreshold	= _VCC/2	
ALL_IN	Input		VCH	= _Vch_default	
ALL_IN	Input		VCL	= _Vcl_default	
ALL_IN	Input		DriverMode	DigitalManagement.TermMode.VIT	
ALL_OUT	Output		VDriveHi	= _VIH	
ALL_OUT	Output		VDriveLo	= _VIL	
ALL_OUT	Output		Vph	= _Vph_default	
ALL_OUT	Output		Vfph	= _Vfph_default	
ALL_OUT	Output		Iph	= _Iph_default	
ALL_OUT	Output		Tpr	= _Iph_default	
ALL_OUT	Output		VCompareHi	= _VOH	
ALL_OUT	Output		VCompareLo	= _VOL	
ALL_OUT	Output		ISource	0	
ALL_OUT	Output		ISink	0	
ALL_OUT	Output		VThreshold	= _VCC/2	
ALL_OUT	Output		VThreshold	= _VCC/2	
ALL_OUT	Output		VCH	= _Vch_default	
ALL_OUT	Output		VCL	= _Vcl_default	
ALL_OUT	Output		DriverMode	DigitalManagement.TermMode.VIT	
VCC	Power		Vps	= _VCC	
VCC	Power		Isc	0.05	
VCC	Power		Tdelay	0.05	
VCC	Power		VSlewRate	0	

图 A-27 电平集参数设置

VDriverHi：输入逻辑 1 对应的实际电平；

VDriverLo：输入逻辑 0 对应的实际电平；

VCompareHi：输出高于 VCompareHi 则系统判定为 H；

VCompareLo：输出低于 VCompareLo 则系统判定为 L；

VThreshold：有源负载转折点。

5. 时序集的设置

在创建完引脚电平表格后就需要对引脚的时序集进行设置。其中，配置各种引脚的电平步骤如下所述。

（1）在项目工程的"Time Set Basics"栏中右击，在弹出来的菜单栏中选择"新建表格"按钮，具体实现步骤与表格 PIN_LEVEL_4V5 相似。

（2）在新建表格的对话框中，首先输入表格的名称，然后单击"确定"按钮完成表格的新建；本实验的时序集表格新建参数如图 A-28 所示。

图 A-28 时序集表格新建参数

（3）创建完成时序集表格后，在左侧的项目工程栏的"Time Set Basic"中显示上一步创建的时序集表格，并在右侧的 tab 栏中显示上一步新建的表格，表格名称即上一步输入的表格名称。

（4）表格内容的设置具体参照测试芯片的数据表格。其中，在表格中添加时序集的步骤为：在引脚电平表格中添加一行空白数据，在该表格设置"时序集"的名称、"时序集"对应的"周期"大小、"引脚/引脚组"列中的"名称"填写已定义（即在 Pin Map 中定义的引脚、引脚组）、"驱动"开始结束的时间、"比较"的模式、开始结束时间。

注意：填写的过程中引脚或引脚组的名称必须是在引脚表格中定义好的，否则会报错。

依据本实验使用的 HD74HC04P 芯片的数据表格，具体的时序设置如图 A-29 所示。

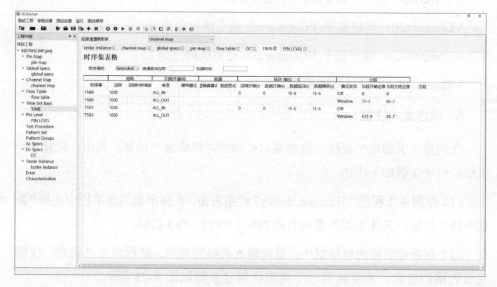

图 A-29　时序设置

在周期里面填写周期信息。

（1）在引脚/引脚组里面填写已定义的引脚或引脚组。

（2）驱动下的四个信息分别是驱动的四个边沿，分别为周期开始、数据开始、数据返回、数据结束。

（3）比较信息为采样时的两个点，模式类型为采样方式，包括 edge（边沿比较）、window（窗口采样比较）及 off（不比较）。

6. 连接性测试

连接性测试（Continuity Test）也称为 Open-Short Test 或 Contact Test，用以确认在器件测试时所有的信号引脚都与测试系统相应的通道在电性能上完成了连接，并且没有信号引脚与其他信号引脚、电源或地发生短路。

连接性测试能快速检测出 DUT 是否存在电性物理缺陷，如引脚短路、bond wire 缺失、引脚的静电损坏、制造缺陷等。

PPMU（Per Parametric Measurement Unit）是静态 DC 测试最常用的功能之一，

它内置电压源、电流源、电压表和电流表。我们常用的功能是用它施压测流（Force Voltage Measure Current，FVMI）和施流测压（Force Current Measure Voltage，FIMV）。本实验采用 PPMU 对 HD74HC08P 连接性进行测试。

1）测试步骤

（1）测试引脚与 V_{CC} 引脚逻辑电路。连接性测试（V_{CC}）逻辑电路及判定条件如图 A-30 所示。

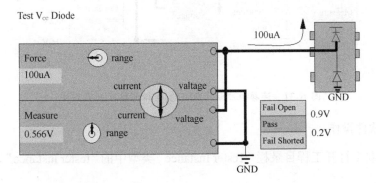

图 A-30　连接性测试（V_{CC}）逻辑电路及判定条件

测试步骤如下：

① 将所有引脚接地包括 V_{CC}；

② 将钳位电压设置为 3.0V；

③ 使用 PPMU 强制 100uA，一次一个引脚；

④ 等待几毫秒的安定时间；

⑤ 测量因此而产生的电压。

（2）测试引脚与 GND 引脚逻辑电路。连接性测试（GND）逻辑电路及判定条件如图 A-31 所示。

测试步骤如下：

① 将所有引脚包括 V_{CC} 接地；

② 将钳位电压设置为-3.0V；

③ 使用 PPMU 强制-100uA，一次一个引脚；

④ 等待几毫秒的安定时间；

⑤ 测量因此而产生的电压。

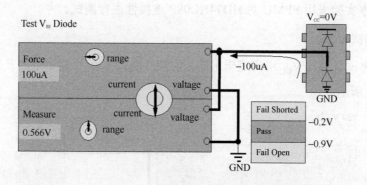

图 A-31   连接性测试（GND）逻辑电路及判定条件

2）软件操作

（1）双击打开工程目录栏"Tester Instance"类型中的"tester instance"表格（见图 A-32）。

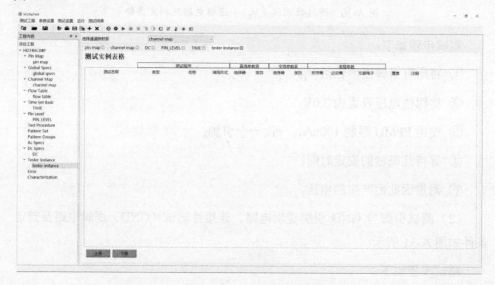

图 A-32   打开测试实例表格

（2）在测试实例表格中添加一行数据，该行数据中会在"时序集"和"引脚电平"自动添加该项目中第一个创建的时序集表格和引脚电平表格（见图 A-33）。

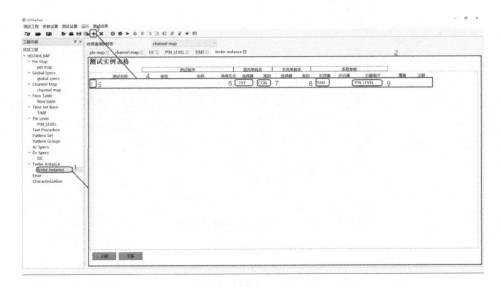

图 A-33　实例表格新增测试项

（3）添加 PPMU 测试的具体步骤是：首先在该行的"类型"列中的下拉框中选择"UESTC Template"，其次在"名称"那一列中选择"PinPmu_T"测试，最后在"测试名称"列中设置测试的名称（见图 A-34）。

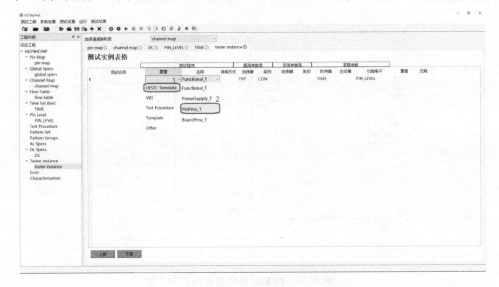

图 A-34　测试项测试类型设置

（4）单击"测试名称"中自定义的测试名称后的"…"按钮，进入 PPMU 测试编辑器；空白的 PPMU 测试编辑器如图 A-35 所示。

图 A-35　空白的 PPMU 测试编辑器

（5）在 PPMU 测试编辑器中，需要添加进行连接性测试的引脚，引脚的添加如下所述：单击"引脚列表"输入框后的"…"按钮，进入引脚选择器，选择进行测试的引脚（见图 A-36）。

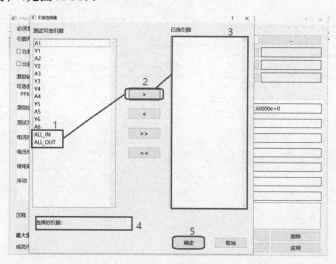

图 A-36　PPMU 编辑器添加引脚步骤

连接性测试引脚新增如图 A-37 所示。

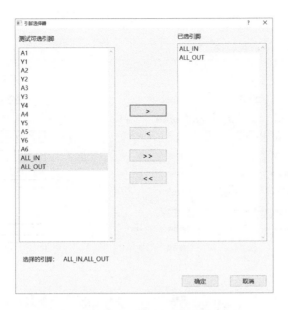

图 A-37　连接性测试引脚新增

（6）对测试的激励值进行设置，之后对测试结果预期的范围进行设置，最后在可选参数中，对 PPMU 中的测试方式、电流挡位、钳位电压进行设置，并对电平和时序中的电平集和时序集进行选择，测试方式中主要包含施流测压（FIMV）、施压测流（FVMI）、施流测流（FIMI）、施压测压（FVMV）；电流挡位主要包含 20mA、2mA、200uA、20uA、2uA；在电流挡位的选择中，一般选择与激励值（或测量值）最接近的电流挡位；将 PPMU 测试编辑器以上参数设置完成之后，先后单击该界面中的"应用"和"确定"按钮，关闭 PPMU 测试的编辑器；连接性测试（对电源）的具体参数设置如图 A-38 所示。

（7）重复（2）～（6）的步骤，创建另一个连接性的测试实例，连接性测试（对地）的具体参数设置如图 A-39 所示。

（8）双击打开工程目录栏"Flow Table"类型中的"flow table"表格。

（9）新增一行空白数据，在该行数据的"指令参数"列的下拉框中选择，测试的指令（测试的指令为"Test"），在该行数据的"测试名称"列的下拉框中选择具体进行测试的实例名称。其中，在测试实例中定义的测试项都会在该列的下拉框中显示。测试流程表格内容新增，如图 A-40 所示。

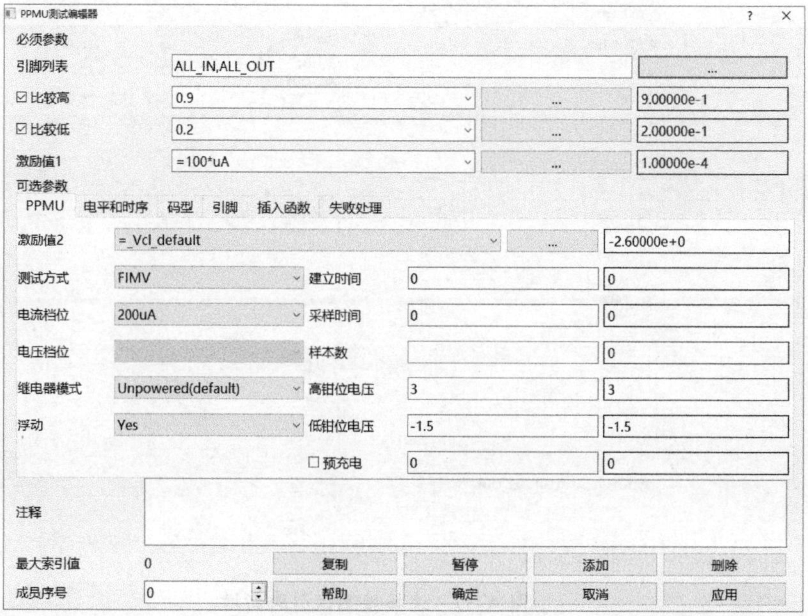

图 A-38　连接性测试（对电源）的具体参数设置

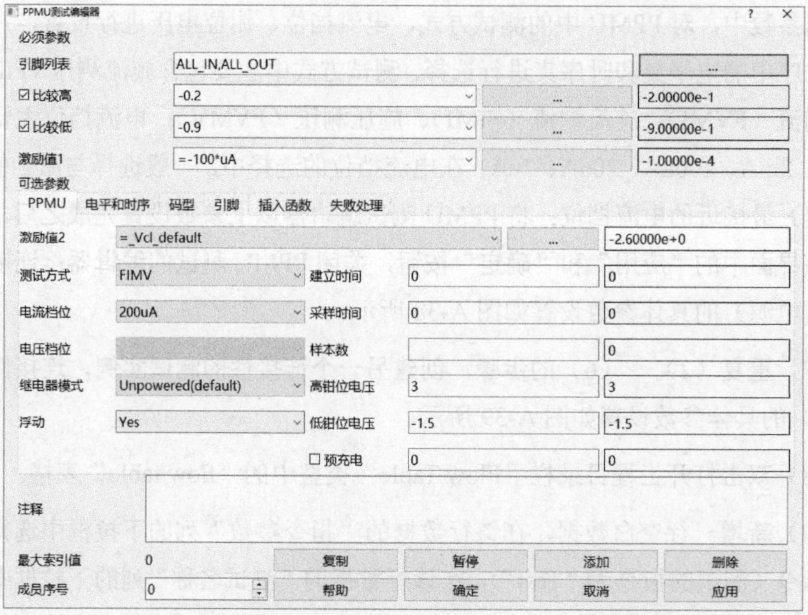

图 A-39　连接性测试（对地）的具体参数设置

图 A-40 测试流程表格内容新增

（10）将两条连接性测试的数据都添加进测试流程表格中。测试流程表格新增连接性测试，如图 A-41 所示。

图 A-41 测试流程表格新增连接性测试

（11）测试流程表格设置完成之后即可运行测试程序。运行连接性测试，如图 A-42 所示。

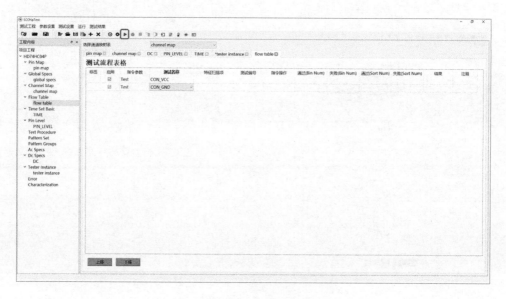

图 A-42　运行连接性测试

（12）本实验测试完成之后，具体的连接性测试结果如图 A-43 所示。

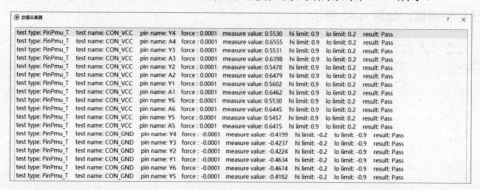

图 A-43　连接性测试结果

7. 基本功能测试

HD74HC04P 功能逻辑如图 A-44 所示。

HD74HC04P 由六组输入非门组成，每一组与门真值表如图 A-44 所示，本实验的输入引脚总共有 6 个，其对应的真值表应该包含 2^6 条，由于本程序只应用于测试实验，故只遍历了某些情况。HD74HC04P 真值表如表 A-7 所示。

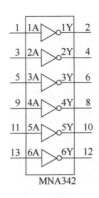

图 A-44 HD74HC04P 功能逻辑

表 A-7 HD74HC04P 真值表

输 入						输 出					
1A	2A	3A	4A	5A	6A	1Y	2Y	3Y	4Y	5Y	6Y
0	0	0	0	0	0	H	H	H	H	H	H
0	0	0	0	0	1	H	H	H	H	H	L
0	0	0	0	1	1	H	H	H	H	L	L
0	0	0	1	1	1	H	H	H	L	L	L
0	0	1	1	1	1	H	H	L	L	L	L
0	1	1	1	1	1	H	L	L	L	L	L
1	1	1	1	1	1	L	L	L	L	L	L
1	1	1	0	1	0	L	L	L	H	L	H
0	1	0	1	0	1	H	L	H	L	H	L
1	1	1	0	0	0	L	L	L	H	H	H
0	0	0	1	1	1	H	H	H	L	L	L

注：在 CT1000P 混合集成测试系统的测试语言中，我们用 0 和 1 代表输入，用 L、H 代表输出，其中 L 为低，H 为高。

（1）打开测试实例表格，在测试实例表格中添加一行数据；

（2）添加一个功能测试的具体实现步骤为：首先在该行中的"类型"列的下拉框中选择"UESTC Template"，其次在"名称"一列中选择"Function_T"测试，最后在"测试名称"列中设置测试的名称。测试实例表格新增内容如图 A-45 所示。

（3）单击"测试名称"中自定义的测试名称后的"..."按钮，进入该测试实例的功能测试的编辑器；图 A-46 所示为一个空白的功能测试编辑器。

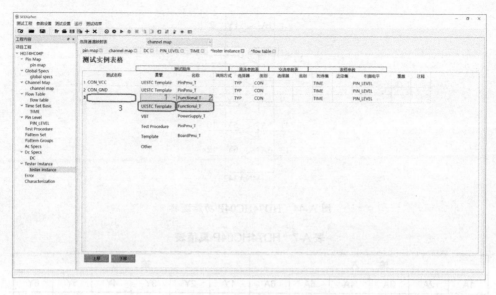

图 A-45　测试实例表格新增内容

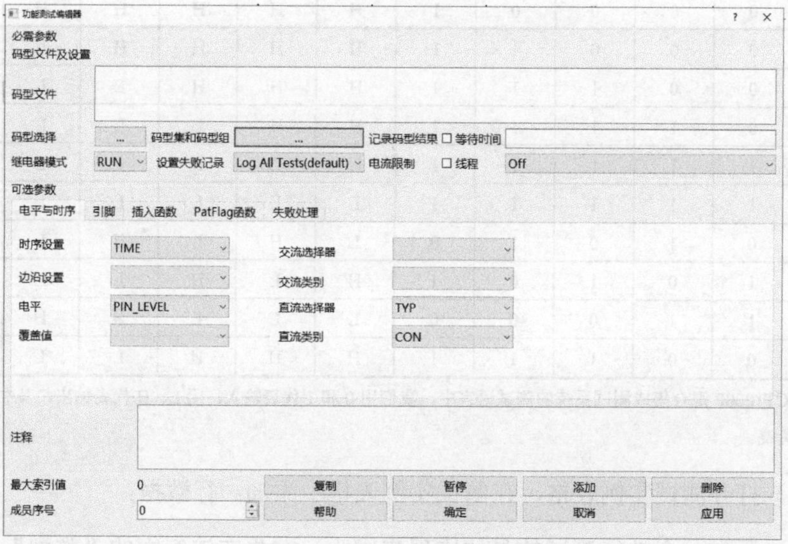

图 A-46　空白的功能测试编辑器

（4）在创建成功测试项之后，需要创建一个 pattern 文件。功能测试 pattern 设置如图 A-47 所示。

```
FUN.txt - 记事本
文件(F) 编辑(E) 格式(O) 查看(V) 帮助(H)
import tset TSB0;

vector($tset, A1, A2, A3, A4, A5, A6, Y1, Y2, Y3, Y4, Y5, Y6){
        >TSB0  1  1  1  1  1  1  L  L  L  L  L  L;
        >TSB0  0  1  0  1  0  1  H  L  H  L  H  L;
        >TSB0  1  0  1  0  1  0  L  H  L  H  L  H;
        >TSB0  1  1  1  0  0  0  L  L  L  H  H  H;
        >TSB0  0  0  0  1  1  1  H  H  H  L  L  L;
        >TSB0  0  0  1  1  1  1  H  H  L  L  L  L;
        >TSB0  0  1  1  1  1  1  H  L  L  L  L  L;
        >TSB0  0  0  0  0  0  1  H  H  H  H  H  L;
        >TSB0  0  0  0  0  1  1  H  H  H  H  L  L;
        >TSB0  0  0  1  1  1  0  H  H  L  L  L  H;
}
```

图 A-47　功能测试 pattern 设置

（5）在该功能测试编辑器中，首先需要添加进行功能测试的 pattern 文件，添加 pattern 文件的步骤为单击"码型选择"后的"…"按钮，进入打开文件的界面，在该界面中找到进行测试的码型文件，之后单击"打开"按钮，打开文件成功后，会在"码型文件"后的输入框中显示该码型文件的绝对路径，之后便是对该条件下的电平和时序进行设置，分别在"时序设置"和"电平"后的下拉框中选择适合本测试的引脚电平表和时序集表格。其中，本实验条件下的功能测试编辑器的参数设置如图 A-48 所示。

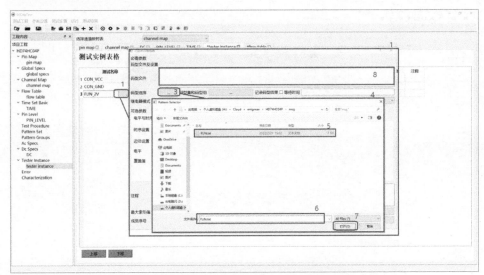

图 A-48　功能测试编辑器的参数设置

该测试项在 2V 条件下的功能测试设置如图 A-49 所示。

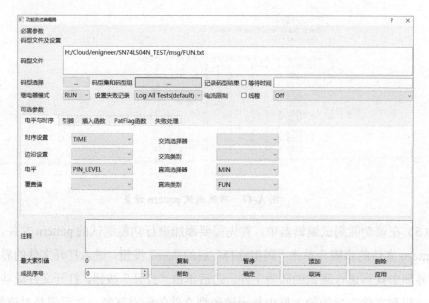

图 A-49　功能测试设置（2V）

（6）重复（2）～（5）的步骤，创建另两个条件下的功能测试实例。功能测试项如图 A-50 所示。

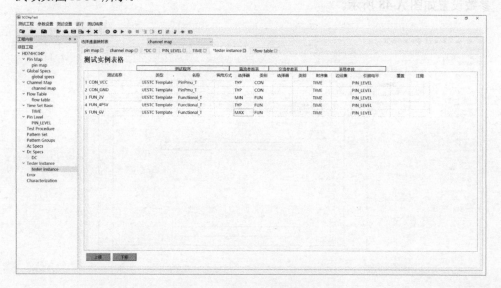

图 A-50　功能测试项

（7）双击打开工程目录栏 "Flow Table" 类型中的 "flow table" 表格；在该表格中新增一行空白数据，在该行数据的 "指令参数" 列的下拉框中选择，测试的指令（测试的指令为“Test”），在该行数据的“测试名称”列的下拉框中选择具体进行测试的实例名称。其中，在测试实例中定义的测试项都会在该列中的下拉框中显示。将功能测试的数据都添加进测试流程表格中。测试流程表格设置如图 A-51 所示。

测试流程表格
Test
CON_VCC
CON_GND
FUN_2V
FUN_4P5V
FUN_6V

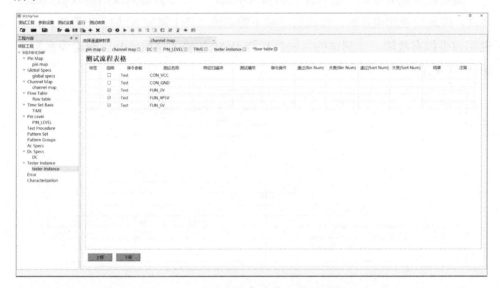

图 A-51 测试流程表格设置

（8）测试流程表格设置完成之后，即可运行测试程序，本实验测试完成之后，功能测试结果如图 A-52 所示。

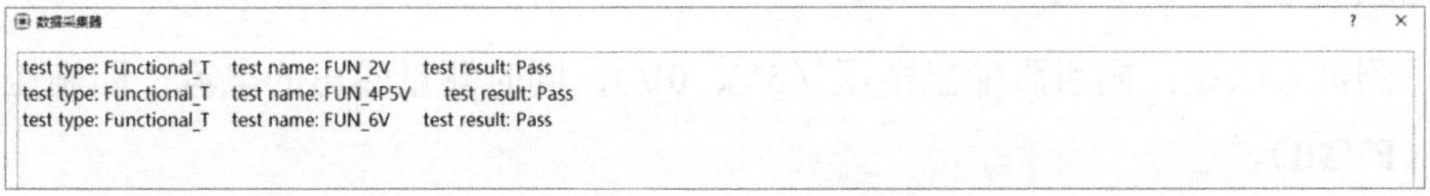

数据采集器
test type: Functional_T test name: FUN_2V test result: Pass
test type: Functional_T test name: FUN_4P5V test result: Pass
test type: Functional_T test name: FUN_6V test result: Pass

图 A-52 功能测试结果

8. 漏电流测试

Leakage current 即通过二极管的电流，由附近电压源和电流测量布线之间的高阻抗路径产生。导体的距离或间隔越大，漏电流越小。导体之间的距离越近，漏电流越大。导体面积越大，漏电流越大。

执行漏电流测试以验证 DUT 输入引脚是否需要过大的驱动电流适用于测量 I_{IL}（输入漏电流低）和 I_{IH}（输入漏电流高）。

　　DUT 输入引脚的输入阻抗通常非常高。因此，当在其上施加电压时，仅流过非常小的漏电流（通常为几十微安）。漏电流测试可以检查这个值是否符合要求。

　　漏电流测试的是芯片输入脚上的输入电流，一个芯片输入脚的输入阻抗通常很高，因此当施加电压时，仅流过非常小的电流（几十微安）；如果电流过大，则说明该引脚有故障。该测试的目的是检测 DUT 的输入负载特性。漏电流参数如图 A-53 所示。

PARAMETER	TEST CONDITIONS		V_{CC}	$T_A = 25℃$			SN54HC08		SN74HC08		UNIT
				MIN	TYP	MAX	MIN	MAX	MIN	MAX	
V_{OH}	$V_I = V_{IH}$ or V_{IL}	$I_{OH} = -20\ \mu A$	2 V	1.9	1.998		1.9		1.9		V
			4.5 V	4.4	4.499		4.4		4.4		
			6 V	5.9	5.999		5.9		5.9		
		$I_{OH} = -4\ mA$	4.5 V	3.98	4.3		3.7		3.84		
		$I_{OH} = -5.2\ mA$	6 V	5.48	5.8		5.2		5.34		
V_{OL}	$V_I = V_{IH}$ or V_{IL}	$I_{OL} = 20\ \mu A$	2 V		0.002	0.1		0.1		0.1	V
			4.5 V		0.001	0.1		0.1		0.1	
			6 V		0.001	0.1		0.1		0.1	
		$I_{OL} = 4\ mA$	4.5 V		0.17	0.26		0.4		0.33	
		$I_{OL} = 5.2\ mA$	6 V		0.15	0.26		0.4		0.33	
I_I	$V_I = V_{CC}$ or 0		6 V		±0.1	±100		±1000		±1000	nA
I_{CC}	$V_I = V_{CC}$ or 0,	$I_O = 0$	6 V			2		40		20	μA
C_i			2 V to 6 V		3	10		10		10	pF

图 A-53　漏电流参数

　　由于测试机台的限制，本实验输入/输出引脚最高只可到 5V，故本实验测试 HD74HC04P 的 I_{IH}、I_{IL}，I_{IH} 使用引脚输入高电平（5V）时的漏电流，I_{IL} 对应引脚输入低电平（0V）时的漏电流。

　　测试方法是：向引脚输出电压（5V、0V），同时测量输出的电流，即施压测流（FVMI）。

　　以下仅举例 5V 的测试流程，0V 的请自行完成。

　　（1）打开测试实例表格，在测试实例表格中添加一行数据；

　　（2）添加一个功能测试的具体实现步骤为：首先在该行中的"类型"列的下拉框中选择"UESTC Template"，其次在"名称"那一列中选择"PinPmu_T"测试，最后在"测试名称"列中设置测试的名称。

　　（3）单击"测试名称"中自定义的测试名称后的"…"按钮，进入该测试实例的功能测试的编辑器。

（4）在该 PPMU 测试编辑器中，需要添加进行漏电流测试的引脚，引脚的添加如下所述：单击"引脚列表"输入框后的"…"按钮，进入引脚选择器中，选择做该测试的引脚。

漏电流测试项新增和漏电流测试引脚选择分别如图 A-54 和图 A-55 所示。

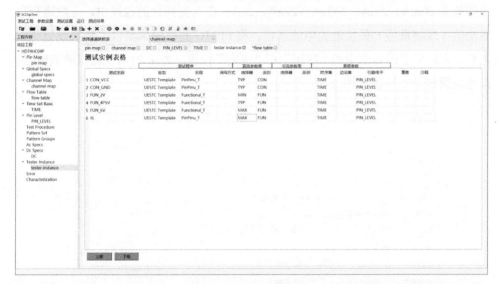

图 A-54　漏电流测试项新增

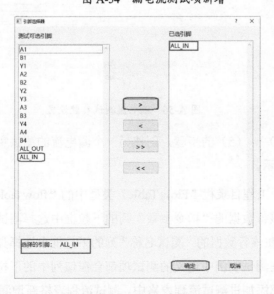

图 A-55　漏电流测试引脚选择

（5）对测试的激励值进行设置，之后对测试结果预期的范围进行设置，最后在可选参数中，对 PPMU 中的测试方式、电流挡位、钳位电压进行设置，并对电平和时序中的电平集和时序集进行选择，其中测试方式中主要包含施流测压（FIMV）、施压测流（FVMI）、施流测流（FIMI）、施压测压（FVMV）；电流挡位主要包含 20mA、2mA、200uA、20uA、2uA；在电流挡位的选择中，一般选择与激励值（或测量值）最接近的电流挡位；将 PPMU 测试编辑器以上参数设置完成之后，先后单击该界面中的"应用"和"确定"按钮，关闭 PPMU 测试的编辑器。漏电流测试参数设置如图 A-56 所示。

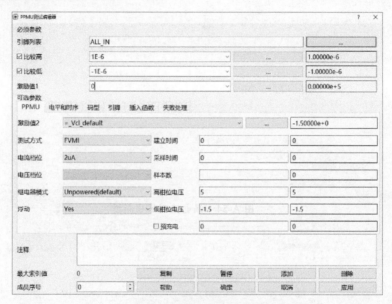

图 A-56　漏电流测试参数设置

（6）重复（2）～（5）的步骤，创建另一个漏电流的测试实例。漏电流参数设置如图 A-57 所示。

（7）双击打开工程目录栏"Flow Table"类型中的"flow table"表格；新增一行空白数据，在该行数据的"指令参数"列的下拉框中选择测试的指令（测试的指令为"Test"），在该行数据的"测试名称"列的下拉框中选择具体进行测试的实例名称。其中，在测试实例中定义的测试项都会在该列中的下拉框中显示，将漏电流测试的数据都添加进测试流程表格中。测试流程表格新增漏电流，如图 A-58 所示。

图 A-57 漏电流参数设置

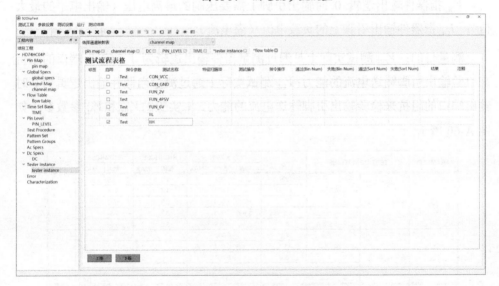

图 A-58 测试流程表格新增漏电流

（8）测试流程表格设置完成之后即可运行测试程序。

（9）本实验测试完成之后，漏电流测试结果如图 A-59 所示。

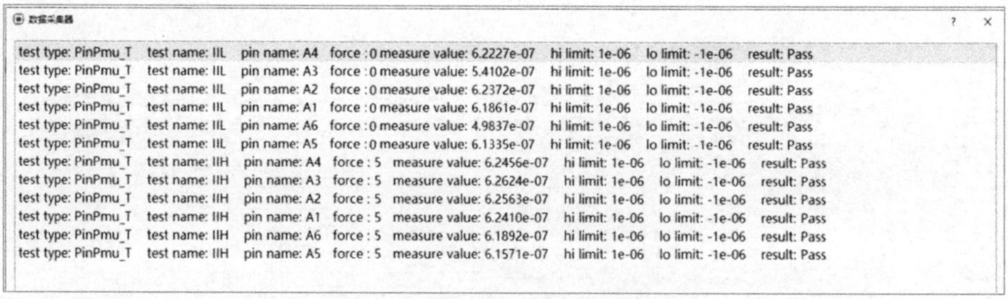

图 A-59　漏电流测试结果

9. V_{OH}/V_{OL} 测试

V_{OH}/V_{OL} 指芯片输出为高/低时的输出电压。

V_{OH} 指器件输出逻辑 1 时输出引脚上需要保证的最低电压（输出电平的最小值）；I_{OH} 指器件输出逻辑 1 时输出引脚上的负载电流（拉电流）。

V_{OL} 指器件输出逻辑 0 时输出引脚上需要压制的最高电压（输出电平的最大值）；I_{OL} 指器件输出引脚上的负载电流（灌电流）。

测量目的：V_{OH} 测试实际上是通过测量器件输出逻辑为 1 时输出端口的阻抗来检验输出引脚输送电流的能力；V_{OL} 测试实际上通过测量当器件输出逻辑为 0 时输出端口的阻抗来检验输出引脚输送电流的能力。本实验的 V_{OH} 和 V_{OL} 参数参考如图 A-60 所示。

PARAMETER	TEST CONDITIONS		V_{CC}	T_A = 25℃			SN54HC08		SN74HC08		UNIT
				MIN	TYP	MAX	MIN	MAX	MIN	MAX	
V_{OH}	$V_I = V_{IH}$ or V_{IL}	$I_{OH} = -20\ \mu A$	2 V	1.9	1.998		1.9		1.9		V
			4.5 V	4.4	4.499		4.4		4.4		
			6 V	5.9	5.999		5.9		5.9		
		$I_{OH} = -4\ mA$	4.5 V	3.98	4.3		3.7		3.84		
		$I_{OH} = -5.2\ mA$	6 V	5.48	5.8		5.2		5.34		
V_{OL}	$V_I = V_{IH}$ or V_{IL}	$I_{OL} = 20\ \mu A$	2 V		0.002	0.1		0.1		0.1	V
			4.5 V		0.001	0.1		0.1		0.1	
			6 V		0.001	0.1		0.1		0.1	
		$I_{OL} = 4\ mA$	4.5 V		0.17	0.26		0.4		0.33	
		$I_{OL} = 5.2\ mA$	6 V		0.15	0.26		0.4		0.33	
I_I	$V_I = V_{CC}$ or 0		6 V		±0.1	±100		±1000		±1000	nA
I_{CC}	$V_I = V_{CC}$ or 0,	$I_O = 0$	6 V			2		40		20	μA
C_i			2 V to 6 V		3	10		10		10	pF

图 A-60　V_{OH} 和 V_{OL} 参数参考

测试方法：将所有输入引脚设置为高/低电平，同时向输出引脚施加电流，测量此时的电压。

这里以 2V 条件下的 V_{OH} 为例介绍测试流程，其余条件下的 V_{OH} 和 V_{OL} 测试请自行完成。

（1）双击打开工程目录栏"Tester Instance"类型中的"tester instance"表格；

（2）在测试实例表格中添加一行数据，该行数据会在"时序集"和"引脚电平"自动添加该项目中第一个创建的时序集表格和引脚电平表格。新增 V_{OH} 预置条件如图 A-61 所示。

图 A-61 新增 V_{OH} 预置条件

（3）若是需要输出引脚输出逻辑为高，那么由该芯片的逻辑特性可知，只有当该芯片的两输入引脚的输入值都为高时，输出引脚才会输出为高，故需要对芯片的输入引脚的输入电平进行限制。V_{OH} 预置条件参数设置如图 A-62 所示。

（4）设置 V_{OH} 的测试项：在测试实例表格中添加一行数据，该行数据中会在"时序集"和"引脚电平"自动添加该项目中第一个创建的时序集表格和引脚电平表格。新增 V_{OH} 测试项如图 A-63 所示。

（5）单击"测试名称"中自定义的测试名称后的"…"按钮，进入测试实例中 V_{OH} 测试的 PPMU 测试编辑器；在该 PPMU 测试编辑器中，需要添加进行 V_{OH} 测试的引脚，引脚的添加如下所述：单击"引脚列表"输入框后的"…"按钮，进入引脚选择器中，选择该测试所需的引脚；对测试的激励值进行设置，之后对测试结果预期的范围进行设置，最后在可选参数中，对 PPMU 中的测试方式、电流挡位、钳位电压进行设置，并对电平和时序中的电平集和时序集进行选择，将 PPMU 测试编辑器以上参数设置完成之后，先后单击该界面中的"应用"和"确定"按钮，关闭 PPMU 测试的编辑器。测试编辑器设置值参考如图 A-64 所示。

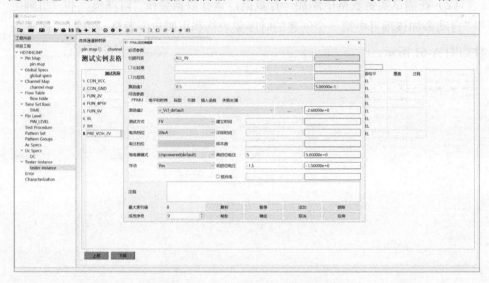

图 A-62　V_{OH} 预置条件参数设置

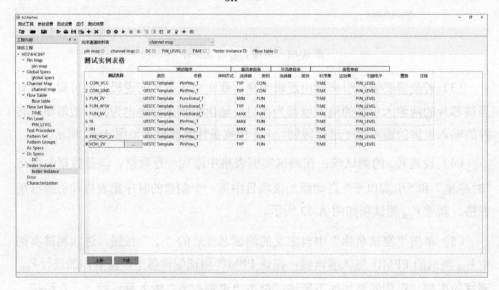

图 A-63　新增 V_{OH} 测试项

图 A-64 测试编辑器设置值参考

（6）其中本实验V_{OH}和V_{OL}的测试主要包含以下几种测试项（见图 A-65）。

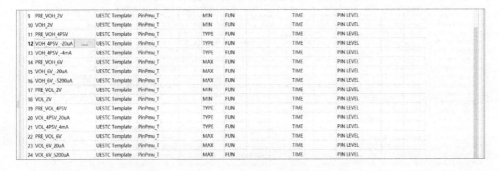

9	PRE_VOH_2V	UESTC Template	PinPmu_T	MIN	FUN	TIME	PIN LEVEL
10	VOH_2V	UESTC Template	PinPmu_T	MIN	FUN	TIME	PIN LEVEL
11	PRE_VOH_4P5V	UESTC Template	PinPmu_T	TYPE	FUN	TIME	PIN LEVEL
12	VOH_4P5V_-20uA	UESTC Template	PinPmu_T	TYPE	FUN	TIME	PIN LEVEL
13	VOH_4P5V_-4mA	UESTC Template	PinPmu_T	TYPE	FUN	TIME	PIN LEVEL
14	PRE_VOH_6V	UESTC Template	PinPmu_T	MAX	FUN	TIME	PIN LEVEL
15	VOH_6V_-20uA	UESTC Template	PinPmu_T	MAX	FUN	TIME	PIN LEVEL
16	VOH_6V_-5200uA	UESTC Template	PinPmu_T	MAX	FUN	TIME	PIN LEVEL
17	PRE_VOL_2V	UESTC Template	PinPmu_T	MIN	FUN	TIME	PIN LEVEL
18	VOL_2V	UESTC Template	PinPmu_T	MIN	FUN	TIME	PIN LEVEL
19	PRE_VOL_4P5V	UESTC Template	PinPmu_T	TYPE	FUN	TIME	PIN LEVEL
20	VOL_4P5V_20uA	UESTC Template	PinPmu_T	TYPE	FUN	TIME	PIN LEVEL
21	VOL_4P5V_4mA	UESTC Template	PinPmu_T	TYPE	FUN	TIME	PIN LEVEL
22	PRE_VOL_6V	UESTC Template	PinPmu_T	MAX	FUN	TIME	PIN LEVEL
23	VOL_6V_20uA	UESTC Template	PinPmu_T	MAX	FUN	TIME	PIN LEVEL
24	VOL_6V_5200uA	UESTC Template	PinPmu_T	MAX	FUN	TIME	PIN LEVEL

图 A-65 V_{OH}/V_{OL} 测试项

（7）双击打开工程目录栏"Flow Table"类型中的"flow table"表格；新增一行空白数据，在该行数据的"指令参数"列的下拉框中选择，测试的指令（测试的指令为"Test"），在该行数据"测试名称"列的下拉框中选择具体进行测试的实例名称。其中，在测试实例中定义的测试项都会在该列的下拉框中显示。

（8）将所有的V_{OH}和V_{OL}都添加进测试流程表格中。

（9）本实验测试完成之后，具体的V_{OH}/V_{OL}结果显示如图 A-66～图 A-68 所示。

图 A-66　V_{OH} / V_{OL} 结果显示 1

```
⊞ 数据采集器                                                                                          ?  ✕
test type: PinPmu_T    test name: PRE_VOH_2V    pin name: A4  force : 0.5   measure value: 0.0   hi limit: 0   lo limit: 0   result: Pass
test type: PinPmu_T    test name: PRE_VOH_2V    pin name: A3  force : 0.5   measure value: 0.0   hi limit: 0   lo limit: 0   result: Pass
test type: PinPmu_T    test name: PRE_VOH_2V    pin name: A2  force : 0.5   measure value: 0.0   hi limit: 0   lo limit: 0   result: Pass
test type: PinPmu_T    test name: PRE_VOH_2V    pin name: A1  force : 0.5   measure value: 0.0   hi limit: 0   lo limit: 0   result: Pass
test type: PinPmu_T    test name: PRE_VOH_2V    pin name: A6  force : 0.5   measure value: 0.0   hi limit: 0   lo limit: 0   result: Pass
test type: PinPmu_T    test name: PRE_VOH_2V    pin name: A5  force : 0.5   measure value: 0.0   hi limit: 0   lo limit: 0   result: Pass
test type: PinPmu_T    test name: VOH_2V    pin name: Y4  force : -2e-05   measure value: 1.9989   hi limit: 0   lo limit: 1.9   result: Pass
test type: PinPmu_T    test name: VOH_2V    pin name: Y3  force : -2e-05   measure value: 1.9963   hi limit: 0   lo limit: 1.9   result: Pass
test type: PinPmu_T    test name: VOH_2V    pin name: Y2  force : -2e-05   measure value: 2.0   hi limit: 0   lo limit: 1.9   result: Pass
test type: PinPmu_T    test name: VOH_2V    pin name: Y1  force : -2e-05   measure value: 1.9995   hi limit: 0   lo limit: 1.9   result: Pass
test type: PinPmu_T    test name: VOH_2V    pin name: Y6  force : -2e-05   measure value: 1.9876   hi limit: 0   lo limit: 1.9   result: Pass
test type: PinPmu_T    test name: VOH_2V    pin name: Y5  force : -2e-05   measure value: 1.9817   hi limit: 0   lo limit: 1.9   result: Pass
test type: PinPmu_T    test name: PRE_VOH_4P5V    pin name: A4  force : 1.35   measure value: 0.0   hi limit: 0   lo limit: 0   result: Pass
test type: PinPmu_T    test name: PRE_VOH_4P5V    pin name: A3  force : 1.35   measure value: 0.0   hi limit: 0   lo limit: 0   result: Pass
test type: PinPmu_T    test name: PRE_VOH_4P5V    pin name: A2  force : 1.35   measure value: 0.0   hi limit: 0   lo limit: 0   result: Pass
test type: PinPmu_T    test name: PRE_VOH_4P5V    pin name: A1  force : 1.35   measure value: 0.0   hi limit: 0   lo limit: 0   result: Pass
test type: PinPmu_T    test name: PRE_VOH_4P5V    pin name: A6  force : 1.35   measure value: 0.0   hi limit: 0   lo limit: 0   result: Pass
test type: PinPmu_T    test name: PRE_VOH_4P5V    pin name: A5  force : 1.35   measure value: 0.0   hi limit: 0   lo limit: 0   result: Pass
test type: PinPmu_T    test name: VOH_4P5V_-20uA    pin name: Y4  force : -2e-05   measure value: 4.4910   hi limit: 0   lo limit: 4.4   result: Pass
test type: PinPmu_T    test name: VOH_4P5V_-20uA    pin name: Y3  force : -2e-05   measure value: 4.5014   hi limit: 0   lo limit: 4.4   result: Pass
test type: PinPmu_T    test name: VOH_4P5V_-20uA    pin name: Y2  force : -2e-05   measure value: 4.4918   hi limit: 0   lo limit: 4.4   result: Pass
test type: PinPmu_T    test name: VOH_4P5V_-20uA    pin name: Y1  force : -2e-05   measure value: 4.4933   hi limit: 0   lo limit: 4.4   result: Pass
test type: PinPmu_T    test name: VOH_4P5V_-20uA    pin name: Y6  force : -2e-05   measure value: 4.4695   hi limit: 0   lo limit: 4.4   result: Pass
test type: PinPmu_T    test name: VOH_4P5V_-20uA    pin name: Y5  force : -2e-05   measure value: 4.4764   hi limit: 0   lo limit: 4.4   result: Pass
test type: PinPmu_T    test name: VOH_4P5V_-4mA    pin name: Y4  force : -0.004   measure value: 4.2965   hi limit: 0   lo limit: 4.13   result: Pass
test type: PinPmu_T    test name: VOH_4P5V_-4mA    pin name: Y3  force : -0.004   measure value: 4.2933   hi limit: 0   lo limit: 4.13   result: Pass
test type: PinPmu_T    test name: VOH_4P5V_-4mA    pin name: Y2  force : -0.004   measure value: 4.3122   hi limit: 0   lo limit: 4.13   result: Pass
test type: PinPmu_T    test name: VOH_4P5V_-4mA    pin name: Y1  force : -0.004   measure value: 4.3209   hi limit: 0   lo limit: 4.13   result: Pass
test type: PinPmu_T    test name: VOH_4P5V_-4mA    pin name: Y6  force : -0.004   measure value: 4.2992   hi limit: 0   lo limit: 4.13   result: Pass
test type: PinPmu_T    test name: VOH_4P5V_-4mA    pin name: Y5  force : -0.004   measure value: 4.2850   hi limit: 0   lo limit: 4.13   result: Pass
```

图 A-66　V_{OH} / V_{OL} 结果显示 1

```
⊞ 数据采集器                                                                                          ?  ✕
test type: PinPmu_T    test name: PRE_VOH_6V    pin name: A4  force : 1.8   measure value: 0.0   hi limit: 0   lo limit: 0   result: Pass
test type: PinPmu_T    test name: PRE_VOH_6V    pin name: A3  force : 1.8   measure value: 0.0   hi limit: 0   lo limit: 0   result: Pass
test type: PinPmu_T    test name: PRE_VOH_6V    pin name: A2  force : 1.8   measure value: 0.0   hi limit: 0   lo limit: 0   result: Pass
test type: PinPmu_T    test name: PRE_VOH_6V    pin name: A1  force : 1.8   measure value: 0.0   hi limit: 0   lo limit: 0   result: Pass
test type: PinPmu_T    test name: PRE_VOH_6V    pin name: A6  force : 1.8   measure value: 0.0   hi limit: 0   lo limit: 0   result: Pass
test type: PinPmu_T    test name: PRE_VOH_6V    pin name: A5  force : 1.8   measure value: 0.0   hi limit: 0   lo limit: 0   result: Pass
test type: PinPmu_T    test name: VOH_6V_-20uA    pin name: Y4  force : -2e-05   measure value: 5.9854   hi limit: 0   lo limit: 5.9   result: Pass
test type: PinPmu_T    test name: VOH_6V_-20uA    pin name: Y3  force : -2e-05   measure value: 5.9913   hi limit: 0   lo limit: 5.9   result: Pass
test type: PinPmu_T    test name: VOH_6V_-20uA    pin name: Y2  force : -2e-05   measure value: 6.0134   hi limit: 0   lo limit: 5.9   result: Pass
test type: PinPmu_T    test name: VOH_6V_-20uA    pin name: Y1  force : -2e-05   measure value: 5.9934   hi limit: 0   lo limit: 5.9   result: Pass
test type: PinPmu_T    test name: VOH_6V_-20uA    pin name: Y6  force : -2e-05   measure value: 5.9631   hi limit: 0   lo limit: 5.9   result: Pass
test type: PinPmu_T    test name: VOH_6V_-20uA    pin name: Y5  force : -2e-05   measure value: 5.9626   hi limit: 0   lo limit: 5.9   result: Pass
test type: PinPmu_T    test name: VOH_6V_-5200uA    pin name: Y4  force : -0.0052   measure value: 5.7498   hi limit: 0   lo limit: 5.63   result: Pass
test type: PinPmu_T    test name: VOH_6V_-5200uA    pin name: Y3  force : -0.0052   measure value: 5.7667   hi limit: 0   lo limit: 5.63   result: Pass
test type: PinPmu_T    test name: VOH_6V_-5200uA    pin name: Y2  force : -0.0052   measure value: 5.7765   hi limit: 0   lo limit: 5.63   result: Pass
test type: PinPmu_T    test name: VOH_6V_-5200uA    pin name: Y1  force : -0.0052   measure value: 5.8116   hi limit: 0   lo limit: 5.63   result: Pass
test type: PinPmu_T    test name: VOH_6V_-5200uA    pin name: Y6  force : -0.0052   measure value: 5.7671   hi limit: 0   lo limit: 5.63   result: Pass
test type: PinPmu_T    test name: VOH_6V_-5200uA    pin name: Y5  force : -0.0052   measure value: 5.7375   hi limit: 0   lo limit: 5.63   result: Pass
test type: PinPmu_T    test name: PRE_VOL_2V    pin name: A4  force : 1.5   measure value: 0.0   hi limit: 0   lo limit: 0   result: Pass
test type: PinPmu_T    test name: PRE_VOL_2V    pin name: A3  force : 1.5   measure value: 0.0   hi limit: 0   lo limit: 0   result: Pass
test type: PinPmu_T    test name: PRE_VOL_2V    pin name: A2  force : 1.5   measure value: 0.0   hi limit: 0   lo limit: 0   result: Pass
test type: PinPmu_T    test name: PRE_VOL_2V    pin name: A1  force : 1.5   measure value: 0.0   hi limit: 0   lo limit: 0   result: Pass
test type: PinPmu_T    test name: PRE_VOL_2V    pin name: A6  force : 1.5   measure value: 0.0   hi limit: 0   lo limit: 0   result: Pass
test type: PinPmu_T    test name: PRE_VOL_2V    pin name: A5  force : 1.5   measure value: 0.0   hi limit: 0   lo limit: 0   result: Pass
test type: PinPmu_T    test name: VOL_2V    pin name: Y4  force : 2e-05   measure value: 0.0053   hi limit: 0.1   lo limit: 0   result: Pass
test type: PinPmu_T    test name: VOL_2V    pin name: Y3  force : 2e-05   measure value: 0.0020   hi limit: 0.1   lo limit: 0   result: Pass
test type: PinPmu_T    test name: VOL_2V    pin name: Y2  force : 2e-05   measure value: 0.0026   hi limit: 0.1   lo limit: 0   result: Pass
test type: PinPmu_T    test name: VOL_2V    pin name: Y1  force : 2e-05   measure value: 0.0029   hi limit: 0.1   lo limit: 0   result: Pass
test type: PinPmu_T    test name: VOL_2V    pin name: Y6  force : 2e-05   measure value: 0.0027   hi limit: 0.1   lo limit: 0   result: Pass
test type: PinPmu_T    test name: VOL_2V    pin name: Y5  force : 2e-05   measure value: 0.0037   hi limit: 0.1   lo limit: 0   result: Pass
```

图 A-67　V_{OH} / V_{OL} 结果显示 2

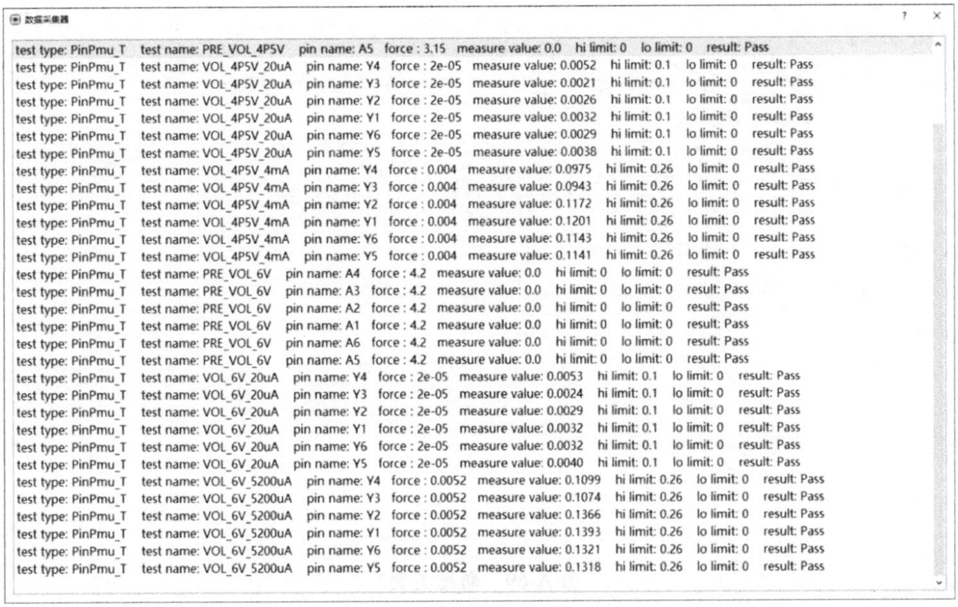

图 A-68 V_{OH}/V_{OL} 结果显示 3

10. V_{IH}/V_{IL} 测试

V_{IH}/V_{IL} 是芯片判定输入电平为高/低的判定门限。

测试方法是不断修改输入电平，重复进行功能测试，记录每次电平对应的测试是否通过。直到找到两次测试，其输入电平差值小，且一次 pass 一次 fail。

下面以 2V 条件下的 V_{IL} 为例介绍测试流程，其余条件下的 V_{IH} 和 V_{IL} 请自行完成。

（1）在直流/交流的参数表格（DC Specs）中新增一个种类。

（2）直流/交流的参数表格（DC Specs）中的种类创建完成之后，在该表格中设置不同电源电平下对应的输入引脚的高低电平。新增类别与 DC 表格设置分别如图 A-69 和图 A-70 所示。

（3）为 V_{IL} 和 V_{IH} 的测试创建一个单独的 PAT 文件，以与 FUN 测试的 PAT 文件进行区分。PAT 设置如图 A-71 所示。

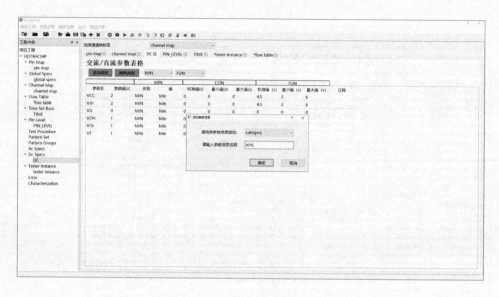

图 A-69　新增类别

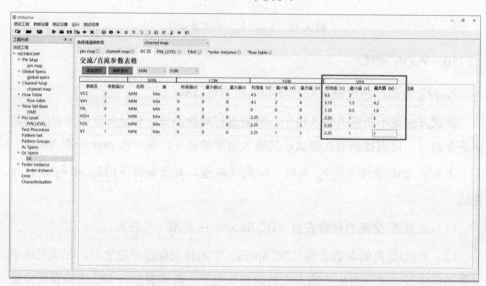

图 A-70　DC 表格设置

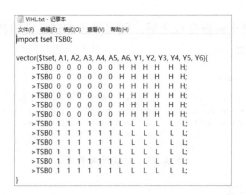

图 A-71 PAT 设置

（4）文件创建成功后，便可打开"Tester Instance"中的表格直流/交流的参数表格"tester instance"进行测试实例的创建。

（5）单击"测试名称"中自定义的测试名称后的"…"按钮，进入测试实例的功能测试的编辑器。测试项创建如图 A-72 所示。

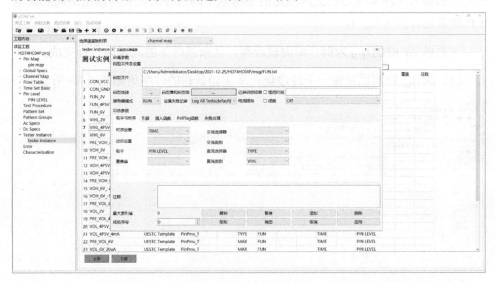

图 A-72 测试项创建

（6）重复以上（4）和（5），创建 3 个 V_{IL} 的测试，这 3 个测试对应的选择器不同。

（7）将测试项创建完成之后，便可进行测试流程的设置，本实验按照选择器的顺序将测试实例新增到测试流程表格中。

（8）测试流程表格设置完成之后，便可单击测试运行的按钮，运行测试。测试结果如图 A-73 所示。

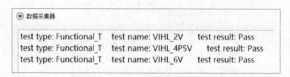

图 A-73　测试结果展示

11.　$t_{\text{PHL}}/t_{\text{PLH}}$ 测试

输入端在施加规定的电平和脉冲电压时，输出脉冲电压由低到高的边沿和对应的输入脉冲电压边沿上两规定的参考电平的时间定义为输出由低到高电平传输延迟时间（t_{PLH}）。

输入端在施加规定的电平和脉冲电压时，输出脉冲由高电平到低电平的边沿和对应的输入脉冲电压边沿上两规定的参考电平间的时间定义为输出由高到低电平传输延迟时间（t_{PHL}）。

下面以 2V 时的 t_{PLH} 为例介绍测试流程，其余条件下的测试请自行完成。

（1）为 t_{PLH} 的测试新建一个时序集，本实验新建的时序集如图 A-74 所示。

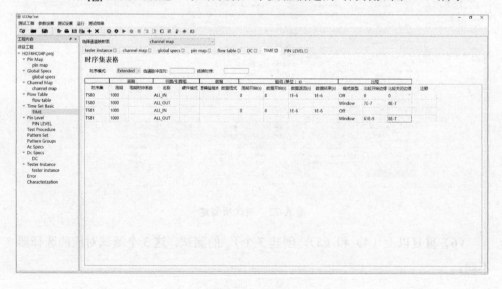

图 A-74　时序集

（2）为使用上一步创建的时序集，新建一个 PAT 文件，PAT 设置如图 A-75
所示。

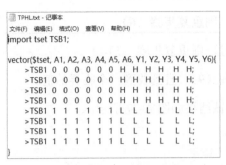

图 A-75　PAT 设置

（3）新建一个功能测试的测试项，该测试项应该包含上一步创建的 PAT 文件。
测试项参数设置如图 A-76 所示。

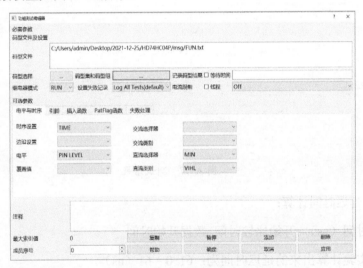

图 A-76　测试项参数设置

（4）测试项设置完成之后，即可对该测试项进行测试，将该测试项加入测试
流程表格中。

（5）运行测试。

（6）若测试通过，则应该修改 TSB1 中开始比较的时间，将开始比较的时间
调小，再次运行测试，看测试是否通过。

（7）若测试不通过，则应该修改 TSB1 中开始比较的时间，将开始比较的时间调大，再次运行测试，看测试是否通过。

（8）若测试通过，则重复步骤（6）。

（9）若测试未通过，则重复步骤（7）。

（10）重复（6）～（9），直到找到一个临界的值。

（11）本实验的测试结果如图 A-77 所示。

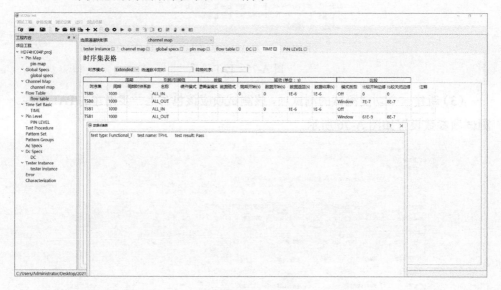

图 A-77　测试结果

（12）延迟时间计算：

延迟时间（ns）=开始比较时间-数据开始时间

故本实验计算出来的延迟时间为：61-0 = 61（ns）。

12. 测试结果

以上便是该芯片涉及的所有的测试项，将以上所有测试项加入测试流程表格中进行一次完整性的测试；将测试流程表格设置完成后，单击运行测试的按钮，运行 HD74HC04P 的测试程序，运行完成之后得出测试的结果。

（1）连接性测试参数设置如图 A-78 所示。

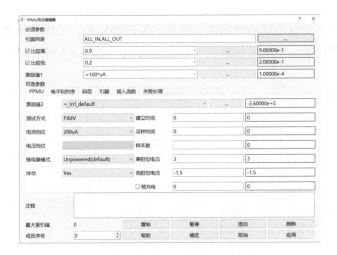

图 A-78　连接性测试参数设置

（2）连接性测试结果如图 A-79 所示

test type: PinPmu_T	test name: CON_VCC	pin name: Y4	force: 0.0001	measure value: 0.5716	hi limit: 0.9	lo limit: 0.2	result: Pass
test type: PinPmu_T	test name: CON_VCC	pin name: A4	force: 0.0001	measure value: 0.6729	hi limit: 0.9	lo limit: 0.2	result: Pass
test type: PinPmu_T	test name: CON_VCC	pin name: Y3	force: 0.0001	measure value: 0.5695	hi limit: 0.9	lo limit: 0.2	result: Pass
test type: PinPmu_T	test name: CON_VCC	pin name: A3	force: 0.0001	measure value: 0.6578	hi limit: 0.9	lo limit: 0.2	result: Pass
test type: PinPmu_T	test name: CON_VCC	pin name: Y2	force: 0.0001	measure value: 0.5649	hi limit: 0.9	lo limit: 0.2	result: Pass
test type: PinPmu_T	test name: CON_VCC	pin name: A2	force: 0.0001	measure value: 0.6642	hi limit: 0.9	lo limit: 0.2	result: Pass
test type: PinPmu_T	test name: CON_VCC	pin name: Y1	force: 0.0001	measure value: 0.5733	hi limit: 0.9	lo limit: 0.2	result: Pass
test type: PinPmu_T	test name: CON_VCC	pin name: A1	force: 0.0001	measure value: 0.6613	hi limit: 0.9	lo limit: 0.2	result: Pass
test type: PinPmu_T	test name: CON_VCC	pin name: Y6	force: 0.0001	measure value: 0.5673	hi limit: 0.9	lo limit: 0.2	result: Pass
test type: PinPmu_T	test name: CON_VCC	pin name: A6	force: 0.0001	measure value: 0.6604	hi limit: 0.9	lo limit: 0.2	result: Pass
test type: PinPmu_T	test name: CON_VCC	pin name: Y5	force: 0.0001	measure value: 0.5615	hi limit: 0.9	lo limit: 0.2	result: Pass
test type: PinPmu_T	test name: CON_VCC	pin name: A5	force: 0.0001	measure value: 0.6603	hi limit: 0.9	lo limit: 0.2	result: Pass

图 A-79　连接性测试结果

表 A-8 所示为整理后的测试结果。

表 A-8　整理后的测试结果

输入引脚	1A	2A	3A	4A	5A	6A
测量结果	0.660 4	0.664 2	0.637 8	0.672 9	0.660 3	0.660 4
输出引脚	1Y	2Y	3Y	4Y	5Y	6Y
测量结果	0.573 3	0.564 9	0.569 3	0.571 6	0.561 5	0.567 3
备注	电源引脚悬空，采用施流测压的方式，在各个引脚施加 100μA 的小电流，再测量各个引脚的输出电压，以上测量结果的单位均为 V					

（3）测量结果分析。

由连接性的测试原理可知，当测量出来的值小于 0.2 为开路，大于 0.9 为短路，在 0.2 到 0.9 之间即正常，由表 A-8 可知，所有引脚的测试结果均在其中，则该芯片的连接性良好。

　　以上便是连接性测试对应的实验结果的整理和分析，后续测试请自行完成，其中本实验所有测试项的具体测试结果如图 A-80～图 A-83 所示。

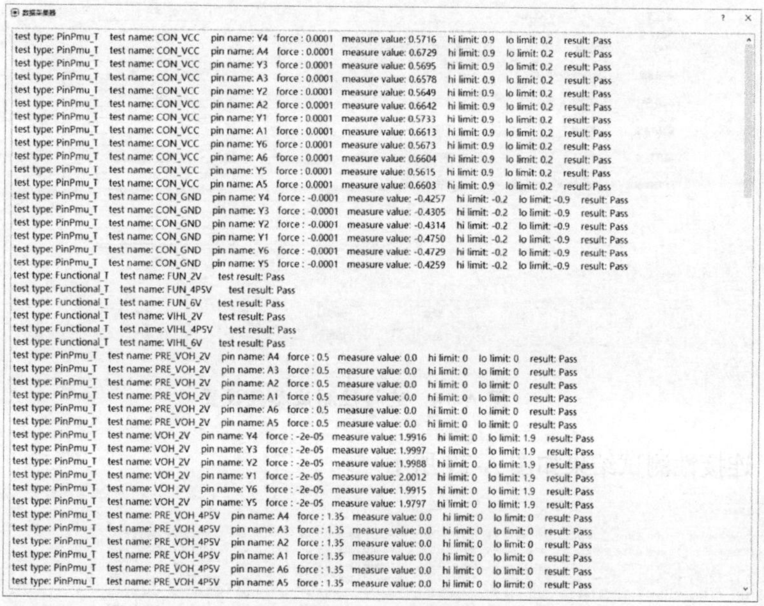

图 A-80　测试结果 1

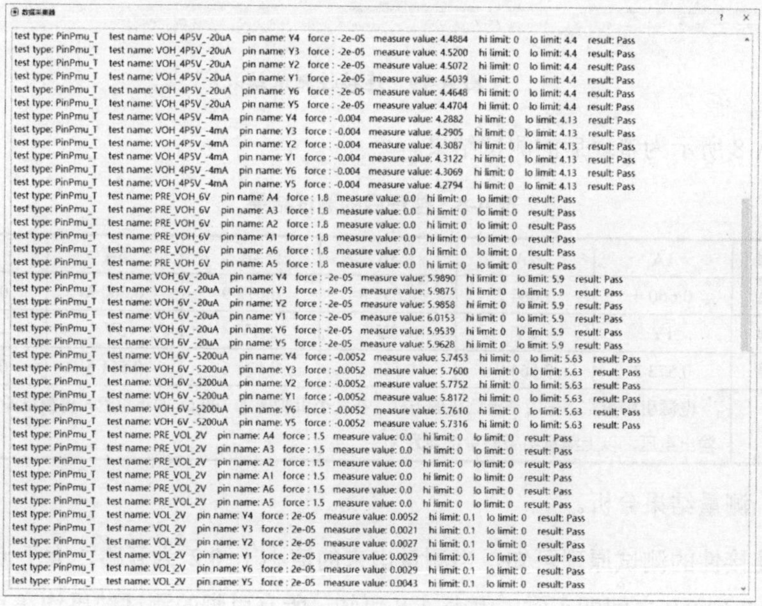

图 A-81　测试结果 2

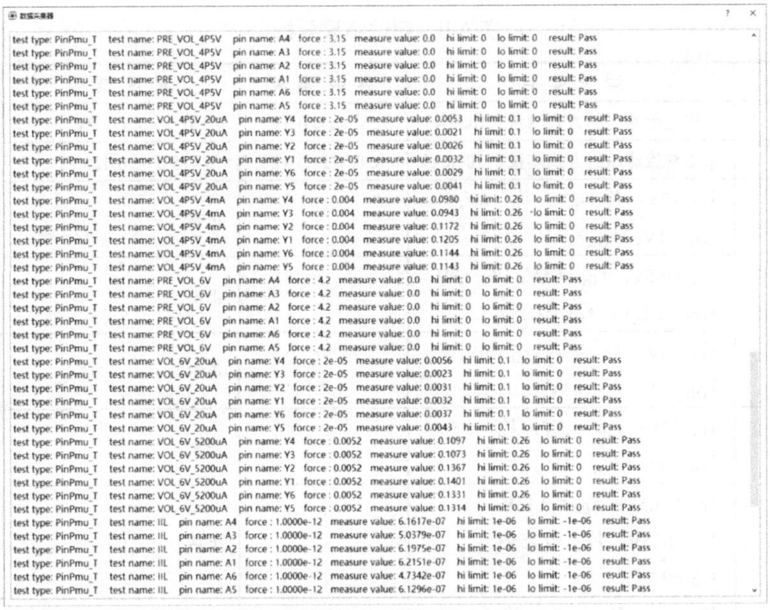

```
test type: PinPmu_T   test name: PRE_VOL_4P5V   pin name: A4   force : 3.15   measure value: 0.0   hi limit: 0   lo limit: 0   result: Pass
test type: PinPmu_T   test name: PRE_VOL_4P5V   pin name: A3   force : 3.15   measure value: 0.0   hi limit: 0   lo limit: 0   result: Pass
test type: PinPmu_T   test name: PRE_VOL_4P5V   pin name: A2   force : 3.15   measure value: 0.0   hi limit: 0   lo limit: 0   result: Pass
test type: PinPmu_T   test name: PRE_VOL_4P5V   pin name: A1   force : 3.15   measure value: 0.0   hi limit: 0   lo limit: 0   result: Pass
test type: PinPmu_T   test name: PRE_VOL_4P5V   pin name: A6   force : 3.15   measure value: 0.0   hi limit: 0   lo limit: 0   result: Pass
test type: PinPmu_T   test name: PRE_VOL_4P5V   pin name: A5   force : 3.15   measure value: 0.0   hi limit: 0   lo limit: 0   result: Pass
test type: PinPmu_T   test name: VOL_4P5V_20uA   pin name: Y4   force : 2e-05   measure value: 0.0053   hi limit: 0.1   lo limit: 0   result: Pass
test type: PinPmu_T   test name: VOL_4P5V_20uA   pin name: Y3   force : 2e-05   measure value: 0.0021   hi limit: 0.1   lo limit: 0   result: Pass
test type: PinPmu_T   test name: VOL_4P5V_20uA   pin name: Y2   force : 2e-05   measure value: 0.0026   hi limit: 0.1   lo limit: 0   result: Pass
test type: PinPmu_T   test name: VOL_4P5V_20uA   pin name: Y1   force : 2e-05   measure value: 0.0032   hi limit: 0.1   lo limit: 0   result: Pass
test type: PinPmu_T   test name: VOL_4P5V_20uA   pin name: Y6   force : 2e-05   measure value: 0.0029   hi limit: 0.1   lo limit: 0   result: Pass
test type: PinPmu_T   test name: VOL_4P5V_20uA   pin name: Y5   force : 2e-05   measure value: 0.0041   hi limit: 0.1   lo limit: 0   result: Pass
test type: PinPmu_T   test name: VOL_4P5V_4mA   pin name: Y4   force : 0.004   measure value: 0.0980   hi limit: 0.26   lo limit: 0   result: Pass
test type: PinPmu_T   test name: VOL_4P5V_4mA   pin name: Y3   force : 0.004   measure value: 0.0943   hi limit: 0.26   lo limit: 0   result: Pass
test type: PinPmu_T   test name: VOL_4P5V_4mA   pin name: Y2   force : 0.004   measure value: 0.1172   hi limit: 0.26   lo limit: 0   result: Pass
test type: PinPmu_T   test name: VOL_4P5V_4mA   pin name: Y1   force : 0.004   measure value: 0.1205   hi limit: 0.26   lo limit: 0   result: Pass
test type: PinPmu_T   test name: VOL_4P5V_4mA   pin name: Y6   force : 0.004   measure value: 0.1144   hi limit: 0.26   lo limit: 0   result: Pass
test type: PinPmu_T   test name: VOL_4P5V_4mA   pin name: Y5   force : 0.004   measure value: 0.1143   hi limit: 0.26   lo limit: 0   result: Pass
test type: PinPmu_T   test name: PRE_VOL_6V   pin name: A4   force : 4.2   measure value: 0.0   hi limit: 0   lo limit: 0   result: Pass
test type: PinPmu_T   test name: PRE_VOL_6V   pin name: A3   force : 4.2   measure value: 0.0   hi limit: 0   lo limit: 0   result: Pass
test type: PinPmu_T   test name: PRE_VOL_6V   pin name: A2   force : 4.2   measure value: 0.0   hi limit: 0   lo limit: 0   result: Pass
test type: PinPmu_T   test name: PRE_VOL_6V   pin name: A1   force : 4.2   measure value: 0.0   hi limit: 0   lo limit: 0   result: Pass
test type: PinPmu_T   test name: PRE_VOL_6V   pin name: A6   force : 4.2   measure value: 0.0   hi limit: 0   lo limit: 0   result: Pass
test type: PinPmu_T   test name: PRE_VOL_6V   pin name: A5   force : 4.2   measure value: 0.0   hi limit: 0   lo limit: 0   result: Pass
test type: PinPmu_T   test name: VOL_6V_20uA   pin name: Y4   force : 2e-05   measure value: 0.0056   hi limit: 0.1   lo limit: 0   result: Pass
test type: PinPmu_T   test name: VOL_6V_20uA   pin name: Y3   force : 2e-05   measure value: 0.0023   hi limit: 0.1   lo limit: 0   result: Pass
test type: PinPmu_T   test name: VOL_6V_20uA   pin name: Y2   force : 2e-05   measure value: 0.0031   hi limit: 0.1   lo limit: 0   result: Pass
test type: PinPmu_T   test name: VOL_6V_20uA   pin name: Y1   force : 2e-05   measure value: 0.0032   hi limit: 0.1   lo limit: 0   result: Pass
test type: PinPmu_T   test name: VOL_6V_20uA   pin name: Y6   force : 2e-05   measure value: 0.0037   hi limit: 0.1   lo limit: 0   result: Pass
test type: PinPmu_T   test name: VOL_6V_20uA   pin name: Y5   force : 2e-05   measure value: 0.0043   hi limit: 0.1   lo limit: 0   result: Pass
test type: PinPmu_T   test name: VOL_6V_5200uA   pin name: Y4   force : 0.0052   measure value: 0.1097   hi limit: 0.26   lo limit: 0   result: Pass
test type: PinPmu_T   test name: VOL_6V_5200uA   pin name: Y3   force : 0.0052   measure value: 0.1073   hi limit: 0.26   lo limit: 0   result: Pass
test type: PinPmu_T   test name: VOL_6V_5200uA   pin name: Y2   force : 0.0052   measure value: 0.1367   hi limit: 0.26   lo limit: 0   result: Pass
test type: PinPmu_T   test name: VOL_6V_5200uA   pin name: Y1   force : 0.0052   measure value: 0.1401   hi limit: 0.26   lo limit: 0   result: Pass
test type: PinPmu_T   test name: VOL_6V_5200uA   pin name: Y6   force : 0.0052   measure value: 0.1331   hi limit: 0.26   lo limit: 0   result: Pass
test type: PinPmu_T   test name: VOL_6V_5200uA   pin name: Y5   force : 0.0052   measure value: 0.1314   hi limit: 0.26   lo limit: 0   result: Pass
test type: PinPmu_T   test name: IIL   pin name: A4   force : 1.0000e-12   measure value: 6.1617e-07   hi limit: 1e-06   lo limit: -1e-06   result: Pass
test type: PinPmu_T   test name: IIL   pin name: A3   force : 1.0000e-12   measure value: 5.0379e-07   hi limit: 1e-06   lo limit: -1e-06   result: Pass
test type: PinPmu_T   test name: IIL   pin name: A2   force : 1.0000e-12   measure value: 6.1975e-07   hi limit: 1e-06   lo limit: -1e-06   result: Pass
test type: PinPmu_T   test name: IIL   pin name: A1   force : 1.0000e-12   measure value: 6.2151e-07   hi limit: 1e-06   lo limit: -1e-06   result: Pass
test type: PinPmu_T   test name: IIL   pin name: A6   force : 1.0000e-12   measure value: 4.7342e-07   hi limit: 1e-06   lo limit: -1e-06   result: Pass
test type: PinPmu_T   test name: IIL   pin name: A5   force : 1.0000e-12   measure value: 6.1296e-07   hi limit: 1e-06   lo limit: -1e-06   result: Pass
```

图 A-82 测试结果 3

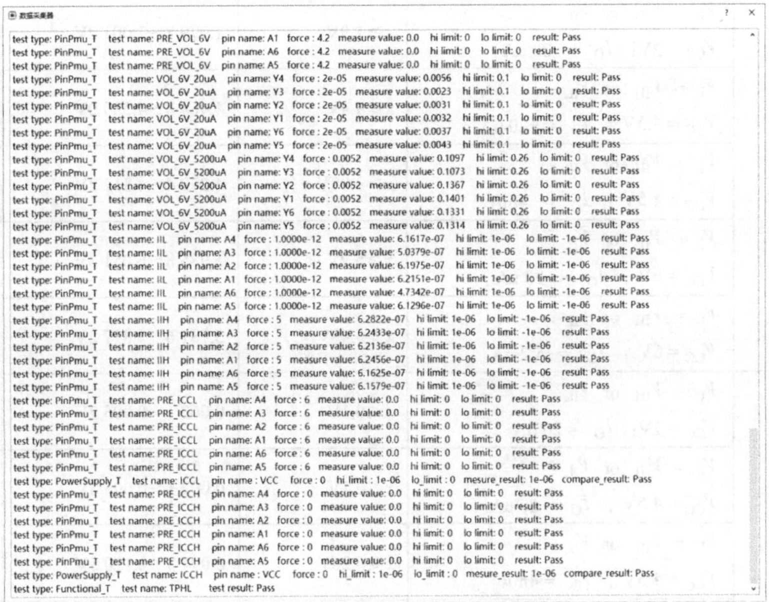

```
test type: PinPmu_T   test name: PRE_VOL_6V   pin name: A1   force : 4.2   measure value: 0.0   hi limit: 0   lo limit: 0   result: Pass
test type: PinPmu_T   test name: PRE_VOL_6V   pin name: A6   force : 4.2   measure value: 0.0   hi limit: 0   lo limit: 0   result: Pass
test type: PinPmu_T   test name: PRE_VOL_6V   pin name: A5   force : 4.2   measure value: 0.0   hi limit: 0   lo limit: 0   result: Pass
test type: PinPmu_T   test name: VOL_6V_20uA   pin name: Y4   force : 2e-05   measure value: 0.0056   hi limit: 0.1   lo limit: 0   result: Pass
test type: PinPmu_T   test name: VOL_6V_20uA   pin name: Y3   force : 2e-05   measure value: 0.0023   hi limit: 0.1   lo limit: 0   result: Pass
test type: PinPmu_T   test name: VOL_6V_20uA   pin name: Y2   force : 2e-05   measure value: 0.0031   hi limit: 0.1   lo limit: 0   result: Pass
test type: PinPmu_T   test name: VOL_6V_20uA   pin name: Y1   force : 2e-05   measure value: 0.0032   hi limit: 0.1   lo limit: 0   result: Pass
test type: PinPmu_T   test name: VOL_6V_20uA   pin name: Y6   force : 2e-05   measure value: 0.0037   hi limit: 0.1   lo limit: 0   result: Pass
test type: PinPmu_T   test name: VOL_6V_20uA   pin name: Y5   force : 2e-05   measure value: 0.0043   hi limit: 0.1   lo limit: 0   result: Pass
test type: PinPmu_T   test name: VOL_6V_5200uA   pin name: Y4   force : 0.0052   measure value: 0.1097   hi limit: 0.26   lo limit: 0   result: Pass
test type: PinPmu_T   test name: VOL_6V_5200uA   pin name: Y3   force : 0.0052   measure value: 0.1073   hi limit: 0.26   lo limit: 0   result: Pass
test type: PinPmu_T   test name: VOL_6V_5200uA   pin name: Y2   force : 0.0052   measure value: 0.1367   hi limit: 0.26   lo limit: 0   result: Pass
test type: PinPmu_T   test name: VOL_6V_5200uA   pin name: Y1   force : 0.0052   measure value: 0.1401   hi limit: 0.26   lo limit: 0   result: Pass
test type: PinPmu_T   test name: VOL_6V_5200uA   pin name: Y6   force : 0.0052   measure value: 0.1331   hi limit: 0.26   lo limit: 0   result: Pass
test type: PinPmu_T   test name: VOL_6V_5200uA   pin name: Y5   force : 0.0052   measure value: 0.1314   hi limit: 0.26   lo limit: 0   result: Pass
test type: PinPmu_T   test name: IIL   pin name: A4   force : 1.0000e-12   measure value: 6.1617e-07   hi limit: 1e-06   lo limit: -1e-06   result: Pass
test type: PinPmu_T   test name: IIL   pin name: A3   force : 1.0000e-12   measure value: 5.0379e-07   hi limit: 1e-06   lo limit: -1e-06   result: Pass
test type: PinPmu_T   test name: IIL   pin name: A2   force : 1.0000e-12   measure value: 6.1975e-07   hi limit: 1e-06   lo limit: -1e-06   result: Pass
test type: PinPmu_T   test name: IIL   pin name: A1   force : 1.0000e-12   measure value: 6.2151e-07   hi limit: 1e-06   lo limit: -1e-06   result: Pass
test type: PinPmu_T   test name: IIL   pin name: A6   force : 1.0000e-12   measure value: 4.7342e-07   hi limit: 1e-06   lo limit: -1e-06   result: Pass
test type: PinPmu_T   test name: IIL   pin name: A5   force : 1.0000e-12   measure value: 6.1296e-07   hi limit: 1e-06   lo limit: -1e-06   result: Pass
test type: PinPmu_T   test name: IIH   pin name: A4   force : 5   measure value: 6.2822e-07   hi limit: 1e-06   lo limit: -1e-06   result: Pass
test type: PinPmu_T   test name: IIH   pin name: A3   force : 5   measure value: 6.2433e-07   hi limit: 1e-06   lo limit: -1e-06   result: Pass
test type: PinPmu_T   test name: IIH   pin name: A2   force : 5   measure value: 6.2136e-07   hi limit: 1e-06   lo limit: -1e-06   result: Pass
test type: PinPmu_T   test name: IIH   pin name: A1   force : 5   measure value: 6.2456e-07   hi limit: 1e-06   lo limit: -1e-06   result: Pass
test type: PinPmu_T   test name: IIH   pin name: A6   force : 5   measure value: 6.1625e-07   hi limit: 1e-06   lo limit: -1e-06   result: Pass
test type: PinPmu_T   test name: IIH   pin name: A5   force : 5   measure value: 6.1579e-07   hi limit: 1e-06   lo limit: -1e-06   result: Pass
test type: PinPmu_T   test name: PRE_ICCL   pin name: A4   force : 6   measure value: 0.0   hi limit: 0   lo limit: 0   result: Pass
test type: PinPmu_T   test name: PRE_ICCL   pin name: A3   force : 6   measure value: 0.0   hi limit: 0   lo limit: 0   result: Pass
test type: PinPmu_T   test name: PRE_ICCL   pin name: A2   force : 6   measure value: 0.0   hi limit: 0   lo limit: 0   result: Pass
test type: PinPmu_T   test name: PRE_ICCL   pin name: A1   force : 6   measure value: 0.0   hi limit: 0   lo limit: 0   result: Pass
test type: PinPmu_T   test name: PRE_ICCL   pin name: A6   force : 6   measure value: 0.0   hi limit: 0   lo limit: 0   result: Pass
test type: PinPmu_T   test name: PRE_ICCL   pin name: A5   force : 6   measure value: 0.0   hi limit: 0   lo limit: 0   result: Pass
test type: PowerSupply_T   test name: ICCL   pin name : VCC   force : 0   hi_limit : 1e-06   lo_limit : 0   mesure_result: 1e-06   compare_result: Pass
test type: PinPmu_T   test name: PRE_ICCH   pin name: A4   force : 0   measure value: 0.0   hi limit: 0   lo limit: 0   result: Pass
test type: PinPmu_T   test name: PRE_ICCH   pin name: A3   force : 0   measure value: 0.0   hi limit: 0   lo limit: 0   result: Pass
test type: PinPmu_T   test name: PRE_ICCH   pin name: A2   force : 0   measure value: 0.0   hi limit: 0   lo limit: 0   result: Pass
test type: PinPmu_T   test name: PRE_ICCH   pin name: A1   force : 0   measure value: 0.0   hi limit: 0   lo limit: 0   result: Pass
test type: PinPmu_T   test name: PRE_ICCH   pin name: A6   force : 0   measure value: 0.0   hi limit: 0   lo limit: 0   result: Pass
test type: PinPmu_T   test name: PRE_ICCH   pin name: A5   force : 0   measure value: 0.0   hi limit: 0   lo limit: 0   result: Pass
test type: PowerSupply_T   test name: ICCH   pin name : VCC   force : 0   hi_limit : 1e-06   lo_limit : 0   mesure_result: 1e-06   compare_result: Pass
test type: Functional_T   test name: TPHL   test result: Pass
```

图 A-83 测试结果 4

通过结果显示界面，整理测试数据，整理完成之后的测试结果分析如表 A-9 所示。

表 A-9　测试结果分析

测　试　项	测　试　条　件	参　数　要　求	测　量　结　果	结　论
连接性测试	采用施流测压的方式测量（100μA）	$0.2V \leqslant x \leqslant 0.9V$	$0.561\,5 \sim 0.672\,9V$	PASS
	采用施流测压的方式测量（-100μA）	$-0.9V \leqslant x \leqslant -0.2V$	$-0.475\,0 \sim -0.425\,7V$	PASS
功能测试	$V_{CC}=2V$；$V_{IH}=2V$；$V_{IL}=0V$；$V_{OH}=1V$；$V_{OL}=1V$	—	正常	PASS
	$V_{CC}=4.5V$；$V_{IH}=4.5V$；$V_{IL}=0V$；$V_{OH}=2.25V$；$V_{OL}=2.25V$	—	正常	PASS
	$V_{CC}=6V$；$V_{IH}=6V$；$V_{IL}=0V$；$V_{OH}=3V$；$V_{OL}=3V$	—	正常	PASS
V_{IHL} 测试	$V_{CC}=2V$；$V_{IH}=1.5V$；$V_{IL}=0.5V$；$V_{OH}=1V$；$V_{OL}=1V$	—	正常	PASS
	$V_{CC}=4.5V$；$V_{IH}=3.15V$；$V_{IL}=1.35V$；$V_{OH}=2.25V$；$V_{OL}=2.25V$	—	正常	PASS
	$V_{CC}=6V$；$V_{IH}=4.2V$；$V_{IL}=1.8V$；$V_{OH}=3V$；$V_{OL}=3V$	—	正常	PASS
V_{OH} 测试	$V_{I}=V_{IH}$ or V_{IL}；$V_{CC}=2V$；$I_{O}=-20\,\mu A$	$x \geqslant 1.9V$	$1.979\,7 \sim 2.001\,2V$	PASS
	$V_{I}=V_{IH}$ or V_{IL}；$V_{CC}=4.5V$；$I_{O}=-20\,\mu A$	$x \geqslant 4.4V$	$4.464\,8 \sim 4.520\,0V$	PASS
	$V_{I}=V_{IH}$ or V_{IL}；$V_{CC}=4.5V$；$I_{O}=-4mA$	$x \geqslant 3.98V$	$4.279\,4 \sim 4.312\,2V$	PASS
	$V_{I}=V_{IH}$ or V_{IL}；$V_{CC}=6V$；$I_{O}=-20\,\mu A$	$x \geqslant 5.9V$	$5.985\,8 \sim 6.051\,3V$	PASS
	$V_{I}=V_{IH}$ or V_{IL}；$V_{CC}=6V$；$I_{O}=-5.2mA$	$x \geqslant 5.48V$	$5.731\,6 \sim 5.817\,2V$	PASS
V_{OL} 测试	$V_{I}=V_{IH}$ or V_{IL}；$V_{CC}=2V$；$I_{O}=20\,\mu A$	$x \leqslant 0.1V$	$0.002\,1 \sim 0.005\,2V$	PASS
	$V_{I}=V_{IH}$ or V_{IL}；$V_{CC}=4.5V$；$I_{O}=20\,\mu A$	$x \leqslant 0.1V$	$0.002\,1 \sim 0.005\,3V$	PASS
	$V_{I}=V_{IH}$ or V_{IL}；$V_{CC}=4.5V$；$I_{O}=4mA$	$x \leqslant 0.26V$	$0.094\,3 \sim 0.120\,5V$	PASS
	$V_{I}=V_{IH}$ or V_{IL}；$V_{CC}=6V$；$I_{O}=20\,\mu A$	$x \leqslant 0.1V$	$0.002\,3 \sim 0.005\,6V$	PASS

续表

测 试 项	测 试 条 件	参 数 要 求	测 量 结 果	结 论
V_{OL} 测试	$V_I = V_{IH}$ or V_{IL} ; $V_{CC} = 6V$; $I_O = 5.2mA$	$x \leqslant 0.26V$	$0.1073V \sim 0.1401V$	PASS
I_{IL} 测试	$V_I = GND$; $V_{CC} = 6 V$	$-1 \leqslant x \leqslant 1\mu A$	$0.473\ 72 \sim 0.621\ 51\ \mu A$	PASS
I_{IH} 测试	$V_I = V_{CC}$; $V_{CC} = 6 V$	$-1 \leqslant x \leqslant 1\mu A$	$0.615\ 79 \sim 0.62822\ \mu A$	PASS
I_{CCL} 测试	$V_I = GND$; $V_{CC} = 6 V$; $I_O = 0\ \mu A$	$-1 \leqslant x \leqslant 1\mu A$	$1\mu A$	PASS
I_{CCH} 测试	$V_I = V_{CC}$; $V_{CC} = 6 V$; $I_O = 0\ \mu A$	$-1 \leqslant x \leqslant 1\mu A$	$1\mu A$	PASS
I_{PHL} 测试	$V_{CC} = 2 V$	$x \leqslant 90$	$61ns$	PASS

关闭测试结果的显示框，系统将该测试结果形成一个 TXT 文档，自动保存到项目的根目录下，由以上测试结果来看，该芯片符合 datasheet 上的各项标准。

参 考 文 献

[1] 章慧彬. 测试成本的挑战及对策[J]. 电子与封装, 2018, 18(05):5-7+11.

[2] 陈巍. 关于芯片测试良品率和测试时间的优化研究[D]. 成都：电子科技大学, 2014.

[3] 周建. 混合集成电路测试板 FPGA 逻辑设计[D]. 成都：电子科技大学, 2013.

[4] 徐鼎. 创新是集成电路产业发展的关键[D]. 上海：复旦大学, 2000.

[5] 王杰. 纳米工艺下高质量时延测试方法研究[D]. 合肥：合肥工业大学, 2011.

[6] 马秀莹. 新型超大规模集成电路（VLSI）直流参数自动测试系统[D]. 北京：北京工业大学, 2005.

[7] 何成. 典型封装芯片的热阻网络模型研究[D]. 西安：西安电子科技大学, 2014.

[8] 章慧彬. 大规模集成电路测试程序开发技术及流程应用[J]. 电子与封装, 2017(6):10-15.

[9] 宗勇. 汽车电子智能分布式控制芯片关键模块的设计与测试研究[D]. 天津：天津大学, 2017.

[10] 现代集成电路测试技术编写组. 现代集成电路测试技术[M]. 北京：化学工业出版社, 2006.

[11] 马宏锋. 基于 FPGA 的交通监控图像高速预处理[J]. 兰州交通大学学报, 2012(3):112-115.

[12] 韩剑坡. PCU03-ABS 芯片 A/D 模块测试程序开发[D]. 天津：天津大学, 2007.

[13] 路嘉川. 数字集成电路测试仪软件设计[D]. 成都：电子科技大学, 2010.

[14] 周欣欣. 基于深度学习的网络交易欺诈检测模型的研究[D]. 上海：东华大学, 2019.

[15] 邓祖新. 数据分析方法和 SAS 系统[M]. 上海：上海财经大学出版社, 2006.

[16] 刘洁. DSP 处理器的功能测试[D]. 上海：复旦大学, 2012.

[17] 王庆. 基于自动测试系统的 DSP 测试方法研究[J]. 计算机与数字工程, 2014(7):1207-1209.

[18] 陈明亮. 数字集成电路自动测试硬件技术研究[D]. 成都：电子科技大学, 2011.

[19] 汪俊成. 漏电保护器芯片专用测试仪的设计与研究[D]. 上海：复旦大学, 2013.

[20] 郭文鹏. 基于编码和逆向折叠的 SoC 测试数据压缩方法研究[D]. 合肥：合肥工业大学, 2007.

[21] 聂永峰. IC 参数自动测试系统关键技术研究[D]. 成都：电子科技大学, 2012.

[22] 刘丹妮, 罗俊, 邱忠文, 等. VLSI 测试技术现状及发展趋势[C]// 第十七届全国半导体集成电路、硅材料学术会议论文集. 北京：中国电子学会, 2011:66-70.

[23] 孔冰. 混合信号测试理论在生产测试中应用的研究[D]. 天津：天津大学, 2007.

[24] 芦俊. 基于 TestStand 的 DDS 特性参数自动测试管理[J]. 半导体技术, 2009(10)957-959.

[25] 程军. 基于等效移位寄存器的针对扫描链攻击的安全扫描设计[D]. 西安：西安电子科技大学, 2014.

[26] 庞伟区. 数模混合信号芯片的测试与可测性设计研究[D]. 长沙：湖南大学, 2008.

[27] 王松. 基于扫描结构的低功耗测试方法研究[D]. 长沙：湖南大学.

[28] 袁勇. 一种跳频收发信机自动检测系统的实现[D]. 成都：电子科技大学, 2009.

[29] 张宴. 基于 ProModel 仿真的半导体生产系统研究[D]. 上海：上海交通大学, 2007.

[30] 张必超. 组合数字集成电路测试生成技术研究[J]. 中国测试技术, 2007(3):105-107.

[31] 于燮康. 中国集成电路产业链的现状分析[J]. 集成电路应用, 2017(9):11-14.

[32] 思睿. 面对 28nm 主流技术的挑战：访无锡华大国奇科技有限公司总裁谷建余先生[J]. 中国集成电路, 2012(12):47-49.

[33] 曾繁泰, 王强, 盛娜. EDA 工程的理论与实践:SOC 系统芯片设计[M]. 北京：电子工业出版社, 2004.

[34] 李小龙. 基于 SOI 结构的多面栅晶体管模型计算[D]. 成都：电子科技大学, 2016.

[35] 刘莹. ARCA3 处理器的物理实现[D]. 哈尔滨：哈尔滨工业大学, 2011.

[36] 王香芬, 高成. 基于 DSP 的模拟测试仪在混合信号测试中的应用[C]// 全国第二届信号处理与应用学术会议专刊, 北京：中国高科技产业化研究会, 2008:455-459.

[37] 韩银和, 张磊, 李晓维. 三维芯片的测试技术研究进展[C]// 第六届中国测试学术会议论文集. 北京：中国计算机学会, 2010.

[38] 吴运. 集成电路的基本常识[J]. 中国科技信息, 2015(6):61-63.

[39] 姚娅川, 吴培明. 数字电子技术[M]. 重庆：重庆大学出版社, 2006.

[40] 熊炜. 针对混合信号测试的高效 ATE 测试解决方法的研究与实现[D]. 上海:上海交通大学, 2008.

[41] 王瑛. 数字集成电路测试系统的测试结构分析[J]. 电子测试, 2014(15):24-25.

[42] 宋尚升. 集成电路测试原理和向量生成方法分析[J]. 现代电子技术, 2014(6):122-124+128.

[43] 蒋璇, 臧春华. 数字系统设计与 PLD 应用技术[M]. 北京：电子工业出版社, 2001.

[44] 来新泉, 王松林. 专用集成电路设计实践[M]. 西安：西安电子科技大学出版社, 2008.

[45] 纪效礼. 基于精密测量单元的小型集成电路测试系统设计[D]. 桂林：桂林电子科技大学, 2018.

[46] 刘军. 大功率模拟集成电路直流参数测试研究与实现[D]. 成都：电子科技大学, 2010.

[47] 吴训成. 基于控阈技术的并行式 A/D 转换器设计[J]. 电子与信息学报, 2002(2):250-256.

[48] 罗和平. 数字 IC 自动测试机关键技术研究[D]. 成都：电子科技大学, 2008.

[49] 韩雪. FPGA 的功耗概念与低功耗设计研究[J]. 单片机与嵌入式系统应用, 2010(3):9-11.

[50] 李宝刚. 深亚微米移动多媒体处理器的节电技术[D]. 天津：天津大学, 2009.

[51] 刘艳. 高性能处理器电流测试的研究[D]. 天津：天津大学, 2010.

[52] 赵龙. 系统级芯片的可测性研究与实践[D]. 上海：复旦大学, 2008.

[53] 郑浩, 高静, 董磊. 怎样用万用电表检测电子元器件[M]. 北京：人民邮电出版社, 2005.

[54] 杜社会. FPGA 时延故障测试技术研究[D]. 长沙：湖南大学, 2008.

[55] 范玉祥. 基于海明排序进行无关位填充的低功耗内建自测试研究[D]. 桂林：桂林电子科技大学, 2017.

[56] 孟觉. 芯片级 BIST 控制器的设计与实现[J]. 计算机工程, 2011(21):238-240+251.

[57] 黄禄惠. 集成电路低功耗可测性设计技术的分析与实现[D]. 成都：电子科技大学, 2013.

[58] 商进. SoC 测试中数据压缩与降低功耗方法研究[D]. 哈尔滨：哈尔滨理工大学, 2012.

[59] 易茂祥. 系统芯片测试应用时间最小化技术研究[D]. 合肥：合肥工业大学, 2010.

[60] 邓立宝. SOC 测试时间优化技术研究[D]. 哈尔滨：哈尔滨工业大学, 2012.

[61] 徐元欣. 有线数字电视信道接收芯片的实现研究[D]. 杭州：浙江大学, 2003.

[62] 周宏. 基于片上时钟的全速测试电路的设计[D]. 南京：东南大学, 2013.

[63] 王晓云. 基于双口 RAM 的改进型 BIST 设计与研究[D]. 上海：上海大学, 2005.

[64] 赵树军. 时序基准电路 S344 可测性设计[J]. 黑龙江工程学院学报, 2015(2):13-17.

[65] 吴铁彬. SoC 可测性设计中低成本与低功耗测试技术研究[D]. 长沙：国防科学技术大学, 2015.

[66] 周琼芳. 数字高清晰度电视信道接收方案的芯片实现[D]. 杭州：浙江大学, 2003.

[67] 孙国志. 电容式多点触控芯片模拟前端接口设计[D]. 成都：电子科技大学, 2013.

[68] 严慧羽. 简单金属氧化物薄膜电阻开关效应的机理研究[D]. 天津：天津大学, 2016.

[69] 胡小斌. 车载网络系统硬件及其驱动的设计与研究[D]. 桂林：桂林电子科技大学, 2010.

[70] 高文辉. 基于 S3C2440 的 U-Boot 双启动实现[J]. 测控技术, 2012(2):87-91.

[71] 王清. 嵌入式系统启动方案的设计与实现[D]. 南京：东南大学, 2009.

[72] 符鸿亮. 基于 DSP 和 FPGA 的自动指纹识别系统硬件设计与实现[D]. 成都：电子科技大学, 2007.

[73] 张林峰. Ni-N 薄膜材料的制备与性能表征[D]. 上海：复旦大学, 2014.

[74] 谢真. 基于 μC/OS-II 和状态机的高速织机控制系统研制[D]. 杭州：浙江大学, 2007.

[75] 王曼雨. 存储器测试算法与实现[D]. 西安：西安电子科技大学, 2009.

[76] 陈如意. 存储器故障与可靠性试验研究[D]. 广州：广东工业大学, 2016.

[77] 罗涛. 复杂数字电路板的可测性研究[D]. 镇江：江苏科技大学, 2011.

[78] 朱彦卿. 模拟和混合信号电路测试及故障诊断方法研究[D]. 长沙：湖南大学, 2008.

[79] 张必超. 存储器测试技术及其在质量检验中的应用研究[D]. 成都：四川大学, 2005.

[80] 李成文. 一种用 VHDL 语言设计的 SDRAM 控制器及其应用[J]. 航空计算技术, 2007(5):73-76.

[81] 檀彦卓, 徐勇军. 存储器内建自测试技术及应用[C]// 中国科学院计算技术研究所第八届计算机科学与技术研究生学术讨论会. 北京：中国科学院计算技术研究所, 2004.

[82] 陈云鹰. 增强型 16 位定点 DSP 的设计与研究[D]. 南京：东南大学, 2008.

[83] 轩涛. 基于 ATE 的 DSP 测试方法[J]. 电子测试, 2010(2):63-68.

[84] 王威. 图像中低层处理 SoC 测试系统设计[D]. 武汉：华中科技大学, 2016.

[85] 米丹. 四通道语音控制器芯片的设计[D]. 南京：东南大学, 2008.

[86] 陈龙. 一种单片机的在线编程测试方法研究[J]. 电子质量, 2019(10):86-89.

[87] 张楷. VHDL 语言设计可综合的微处理器内核[J]. 计算机应用研究, 2004(6):123-124+173.

[88] 赵雪莲. 一种 CPU 测试程序的开发方法与实现[J]. 国外电子测量技术, 2006(2):37-41.

[89] 赵雪莲. 微控制器测试向量生成方法的研究和实现[D]. 成都：西南交通大学, 2006.

[90] 石昊旸. 基于 PCI 总线的数字通信接收终端的设计与实现[D]. 沈阳：东北大学, 2006.

[91] 侯建军, 佟毅, 崔爱娇, 等. 数字电路实验一体化教程[M]. 北京：清华大学出版社, 2005.

[92] 纪勇. 基于 PCI 总线的测量实时控制系统的研究与实现[D]. 镇江：江苏大学, 2006.

[93] 逯贵祯, 夏治平. 射频电路的分析和设计[M]. 北京：北京广播学院出版社, 2003.

[94] 刘建军, 王吉恒. 电工电子技术[M]. 北京：人民邮电出版社, 2006.

[95] 陆廷璋. 模拟电子线路实验[M]. 上海：复旦大学出版社, 1990.

[96] 樊卫东, 夏晓娟, 方玉明, 等. 双模式控制的防失真 D 类音频功率放大器[J] .南京邮电大学学报（自然科学版）, 2014(5):129-134.

[97] 徐明. 无线激光通信数据收发器技术研究[D]. 哈尔滨：哈尔滨工业大学, 2015.

[98] 韩前磊. 高压大功率集成运算放大器研究[D]. 贵州：贵州大学, 2018.

[99] 沈竹. 新型光纤光栅振动传感器解调技术研究[D]. 武汉：武汉理工大学, 2004.

[100] 张永瑞. 电子测量技术基础[M]. 3 版. 西安:西安电子科技大学出版社, 2014.

[101] 周金治. 基于 MSP430F169 的集成运放参数测试仪设计[J]. 西南科技大学学报, 2006(2):59-62.

[102] 孙铣, 段宁远. 运算放大器的闭环参数测试[C]// 第九届中国集成电路测试学术年会论文集. 北京:电子测试编辑部, 1999:115-120.

[103] 赵桦. 基于 JC-5600 ATE 的单/双电源运算放大器测试方法[J]. 电子与封装, 2014(4):14-16.

[104] 谢文和. 传感技术及其应用[M]. 北京：高等教育出版社, 2004.

[105] 王鑫. 中小规模集成电路自动测试系统的研究与设计[D]. 长沙：湖南大学, 2009.

[106] 王志鹏. 可编程逻辑器原理与程序设计[M]. 北京：国防工业出版社, 2005.

[107] 王忠鹏. 基于虚拟仪器的集成运算放大器综合参数测试平台[J]. 电子世界, 2014(5)28-29.

[108] 戴伏生. 基础电子电路设计与实践[M]. 北京：国防工业出版社, 2002.

[109] 汪涵. 单芯片集成紫外探测器及其读出电路设计[D]. 湘潭：湘潭大学, 2015.

[110] 曹龙兵. 无电容型低压差线性稳压器的研究[D]. 成都：电子科技大学, 2018.

[111] 许娜. 电容式微加速度计低压差稳压器 ASIC 设计[D]. 哈尔滨：哈尔滨工业大学, 2010.

[112] 张艳. 直流输电系统的光纤电流测量技术[D]. 武汉：华中科技大学, 2008.

[113] 邓颖. 零压降光纤电能计量装置[D]. 武汉：华中科技大学, 2008.

[114] 孙咸平. DC-DC 变换器的并联变频控制技术研究[D]. 西安：西安理工大学, 2011.

[115] 李碧珍. 浅谈电磁噪声环境下纹波电压和漏电流测试及其对策[C]// 全国可靠性物理学术讨论会. 北京：中国电子学会, 2003.

[116] 方颖燕. 电源管理器件精确测量中差分放大电路的应用[J]. 电子世界, 2020(4):143-144.

[117] 顾海泉. 一种 DC-DC 变换器自动测试系统的设计与实现[D]. 南京：东南大学, 2014.

[118] 王兵. DSO GPIB 仪器驱动器与数据处理软件研究[D]. 成都：电子科技大学, 2005.

[119] 王志勇. 混合集成电路 5V/1A DC/DC 变换器的研究与设计[D]. 西安：西安电子科技大学, 2006.

[120] 魏淑华, 侯明金. SoC 中混合信号测试与可测性设计研究[J]. 计算机研究与发展, 2010(S1):190-194.

[121] 胡湘娟. 数模混合信号芯片的测试与可测性设计研究[D]. 长沙：湖南大学, 2008.

[122] 胡大伟. 基于 ANNES 的模数混合电路故障诊断方法的研究[D]. 呼和浩特：内蒙古工业大学, 2008.

[123] 谢小明. 基于声发射的复材叠层材料制孔刀具磨损状态监测[D]. 南京：南京航空航天大学, 2018.

[124] 樊新海. 工程测试技术基础[M]. 北京：国防工业出版社, 2007.

[125] 汪源源. 现代信号处理理论和方法[M]. 上海：复旦大学出版社, 2003.

[126] 叶方全. 基于 PCI 总线雷达回波信号的模拟与采集[J]. 计算机测量与控制, 2004(1):66-68.

[127] 杨欣然. 多通道实时阵列信号处理系统的设计[J]. 电子设计工程, 2015(12):176-179.

[128] 顾泓. 高速折叠插值模数转换器的研究与设计[D]. 南京：东南大学, 2018.

[129] 蒋和全, 严顺炳, 陈光禹. 高速模—数转换器(ADC)的动态测试[C]// 全国电子测量与仪器学术报告会. 北京：中国电子学会, 2000.

[130] 郭晓宇. 一种用于高速 ADC INL/DNL 测试的新方法[J]. 电子与封装, 2015(12):12-15.

[131] 陶立峰. 跨平台转换 IC 测试系统的研究与实践[D]. 天津：天津大学, 2006.

[132] 张娅丹. 基于谱参数估计的 ADC 静态测试方法的优化和实现[D]. 南京：东南大学, 2015.

[133] 高志斌. 一种基于 DSP 的 AD 采样自校正软硬件设计[J]. 自动化与仪表, 2016(6):74-76.

[134] 谢鹏. 高速 ADC 器件的动态测试技术研究[D]. 成都：电子科技大学, 2009.

[135] 杨俊峰. 8 位 100 兆低功耗流水线模数转换器的硬核设计[D]. 北京：北京交通大学, 2014.

[136] 王友华. 并行分时流水线 A/D 转换器系统级研究[J]. 微电子学, 2010(2):165-168.

[137] 宋超. 5G 毫米波移动通信系统射频前端研究[D]. 南京：东南大学, 2017.

[138] 阴欢欢. 基于 GP2015 的 GPS 射频前端电路 ADS 优化设计[J]. 通信技术, 2015(1):102-107.

[139] 郭振霄. Ka 波段 FDD/TDD 链路机可重构中频子系统设计[D]. 成都：电子科技大学, 2015.

[140] 刘佳. S 波段低噪声放大器的研究和制作[D]. 天津：南开大学, 2012.

[141] 王依超, 郭高凤, 王娟, 等. 自由空间法测量电磁材料电磁参数[J]. 宇航材料工艺, 2014, 44(1):107-111.

[142] 武丽伟. 基于 SiGe HBT 工艺的功率放大器模块及单片电路的设计[D]. 济南：山东大学, 2015.

[143] 朱碧辉. 应用于 LTE 的 2.45GHz 硅基包络跟踪功率放大器的设计[D]. 南京：东南大学, 2015.

[144] 张凯虹. 低噪声放大器的自动测试开发[J]. 电子与封装, 2016(11):7-9+22.

[145] 王立生. X 波段小型化扫频频率综合器研究[D]. 成都：电子科技大学, 2013.

[146] 吴晨健, 李智群. 应用于 DVB-T/H 调谐器的 0.13μm CMOS 混频器设计[J]. 高技术通讯, 2013, 23(1):91-96.

[147] 石林. 混频器芯片测试技术研究与实现[D]. 武汉：华中科技大学, 2015.

[148] 邓阳. 毫米波近炸引信前端 T/R 组件[D]. 成都：电子科技大学, 2011.

[149] 郑舟. 应用于 60GHz 收发机正交上混频器的设计[D]. 南京：东南大学, 2016.

[150] 李校石. 微波器件附加相位噪声测量技术的研究[D]. 南京：东南大学, 2014.

[151] 李小晶. 宽带 CMOS 低噪声放大器和混频器的研究与设计[D]. 武汉：华中科技大学, 2013.

[152] 严高俊. 冰层厚度探测雷达射频前端的设计与实现[D]. 成都：电子科技大学, 2016.

[153] 陈喆. 毫米波通信集成前端技术研究[D]. 南京：东南大学, 2014.

[154] 陈玮. 双频微带滤波软件综合设计与研制[D]. 成都：电子科技大学, 2014.

[155] 高志洋. WiMAX 终端的研究与设计[D]. 北京：北京邮电大学, 2007.

[156] 陈伟. 基于 1394 总线线缆插入损耗的测试与研究[J]. 软件导刊, 2012(12):40-41.

[157] 胡萍. 基于 DGS 的 UWB 滤波器的设计[D]. 哈尔滨：哈尔滨工程大学, 2013.

[158] 陆宇. 基于 GaAs IPD 的 K 波段芯片滤波器[J]. 电子技术应用, 2018(8):39-43.

[159] 向军. 基于 1.8-2.2GHz 波段内低噪声放大器的设计与仿真[J]. 通信市场, 2009(11):200-204.

[160] 周鹏. GaN HEMT 大功率高效开关类功率放大器的研究与设计[D]. 天津：天津大学, 2014.

[161] 中国国防科技信息中心. 国防高技术名词浅释[M]. 北京：国防工业出版社, 1996.

[162] 朱建剑. 基于 WISHBONE 总线的 8051SOC 系统设计[D]. 广州：中山大学, 2008.

[163] 桑圣锋. AEMB 软核处理器的 SoC 系统验证平台[J]. 单片机与嵌入式系统应用, 2010(4):43-45.

[164] 何灵敏, 冯健. 军用自动测试设备现状与发展研究[C]//中国造船工程学会 2005 舰船电子装备维修理论与应用研讨会. 北京：中造船工程学会, 2005.

[165] 时万春. 系统芯片(SOC)测试[C]// 2004 全国测控, 计量与仪器仪表学术年会论文集(上册). 北京：中国仪器仪表学会, 2004.

[166] 欧阳一鸣. 片上网络测试关键问题研究[D]. 合肥：合肥工业大学, 2013.

[167] 邓秋严. IP 核测试访问和扫描链低功耗测试方法研究与实现[D]. 长沙：国防科学技术大学, 2014.

[168] 冶小刚. 一款多核 SoC 的可测性设计研究[D]. 西安：西安电子科技大学, 2018.

[169] 刘杰. 数字集成电路测试数据压缩技术的研究[D]. 合肥：合肥工业大学, 2011.

[170] 邓禹丹. 数字电路测试生成平台研究与可测性设计的应用[D]. 南京：南京航空航天大学, 2007.

[171] 章浩. 系统芯片 BIST 测试生成及其应用技术研究[D]. 合肥：合肥工业大学, 2013.

[172] 赵强. 抗 SET 触发器设计及故障注入工具开发[D]. 哈尔滨：哈尔滨工业大学, 2015.

[173] 王顺平. 功率系统集成电路中 FPSM 的建模及其 IP 核设计与验证[D]. 成都：电子科技大学, 2006.

[174] 杨刚, 肖宇彪, 王鹏鹏. 32 位嵌入式系统与 SoC 设计导论[M]. 北京：电子工业出版社, 2011.

[175] 李少君. 类 TCAM 的数据网络查找协处理器芯片的可测性设计研究与优化[D]. 苏州：苏州大学, 2012.

[176] 周清军. 嵌入式 SRAM 的优化设计方法与测试技术研究[D]. 西安：西安电子科技大学, 2009.

[177] 赵丽丽. 基于 IEEE 1500 和 IP 核的 SoC 测试优化技术研究[D]. 桂林：桂林电子科技大学, 2014.

[178] 林峰. SoC 测试功耗优化技术研究[D]. 上海：上海大学, 2009.

[179] 王帅. SOC 可测性技术研究与实现[D]. 哈尔滨：哈尔滨工程大学, 2011.

[180] 邓立宝. 基于带宽匹配思想的 SoC 测试结构设计[J]. 仪器仪表学报, 2012(8):1819-1825.

[181] 俞洋. 系统芯片测试优化关键技术研究[D]. 哈尔滨：哈尔滨工业大学, 2010.

[182] 彭喜元, 俞洋. 哈尔滨工业大学自动化测试与控制系, 黑龙江哈尔滨. SOC 的可测性设计与测试技术的发展与展望[C]// 中国计算机自动测量与控制技术协会. 北京：中国计算机自动测量与控制技术协会, 2009.

[183] 阎兰花. 锁相环电路的可测性设计研究[D]. 南京：东南大学, 2018.

[184] 谢永乐. 系统芯片的可测性设计与测试[J]. 微电子学, 2006(6):749-753+758.

[185] 倪怡芳. 基于 SOC 架构的可测试性设计策略的研究[D]. 杭州：浙江大学, 2007.

[186] 谢志远. 基于 BIST 的编译码器 IP 核测试[J]. 国外电子元器件, 2008(1):23-25.

[187] 李明太. 基于禁忌遗传算法的 SOC 测试结构优化研究[D]. 桂林：桂林电子科技大学, 2008.

[188] 杨刚. 基于量子蚁群算法和 IEEE1500std 的 SoC 测试优化研究[D]. 桂林：桂林电子科技大学, 2015.

[189] 谈恩民. 基于 SoC 规范的存储器内建自测试设计与对比分析[J]. 国外电子测量技术, 2010(4):74-77.

[190] 杨平勇, 谢永乐. 超大规模集成电路可测性设计技术概览[C]// 第十五届全国半导体集成电路、硅材料学术会议论文集, 2007:399-402.

[191] 何仙娥. 一种嵌入式处理器 IP 的硬核建模技术及实现[J]. 电路与系统学报, 2009(3):77-81.

[192] 谢波. 系统芯片(SOC)测试结构与内建自测试技术研究[D]. 上海:复旦大学, 2005.

[193] 孟庆. SOC 设计中 IP 核的测试方法与应用[D]. 杭州:浙江大学, 2004.

[194] 张保权. 面向 DVS-MVI 多核 SOC 的测试优化技术研究[D]. 哈尔滨:哈尔滨工业大学, 2017.

[195] 李光宇. 基于向量优化重组的SoC测试数据压缩方法研究[D]. 合肥:合肥工业大学, 2011.

[196] 张力. 三维芯片堆叠封装中的电感耦合互连技术研究[D]. 武汉:华中科技大学, 2018.

[197] 欧阳晴昊. 基于扫描链的 SoC 可测性设计及故障诊断技术研究[D].长沙:湖南大学, 2017.

[198] 杨矗翔. 基于 SiP 的高速芯片协同测试[D]. 西安:西安电子科技大学, 2009.

[199] 常郝. 三维集成电路测试关键技术研究[D]. 合肥:合肥工业大学, 2015.

[200] 刘剑, 陈一超. 板级边界扫描测试软件设计与实现[C]// 第十九届测控、计量、仪器仪表学术年会(MCMI'2009).北京:中国仪器仪表学会 中国计量测试学会 中国电子学会, 2009.

[201] 高晓梅. 嵌入式多核处理器 JTAG 调试的设计与实现[D]. 长沙:国防科学技术大学, 2008.

[202] 王梅群. 基于现场可编程门阵列的高可靠 SpaceWire 路由机制研究[D].南京:南京航空航天大学, 2018.

[203] 王圣辉. 一种基于 JTAG 协议的 SiP 测试方法[J]. 测试技术学报, 2020(3):252-256.

[204] 曾峰, 巩海洪, 曾波. PowerPCB 高速电子电路设计与应用[M].北京:电子工业出版社, 2004.

[205] 王新玲, 王红, 封锦琦. 基于边界扫描的互连测试技术实现[C]// 2012 航空试验测试技术学术交流会. 北京:中国航空学会, 2012.

[206] 李鑫. 支持边界扫描测试的电路设计[J]. 无线电通信技术, 2009(6):42-45.

[207] 张昊. 大规模数字电路系统可测性设计技术研究[J]. 微型机与应用, 2017(2):28-31+36.

[208] 郭子婴. 支持多路混合电压边界扫描链测试的适配方案[J]. 航空电子技术, 2016(3):20-24.

[209] 韦翠荣. 边界扫描互连测试矢量生成与故障诊断的研究[D]. 桂林：桂林电子科技大学, 2014.

[210] 冯星宇. 基于 SOPC 的边界扫描测试控制器的研究与实现[D]. 桂林：桂林电子科技大学, 2013.

[211] 程漠飞. 无线 JTAG 编程器配置数据解析技术研究[D]. 哈尔滨：哈尔滨工业大学, 2016.

[212] 孙超. CMOS MEMS 多层薄膜材料力学特性在线测试方法研究[D]. 南京：东南大学, 2015.

[213] 马英卓. 基于数字加速度计的智能倒置开关设计及其可靠性研究[D]. 太原：中北大学, 2013.

[214] 姜叶洁. 压电层合微梁的非线性静动力学分析[D]. 湖南：湖南大学, 2010.

[215] 邓进军. 基于 MEMS 的微致动器阵列用于三角翼气动控制技术研究[D]. 西安：西北工业大学, 2003.

[216] 郭虎岗. 数字式加速度传感器的厚膜混合集成技术研究[D]. 太原：中北大学, 2008.

[217] 李凌宇. 单片集成 CMOS-MEMS 压阻式压力传感器[D]. 合肥：合肥工业大学, 2013.

[218] 刘楠楠. 汽车起重机用油压传感器检测技术[J]. 石油化工建设, 2018(5):53-56.

[219] 裴庆. 固体推进剂多靶线准动态燃速测试方法与测试系统研究[D]. 西安：西安电子科技大学, 2013.

[220] 王银. 新型硅压阻式压力传感器的设计、制作与性能补偿研究[J]. 电子器件, 2019(6):1371-1377.

[221] 徐小泉. 美国 AP 物理实验与我国高中物理实验的比较研究[D]. 苏州：苏州大学, 2016.

[222] 李宵宵. 加速度传感器的标定系统与实验研究[D]. 北京：北京化工大学, 2010.

[223] 王嘉琪. 低功耗压阻加速度计接口电路设计[D]. 哈尔滨：哈尔滨工业大学, 2011.

[224] 钟俊文. 基于柔性驻极体发电机的自供能可穿戴电子器件[D]. 武汉：华中科技大学, 2016.

[225] 赵源. 压阻式加速度传感器的设计与仿真[D]. 成都：电子科技大学, 2015.

[226] 齐虹. 集成加速度传感器敏感芯片性能影响因素及其仿真分析[J]. 传感器与微系统, 2016(8):30-32+36.

[227] 钱莉. MEMS 加速度计的电脑输入系统研究[D]. 上海：上海交通大学, 2009.

[228] 高健. ARM 处理器的捷联系统研究[D]. 哈尔滨：哈尔滨工业大学, 2007.

[229] 杜广涛. EMS 磁敏传感器的研究[D]. 成都：西南交通大学, 2011.

[230] 徐华英. 推挽驱动的微型磁传感器设计[J]. 传感器与微系统, 2015(9):94-96.

[231] 张顺起. 连续波的频域磁声耦合成像方法正问题研究[J]. 生物医学工程研究, 2015(1):1-6.

[232] 徐军. 石英音叉谐振式温度传感器及关键技术的研究[D]. 哈尔滨：哈尔滨理工大学, 2014.

[233] 马洪宇. 谐振式 MEMS 温度传感器设计[J]. 光学精密工程, 2010(9):2022-2027.

[234] 蔡春华. CMOS MEMS 温度传感器的研究[D]. 南京：东南大学, 2014.

[235] 陆婷婷, 秦明, 黄庆安, 一种新型 MEMS 温度传感器的设计[J]. 功能材料与器件学报, 2008, 14(1):223-226.

[236] 刘沙皓伦, 刑维巍, 李昊霖, 等. 微机械压力传感器残余应力研究进展与分析[J]. 传感器与微系统, 2018(10):1-4+11.

[237] 吴焱. 传感器应用技术项目化教程[M]. 北京：电子工业出版社, 2014.

[238] 杨娇娇. 基于多探头扫描法的直线度测量方法研究[D]. 上海：上海交通大学, 2013.

[239] 张栋, 高成. 基于 ATE 的大规模数字集成电路测试技术[C]// 第一届中国微电子计量与测试技术研讨会. 北京：中国船舶重工集团公司, 2008.

[240] 王晓芬. 环氧模塑料在集成电路封装中的研究及应用进展[J]. 塑料工业, 2007(增刊 1):67-68+83.

[241] 邱云峰. FPGA 可编程逻辑单元测试方法研究磁[J]. 计算机与数字工程, 2015(1):65-69.

[242] 鲁传武. 数字电路的故障模型和故障压缩方法研究[D]. 合肥：合肥工业大学, 2007.

[243] 张继伟. 边界扫描测试技术综述[J]. 电子世界, 2016(10):34-36.

[244] 于云华. 数字集成电路故障测试策略和技术的研究进展[J]. 电路与系统学报, 2004(3):83-91.

[245] 陈冬明. 密钥隔离安全扫描链电路设计与实现[D]. 南京：南京邮电大学, 2017.

[246] 倪乐斌. 基于 FPGA 的 DFT 验证平台的实现[J]. 中国集成电路, 2014(3):22-24+43.

[247] 宋玉兴, 任长明. 超大规模集成电路设计[M]. 北京：中国电力出版社, 2004.

[248] 徐太龙. 一种低功耗系统芯片的可测试性设计方案[J]. 计算机工程, 2014(3):306-309.

[249] 刘婷婷. 锁相环 BIST 测试电路设计[D]. 南京：东南大学, 2015.

[250] 陈华军. 基于扫描链的可编程片上调试系统[J]. 高技术通讯, 2015(6):584-592.

[251] 李洋. 高性能 16 位微处理器 IP 软核设计[J]. 中国集成电路, 2007(9):48-52+80.

[252] 钱诚. 超大规模集成电路可调试性设计综述[J]. 计算机研究与发展, 2012(1):21-34.

[253] 班涛. 考虑峰值温度和 TSV 数目的三维集成电路芯片的布图规划方法研究[J]. 数字技术与应用, 2017(12):103-105.

[254] 许正义. 嵌入式 SRAM 内建自测试的测试实现[D]. 上海：复旦大学, 2012.

[255] 刘卓军. 集成电路验证技术[J]. 中国基础科学, 2007(3):11-14.

[256] 赵迎春. 视频信号处理芯片子系统的功能验证[D]. 天津：天津大学, 2008.

[257] 吕涛. 通用 CPU 设计中的模拟验证技术及应用[J]. 系统仿真学报, 2002(12):1698-1701+1705.

[258] 黄霞飞. 高性能北桥芯片中存储器接口的功能验证[D]. 西安：西安电子科技大学, 2012.

[259] 张瑞雪. 计算机形式验证方法研究综述[J]. 中国电子商务, 2011(5):69-69.

[260] 吴玉军. 基于 GSTE 理论的抽象与细化问题的研究[D]. 成都：电子科技大学, 2010.

[261] 孙涛. IP 软核验证方法研究[D]. 北京：北京交通大学, 2009.

[262] 闫炜. 基于符号模拟和变量划分的 SAT 算法[J]. 四川大学学报（工程科学版）, 2008(3):121-125.

[263] 叶胜兰, x86 架构的高性能处理器的功能验证[D]. 湘潭：湘潭大学, 2014.

[264] 张望. 数字电路后端的形式验证方法研究及应用[D]. 西安：西安电子科技大学, 2008.

[265] 胡容琼. 形式验证中的 VHDL 信息处理实现方法与技术分析[D]. 北京：北京交通大学, 2004.

[266] 岳园. 基于逻辑锥和 SAT 的带黑盒电路等价性验证方法[D]. 兰州：兰州大学, 2007.

[267] 刘林霞, 张自强, 何安平. 基于模型检测的半结构化数据查询[J]. 计算机与数字工程, 2009, 37(008):75-79.

[268] 李东海. 基于有限环上多项式的数字电路形式验证方法[D]. 哈尔滨：哈尔滨工程大学, 2008.

[269] 段建荣. UML 用例模型的 B 形式化描述方法研究[D]. 西安：西安科技大学, 2009.

[270] 刘玲. EPON 系统 MII 接口的 FPGA 设计及其数字 IC 形式验证流程研究[D]. 上海：上海大学, 2006.

[271] 文建雄. 基于 VMM 的数字签名 IP 核的设计与验证[D]. 成都：电子科技大学, 2014.

[272] 董伸. 处理器访存部件功能验证技术研究[D]. 长沙：国防科学技术大学, 2016.

[273] 吴明行, 韩银和, 李晓维. 连接 EDA 和 ATE 的双向测试语言:STIL[C]// 第十届全国容错计算学术会议论文集.北京：中国计算机学会, 2003.

[274] 孙亚春. STIL-ATE 与 EDA 之间的桥梁[J]. 中国集成电路, 2010(6):70-72.

[275] 吴明行. 基于 STIL 的测试向量转换模型及其实现[J]. 计算机辅助设计与图形学学报, 2007(1):114-118.

[276] 吴明行. 测试向量转换中波形数据格式及其压缩编码算法[J]. 计算机工程, 2006(23):250-252.

[277] 缪秾晟, 林平分. 基于电力网通信芯片的量产测试研究[J]. 物联网技术, 2012(2):55-57+63.

[278] 梅雨. 基于虚拟仪器的标量网络分析仪的设计与实现[D]. 武汉：华中科技大学, 2009.

[279] 毕克允. 电子科学研究院组织编著微电子技术：信息装备的精灵[M]. 北京：国防工业出版社, 2000.

[280] 孔锐. V93K 测试平台 UHC4 电源板卡的 DUT 板设计[J]. 电子与封装, 2019(12):12-16.

[281] 李丹. 中国集成电路测试设备市场概况及预测[J]. 电子产品世界, 2019(10):4-7+17.

[282] 王广然. 考虑工艺波动的纳米级 CMOS 互连延时和串扰分析[D]. 西安：西安电子科技大学, 2012.

[283] 孙德霖. 大功率自均流直流电子负载的研究[D]. 青岛：青岛科技大学, 2015.

[284] 张颖. 新型阻变存储器的物理研究与产业化前景[J]. 物理, 2017(10):645-657.

[285] 张帅. 溶液法制备氧化锡基阻变存储器及其特性研究[D]. 山东：山东大学, 2015.

[286] 芦俊. 一种基于 PCI 总线的数字图形发生器设计[J]. 电子与封装, 2016(9):24-27.

[287] 郭士瑞. 用失效捕捉法测试 AC 参数[J]. 电子测量与仪器学报, 2009(7):84-88.

[288] 徐俊. 集成电路产品测试管理系统[D]. 上海：复旦大学, 2009.

[289] 屈汝祥. CPCI 总线在测试设备中的应用[J]. 电子世界, 2017(10):39-41.

[290] 陈鹏. 基于 LabVIEW 的自动集成电路测试系统设计[D]. 南京：东南大学, 2015.

[291] 王酣, 邢荣欣, 赵昭, 等. UNIMET4000 混合集成电路测试系统校准方法研究[C]// 2008 中

国仪器仪表与测控技术报告大会. 北京：中国仪器仪表协会, 2008.

[292] 古军, 习友宝, 袁渊. 虚拟仪器技术在实验教学中的应用研究[C]// 电子高等教育学术研讨会. 北京：中国电子学会, 2003.

[293] 周晗晓. 模拟电路智能故障诊断系统的设计与实现[D]. 北京：首都师范大学, 2005.

[294] 张树盛. IC 分选设备测压结构关键技术研究[D]. 杭州：浙江大学, 2016.

[295] 刘君华. 现代检测技术与测试系统设计[M]. 西安：西安交通大学出版社, 1999.

[296] 黄国爵. 吊篮式冷热冲击试验箱嵌入式控制系统设计[D]. 广州：广东工业大学, 2015.

[297] 金宁. 高精度数字检相电路设计[J]. 中国计量学院学报, 2002(1):60-63.

[298] 于向伟. 集成电路晶圆批量测试系统的设计与实现[D]. 上海：上海交通大学, 2012.

[299] 冯勇. 仿土拨鼠矿难救灾机器人控制系统关键技术研究[D]. 合肥：中国科学技术大学, 2012.

[300] 任利林. 自主移动捡球机器人运动控制系统设计[D]. 上海：上海交通大学, 2006.

[301] 于文博. 基于永磁同步电机的减摇鳍伺服系统设计研究[D]. 哈尔滨：哈尔滨工程大学, 2007.

[302] 彭敏放. 变电站接地电网的研究综述[J]. 黑龙江电力, 2004(3):240-242.

[303] 王华玲. 基于虚拟仪器技术的多种机械量测试系统[J]. 中国制造业信息化, 2007(21):50-52.

[304] 王哲津. 应用于中红外波段的多孔氧化硅一维光子晶体研究[D]. 上海：华东师范大学, 2007.

[305] 王龙兴. 2015 年全球半导体晶圆产能与设备材料分析[J]. 集成电路应用, 2016(6):11-18.

[306] 周怡文. 基于 Lora 的智慧农业移动端系统设计[J]. 计算机测量与控制, 2019(12):239-243+248.

[307] 丁敏. 可满足性问题算法研究以及在时序电路等价验证中的应用[D]. 上海：复旦大学, 2005.

[308] 张丽娜. 集成电路测试仪控制电路与分选系统接口技术研究[D]. 成都：电子科技大学, 2010.

[309] Jack Weimer. 图形测试：多工位模拟和混合信号器件并行测试效率的关键[J]. 电子工业专用设备, 2010, 39(06):54-56.

[310] 郭昌宏. 集成电路测试产品的 UPH 提升浅析[J]. 电子工业专用设备, 2018(1):48-51.

[311] 嵇岗. 汽车级芯片进入供应链的质量体系[J]. 中国集成电路, 2015(5):71-75+91.

[312] 杨瑞瑞. SoC 系统超低功耗设计方法[J]. 通信技术, 2018(4):967-972.

[313] 袁兰秀. 汽车电子电气系统功能安全标准 ISO26262 的几点探讨[J]. 科技资讯, 2013(8):245+247.

[314] 杨光. 基于 MIPI 规范的 TFT-LCD 驱动芯片设计与研究[D]. 西安:西安电子科技大学, 2018.

[315] 张佐中. OSS4.0 网络编排系统接口自动化测试[J]. 电信技术, 2019(4):77-79.

[316] 何毅龙. 小型化多通道 Ka 波段收发前端研制[D]. 成都:电子科技大学, 2013.

[317] 吴少芳, 黄云. 从硅基裸芯片到微波裸芯片的应用研究[C]// 中国电子学会. 北京:中国电子学会, 2009.

[318] 龙乐. 确好芯片 KGD 及其应用[J]. 电子与封装, 2004(5):35-39.